SHUZI DIXING CELIANG SHIJIAN JIAOCHENG

数字地形测量学实践

王腾军 刘宁 杨耘 编著

手机扫描二维码获取
课程资源及习题答案

西安交通大学出版社
XI'AN JIAOTONG UNIVERSITY PRESS

内容提要

本书是根据数字地形测量学和数字摄影测量学实践教学需求,拟构建"实验、程序设计、实习、竞赛、设计"之结构体系,以达到工程实践能力逐步提升之目的。全书共分10章,第1章绪论主要讲述实验、实习、程序设计和技能竞赛的基本内容和实验、实习的基本要求;第2章、第3章是地面数字地形测量实验、实习内容;第4章为测量数据处理程序设计,第5章、第6章、第7章是数字摄影测量和三维激光扫描数字测图的实验、实习内容;第8章是测绘技能竞赛内容;第9章为大比例尺数字地形图测绘技术设计工程案例;第10章为国产实景三维建模软件的使用。本书可作为本科和高职测绘类专业实践教学教材使用。

图书在版编目(CIP)数据

数字地形测量学实践 / 王腾军,刘宁,杨耘编著.
西安:西安交通大学出版社,2024.12.--ISBN 978-7
-5693-3832-4

Ⅰ.P217-39

中国国家版本馆 CIP 数据核字 2024TS7004 号

书　　名	数字地形测量学实践
编　　著	王腾军　刘　宁　杨　耘
责任编辑	郭鹏飞
责任校对	李　佳
封面设计	任加盟
出版发行	西安交通大学出版社 (西安市兴庆南路1号　邮政编码 710048)
网　　址	http://www.xjtupress.com
电　　话	(029)82668357　82667874(市场营销中心) (029)82668315(总编办)
传　　真	(029)82668280
印　　刷	西安五星印刷有限公司
开　　本	787 mm×1092 mm　1/16　印张　17.75　字数　424千字
版次印次	2024年12月第1版　2024年12月第1次印刷
书　　号	ISBN 978-7-5693-3832-4
定　　价	48.00元

如发现印装质量问题,请与本社市场营销中心联系。
订购热线:(029)82665248　(029)82667874
投稿热线:(029)82668818　QQ:21645470
读者信箱:21648470@qq.com

版权所有　侵权必究

前　言

"数字地形测量学"和"数字摄影测量学"是高等学校测绘类专业的核心课程，教学内容以大比例尺数字地形图测绘为主，由于这些课程实践性较强，因此与之相配套的实验实习教学是不可缺少的，同时在培养学生工程实践能力方面发挥重要作用。本书统筹考虑"数字地形测量学"和"数字摄影测量学"实践教学课程目标，以课堂实验、教学实习、程序设计、技能竞赛为主要内容，工程案例和大型软件使用为补充，重点培养学生的地理空间信息数据采集、处理及表达能力。

本书内容包括 10 章和附录，第 1 章绪论主要讲述实验、实习、程序设计和技能竞赛的基本内容和实验、实习的基本要求；第 2 和第 3 章是地面数字地形测量实验、实习内容；第 4 章为测量数据处理程序设计；第 5、第 6、第 7 章是数字摄影测量和三维激光扫描数字测图的实验、实习内容；第 8 章是测绘技能竞赛内容；第 9 章为大比例尺数字地形图测绘技术设计工程案例；第 10 章为国产实景三维建模软件的使用。本书可作为本科和高职测绘类专业实践教学教材使用。

参加本书编写的有长安大学王腾军(第 1 章)、刘宁(第 2 章、第 4 章、第 8 章)、杨耘(第 5、第 6、第 7 章)，陕西蓝岱科技有限公司张宾(第 3 章)，河南省地质局矿产资源勘查中心李建武(第 9 章)，航天宏图信息技术股份有限公司李彦(第 10 章)，全书由王腾军负责组织和统稿工作。

感谢长安大学地质工程与测绘学院、长安大学教务处的大力支持！感谢陕西高等教育教学改革研究(本科/重点攻关)项目(23BG015)资助。

由于水平有限，书中的不足和不妥之处，敬请读者批评指正。

作者

2024 年 5 月

目 录

第 1 章 绪论 ··· 1
1.1 数字地形测量实践概述 ·· 1
1.2 数字地形测量学实验基本要求 ·· 2
1.3 数字地形测量学实习基本要求 ·· 6
1.4 数字地形测量学程序设计概述 ·· 8
1.5 测绘学科创新创业智能大赛概述 ·· 8

第 2 章 数字地形测量学实验 ··· 10
2.1 水准测量实验 ·· 10
2.2 全站仪测量实验 ··· 20
2.3 GNSS-RTK 测量实验 ·· 26
2.4 导线测量实验 ·· 28
2.5 数字测图外业碎部点数据采集实验 ·· 32
2.6 数字地形图编绘实验 ·· 35
2.7 四等水准测量实测考试 ··· 44
2.8 导线测量实测考试 ··· 46

第 3 章 数字地形测量学实习 ··· 48
3.1 概述 ··· 48
3.2 大比例尺数字测图技术设计 ·· 50
3.3 图根控制测量 ·· 55
3.4 碎部点数据采集 ··· 58
3.5 数字地形图绘制及编辑 ··· 66
3.6 成果整理和检查验收 ·· 87

第 4 章 数字地形测量数据处理程序设计 ·· 90
4.1 角度制与弧度制的相互转化 ·· 90
4.2 坐标正算与反算 ··· 92
4.3 导线近似平差 ·· 94
4.4 交会测量计算 ·· 102
4.5 高程平差计算 ·· 107
4.6 多边形面积计算 ··· 111

第 5 章 数字摄影测量编程实验 ·· 114
5.1 单像空间后方交会程序设计 ·· 114
5.2 数字影像匹配程序设计 ··· 115

5.3 立体像对相对定向程序设计 ·· 116

第6章 三维激光扫描测量实验 ·· 119
6.1 三维激光点云配准实验 ·· 119
6.2 无人机激光点云数据处理实验 ·· 125
6.3 三维激光点云数据配准程序设计 ··· 136

第7章 数字摄影测量实习 ·· 139
7.1 概述 ··· 139
7.2 无人机航测技术设计 ··· 141
7.3 无人机影像数据采集 ··· 146
7.4 像控点数据采集 ··· 148
7.5 航测数据处理及三维模型生成 ··· 150
7.6 基于三维模型的DLG立体测图 ··· 161
7.7 实景三维模型的单体化 ·· 170

第8章 测绘技能竞赛 ·· 171
8.1 概述 ··· 171
8.2 水准测量竞赛 ··· 172
8.3 导线测量竞赛 ··· 176
8.4 数字测图竞赛 ··· 179
8.5 测绘程序设计竞赛 ·· 183
8.6 无人机航测虚拟仿真竞赛 ··· 187

第9章 大比例尺数字地形图测绘技术设计案例 ··· 191
9.1 测区概况 ··· 191
9.2 项目实施技术依据 ·· 192
9.3 技术路线及实施方案 ··· 193
9.4 项目的组织与管理 ·· 208
9.5 质量保证措施 ··· 215
9.6 成果管理保密及保证措施 ··· 218
9.7 附表、附图 ·· 219

第10章 PIE-Model实景三维模型单体化软件使用 ································· 222
10.1 实景三维建模及单体化技术流程 ·· 222
10.2 实景三维模型单体化操作步骤 ··· 223

参考文献 ·· 250

附录 实验、实训记录表单 ··· 251

第1章 绪 论

1.1 数字地形测量实践概述

大比例尺数字地形图使用广泛,大比例尺数字地形图测绘是典型复杂的测绘工程,目前主要技术方法包括全站仪测图、GNSS-RTK测图、数字摄影测图、三维激光扫描测图等,主要在数字地形测量学、数字摄影测量学两门课程中学习,具有较强的实践性。学生在学习大比例尺数字测图基本知识和理论及技术方法后,必须通过系统的实验、实习等实践教学过程,进行数据采集、数据处理及数字测图技能的实践训练,提高解决复杂工程问题的能力。数字地形测量实践包括实验、实习和竞赛等环节。

数字地形测量实验是针对课堂理论教学的各知识环节,及时进行的单项训练,以掌握测绘仪器使用和基本测量方法为主要目的,同时训练工程基本素质,为数字地形测量实习奠定基础。实验科目由任课教师根据教学大纲设定,每个科目一般安排2~4个学时,学生以小组为单位完成实验任务并提交相应成果,每小组2~5人为宜。

数字地形测量实习是在完成理论课和实验课教学任务后进行,是以完成某区域大比例尺数字地形图测绘为主要内容的综合性训练,主要包括项目技术设计、图根控制测量施测及平差计算、外业地形数据采集、内业成图等。主要训练学生的大比例尺数字测图工程的设计能力、实施能力、管理能力、交流沟通能力,同时培养学生的职业道德、学习创新、团结协作、安全环保等意识。实习一般通过组建实习队进行,学生以实习小组为单位,在实习指导教师的指导下完成实习任务,每小组4~5人为宜,设组长一名,安全员一名,组长和安全员可以采取轮流制,以锻炼学生的组织管理能力和安全意识。

大比例尺数字地形图测绘涉及大量计算,主要使用计算机完成,数据处理程序通常使用C/C++、VB、C♯等语言工具,依据测量数据处理模型编制而成,是测绘类专业学生必备的基本技能之一,程序设计贯穿于数字地形测量实验、实习及技能竞赛等各个环节。

数字测图是全国大学生测绘技能大赛竞赛项目之一,从2009年至今共举办七届,比赛内容为1:500大比例尺数字测图和无人机测图,外业数据采集包括实地外业全站仪数据采集、RTK数据采集和三维仿真室内全站仪数据采集、RTK数据采集,内业成图软件以南方CASS为主,比赛时长为4小时,主要考查选手的仪器及软件熟练使用能力、外业数据采集能力及内业编图能力。该赛项成绩在团体总成绩中占比40%,是各类比赛项目中参赛队伍最多、难度最大、成绩占比权重最大、竞争最为激烈的竞赛项目。

自2016年至今,测绘程序设计也被列为全国大学生测绘技能大赛竞赛项目,共计举办四届。赛项要求两名学生在6小时内完成数据读写、较复杂的测绘算法实现、用户界面设计等功能,主要考查参赛队伍的文件读写、测绘算法实现、用户界面设计、开发文档撰写等能力。

2022年,无人机航测虚拟仿真被列为全国大学生测绘技能大赛竞赛项目。本赛项两名学生一组在4小时内完成测区踏勘、航拍、像控布设、内业数据整理、空三计算、控制网平差、成果生产等内容,主要考查参赛队伍的数据采集、数据处理和行实景三维模型建模等方面的能力。

1.2 数字地形测量学实验基本要求

一、实验课准备工作及要求

1. 准备工作

(1) 上课前应明确实验内容和要求。
(2) 根据实验内容阅读教材中的有关章节,弄清基本概念和方法,使实验能顺利完成。
(3) 按实验要求,上课前准备好必备的实验工具等。

2. 要求

(1) 遵守课堂纪律,注意聆听指导教师的讲解。
(2) 实验中的具体操作应按任务书的规定进行,如遇问题要及时向指导教师提出。
(3) 实验中出现的仪器故障必须及时向指导教师报告,不可随意自行处理。

二、测绘仪器(工具)借用及要求

仪器借用及应遵循的要求:

(1) 每次实验(习)所需仪器及工具均在任务书上载明,学生应以小组为单位于上课前凭学生证(校园卡)向测绘实验室借领。
(2) 借领时,各组依次由1~2人进入室内,在指定地点清点、检查仪器和工具,然后在登记表上填写班级、组号及日期。借领人签名后将登记表及学生证交管理人员。
(3) 实验(习)过程中,各组应妥善保护仪器、工具。各组间不得任意调换仪器、工具。若有损坏或遗失,视情节照章处理。
(4) 实验(习)完毕后,应将所借用的仪器、工具上的泥土清扫干净再交还实验室,并接受管理人员的检查。

三、测绘仪器(工具)的正确使用和维护

1. 借取仪器

借取测绘仪器时,必须检查:

(1) 仪器箱盖是否关妥、锁好。
(2) 背带、提手是否牢固。
(3) 脚架与仪器是否相配,脚架各部分是否完好,脚架腿伸缩处的连接螺旋是否滑丝。要防止因脚架未架牢而摔坏仪器,或因脚架不稳而影响作业。

2. 打开仪器箱

测绘仪器一般放置在仪器箱内,为了保证仪器的安全,在打开仪器箱时应做到:

(1) 仪器箱应平放在地面上或其他台子上才能开箱,不要托在手上或抱在怀里开箱,以免

将仪器摔坏。

(2)开箱后未取出仪器前,要注意仪器安放的位置与方向,以免用毕装箱时因安放位置不正确而损伤仪器。

3.自箱内取出仪器

为了保证仪器的安全,并正确使用仪器,自箱内取出仪器时应做到:

(1)不论何种仪器,在取出前一定要先放松制动螺旋,以免取出仪器时因强行扭转而损坏制动、微动装置,甚至损坏轴系。

(2)自箱内取出仪器时,应一手握住照准部支架,另一手扶住基座部分,轻拿轻放,不要用一只手抓仪器,以免跌落地面而摔坏。

(3)自箱内取出仪器后,要随即将仪器箱盖好,以免沙土、杂草等不洁之物进入箱内。还要防止搬动仪器时丢失附件。

(4)取仪器和使用过程中,要注意避免触摸仪器的镜头(目镜、物镜),以免玷污,影响成像质量。不允许用手指或手帕等物去擦仪器的目镜、物镜等光学部分。

4.架设仪器

为了保证仪器的安全,在架设仪器时应做到:

(1)伸缩式脚架三条腿抽出后,要把固定螺旋拧紧,但不可用力过猛而造成螺旋滑丝。要防止因螺旋未拧紧而使脚架自行收缩而摔坏仪器。三条腿拉出的长度要适中。

(2)架设脚架时,三条腿分开的跨度要适中;并得太靠拢容易被碰倒,分得太开容易滑开,都会造成事故。若在斜坡上架设仪器,应使两条腿在坡下(可稍放长),一条腿在坡上(可稍缩短)。若在光滑地面上架设仪器,要采取安全措施(例如用细绳将脚架三条腿连接起来),防止脚架滑动摔坏仪器。

(3)在脚架安放稳妥并将仪器放到脚架上后,应一手握住仪器,另一手立即旋紧仪器和脚架间的中心连接螺旋,避免仪器从脚架上掉下摔坏。

(4)仪器箱多为薄型材料制成,不能承重,因此,严禁蹬、坐在仪器箱上。

5.仪器使用

为了保证仪器的安全,取得合格成果,在仪器使用时应做到:

(1)测绘仪器为精密仪器,要严格按照仪器使用要求操作仪器,禁止野蛮使用。

(2)在阳光下观测必须撑伞,防止日晒和雨淋(包括仪器箱)。雨天应禁止观测。

(3)任何时候仪器旁必须有人守护。禁止无关人员拨弄仪器,注意防止行人、车辆碰撞仪器。

(4)如遇目镜、物镜外表面蒙上水汽而影响观测(在冬季较常见),应稍等一会或用纸片扇风使水汽散发。如镜头上有灰尘应用仪器箱中的软毛刷拂去。严禁用手帕或其他纸张擦拭,以免擦伤镜面。观测结束应及时套上物镜盖。

(5)操作仪器时,用力要均匀,动作要准确、轻捷。制动螺旋不宜拧得过紧,微动螺旋和脚螺旋宜使用中段螺纹,用力过大或动作太猛都会造成对仪器的损伤。

(6)转动仪器时,应先松开制动螺旋,然后平稳转动。使用微动螺旋时,应先旋紧制动螺旋。

(7)对于电子测量仪器,不要将望远镜镜头直对太阳,以免伤害眼睛和损坏仪器内部电子元件。

(8)各类电子仪器使用前应充足电并带足备用电池。

(9)各类电子手簿、电瓶、天线等的连接电线要防止打绞打折,与仪器连接时注意对准卡口,严禁边摇晃插头边扒拉连线,以免损坏插座卡口。

(10)仪器出故障时,应立即停止使用,并报告指导教师,严禁自行拆卸维修。

6.仪器迁站

为了防止仪器、工具、资料等的丢失,保证仪器的安全,在迁站时应做到:

(1)在远距离迁站或通过行走不便的地区时,必须将仪器装箱后再迁站。

(2)在近距离且平坦地区迁站时,可将仪器连同三脚架一起搬迁。首先检查连接螺旋是否旋紧,松开各制动螺旋,再将三脚架腿收拢,然后一手托住仪器的支架或基座,一手抱住脚架,稳步行走。搬迁时切勿跑行,防止摔坏仪器。严禁将仪器横扛在肩上搬迁。

(3)迁站时,要清点所有的仪器和工具,防止丢失。

(4)迁站时,应回头观望测站,检查有无遗漏仪器、工具及资料等。

7.仪器装箱

为了保证仪器的安全,在仪器装箱时应做到:

(1)仪器使用完毕,应及时盖上物镜盖,关闭电源,清除仪器表面的灰尘和仪器箱、脚架上的泥土。

(2)仪器装箱前,要先松开各制动螺旋,将脚螺旋调至中段并使大致等高。然后一手握住仪器支架或基座,另一手将中心连接螺旋旋开,双手将仪器从脚架上取下放入仪器箱内。

(3)仪器装入箱内要试盖一下,若箱盖不能合上,说明仪器未正确放置,应重新放置,严禁强压箱盖,以免损坏仪器。在确认安放正确后再将各制动螺旋略为旋紧,防止仪器在箱内自由转动而损坏某些部件。

(4)清点箱内附件,若无缺失则将箱盖盖上、扣好搭扣、上锁。

8.其他测量工具的使用

为保证工具的安全,防止丢失,在使用测量工具时应做到:

(1)钢卷尺性脆易折断,使用时应防止扭曲、打结,防止行人踩踏或车辆碾压。携尺前进时,不得沿地面拖拽,以免钢尺尺面被刻划磨损。使用完毕,应将钢尺擦净并涂油防锈。

(2)使用皮尺时应避免沾水,若受水浸,应晾干后再卷入皮尺盒内。收卷皮尺时,切忌扭转卷入。

(3)水准尺和棱镜杆,应注意防止受横向压力,不得将水准尺和棱镜杆斜靠在墙上、树上或电线杆上,以防倒下摔断。也不允许在地面上拖拽或用棱镜杆作标枪投掷。

(4)棱镜杆一般为合金制作,所以在使用时应注意电线和变压器,以免触电伤亡。

(5)小件工具如垂球、尺垫等,应用完即收,防止遗失。

四、测量数据的记录与计算

1.测量数据的记录要求

测量手簿是野外测量成果的集中体现,手簿记录的正确性、规范性及完整性是外业测量成果的基本保证。外业测量数据是测量成果的最原始数据,十分重要,绝不允许造假。外业测量数据记录在遵循作业规范要求的同时,必须满足下列要求:

(1)纸质记录要求。

①观测记录必须直接填写在规定的表格内,不得用其他纸张记录再行转抄。

②凡记录表格上规定填写的项目应填写齐全。

③所有记录与计算均用铅笔(2H 或 3H)记载。字体应端正清晰,字高应稍大于格子的一半。一旦记录中出现错误,便可在留出的空隙处对错误的数字进行更正。

④记簿者应在仪器附近,若遇刮风,记簿者应在观测者的下风口,保证能听清楚观测者读出的数据。观测者读数后,记录者应立即回报读数,经确认后再记录,以防听错、记错。

⑤禁止擦拭、涂改与挖补。发现错误应在错误处用横线划去,将正确数字写在原数上方,不得使原字模糊不清。淘汰某成果时可用斜线划去,保持被淘汰的数字仍然清晰。所有记录的修改和观测成果的淘汰,均应在备注栏内注明原因(如测错、记错或超限等)。

⑥禁止连环更改,如角度测量中的盘左、盘右读数,水准测量中的黑、红面读数等,均不能同时更改。

⑦读数和记录数据的位数应齐全。如在普通测量中,水准尺读数 0325,度盘读数 4°03′06″,其中的"0"均不能省略。

⑧每个测站上所有数据记录、计算完毕并且符合限差要求,方可迁站。

⑨要按照观测时间顺序使用手簿,不得空页,不得撕页。

⑩观测手簿要保持干净整洁,不得在手簿上书写规定以外的内容。

(2)电子记录要求。

①电子记录数据应注意保存,当天的数据应及时下载至电脑,整理后存放在指定位置。

②在电脑工作盘上建立项目文件夹,并将原始数据文件夹和应用数据文件夹保存在项目文件夹内。

③所有从测绘仪器上下载的电子记录数据,建议在后缀前加注日期并存放于原始文件夹。

④将原始数据复制,按规定格式整理成可供计算和绘图的数据,存放于应用数据文件夹。

⑤数据整理过程中严禁伪造、篡改原始记录数据。

2.测量成果整理及计算要求

测量成果整理及计算在满足相应测绘规范要求的同时,还应满足下列要求:

(1)测量成果的整理及计算应使用规定的格式,在事先编制好的表格上进行。

(2)内、外业测量过程中所产生的所有纸质记录和草图均应注明日期并编写顺序号,以便装订和归档保存。装订归档的纸质资料应全部是原件,不允许使用复印件。

(3)外业原始数据记录一律使用铅笔,不得用橡皮擦去(或涂改液涂改、或挖补),错误的成果用单线划去,并在其上方写上正确的数字。

(4)内业计算用铅笔或钢笔(签字笔)书写,如计算有错误可用橡皮擦去,或用刀片刮去重写等。

(5)数据计算时,应根据所取的位数,按"4 舍 6 入,5 前奇进偶不进"的规则进行凑整。如 1.3144、1.3136、1.3145、1.3135 等数,若取三位小数,则均记为 1.314。

(6)测量计算应遵循"步步检核"的规定,检核不通过时不得进行下一步计算,以保证成果计算的正确性。

1.3 数字地形测量学实习基本要求

一、实习基本要求

(1)实习生应严格遵守学校和实习队的规章制度,严格遵守"测量仪器、工具正确使用和维护要求""测量资料记录要求"以及有关实验室规则。

(2)严格遵守实习纪律。按时出工、收工,要特别注意自身安全,不做有损自身安全的事情。未经实习队和学校批准,不得缺勤、私自外出,原则上不准请假(两天以内的事假或病假需填写数字地形测量学教学实习临时请假备案表,否则按无故不参加实习处理),不得组织、参与影响社会安定团结和人民生命财产安全的活动,否则后果自负。

(3)注意做好与群众的关系,不得与群众吵骂、殴打,爱护群众的一草一木。

(4)实习期间,要注意劳逸结合,讲究卫生,生病要及时治疗,保证身体健康。

(5)实习生应熟悉实习的目的、任务及要求,在规定的时间内保质保量完成实习任务。熟练掌握作业程序,提高测量作业技能,注意理论联系实际,培养分析问题、解决问题的能力,注重创新能力和综合素质的提高。

(6)实习期间,要特别注意测量仪器的安全,各组要指定专人妥善保管仪器、工具。每天出工和收工,都要按仪器清单清点仪器和工具数量,检查仪器和工具是否完好无损。发现问题要及时向指导教师报告。观测员将仪器安置在脚架上时,一定要拧紧连接螺旋和脚架制紧螺旋,并由记录员复查。否则,由此产生的仪器事故,由两人分担责任。在安置仪器时,特别是在对中、整平后及迁站前,一定要检查仪器与脚架的中心螺旋是否拧紧。观测员必须始终守护在仪器旁,注意过往行人、车辆,防止仪器翻倒。若发生仪器事故,要及时向指导教师报告,不得隐瞒不报,严禁私自拆卸仪器。

(7)观测数据必须直接记录在规定的手簿中,禁止用其他纸张记录再行转抄。严禁擦拭、涂改数据,严禁伪造成果。在完成一项测量工作后,要及时计算、整理有关资料并妥善保管好记录手簿和计算成果。

(8)实习期间,小组组长应切实负责,合理安排小组工作,应使每一项工作都由小组成员轮流担任,使每人都有练习的机会,切不可单独追求实习进度。

(9)实习中,应加强团结。小组内、各组之间、各班之间都应团结协作,以保证实习任务的顺利完成。

二、安全基本要求

(1)注意自身的人身和财物安全,提高自我保护能力,防止各种安全事故的发生。

(2)注意饮食卫生和饮食安全,不暴饮暴食或吃易引起食物中毒的食品,不食用过期或无安全保证的食品,不得酗酒。

(3)注意住宿安全,正确使用炉灶、燃气、水、电等设备,保管好个人的财物,外出时关闭电、气、水设备,关好门窗,不得在外住宿,不得在住所留宿他人。

(4)外出时注意交通安全,应结伴而行,禁止单人外出,外出时做好防护,以免虫蛇叮咬。

天黑前必须回到住处,晚上不随意外出。不乘坐无证无照等无安全保障的交通工具,不得无证驾驶机动车辆。

(5)在城镇地区作业时,要佩戴安全标识,设置安全警戒。使用铝合金标尺、镜杆时注意电线、变压器等高压设施,以防触电;在农村地区作业时注意用火安全,以防农作物及林草火灾发生;在河流、沟渠、湖泊、池塘及沼泽等地区作业时,不得冒险行进,以防落水,禁止下水游泳;在交通沿线作业时应在安全区域活动,不得冒险穿越高速公路、铁路以及快速干道等;遇到恶劣天气应快速转移至安全地带或及早收工,以免洪水、滑坡、泥石流等自然灾害造成伤亡。

(6)在测站设置及迁移仪器设备时,应考虑公众的人身和财产安全,不得造成人员伤亡和财产损失。

(7)禁止进行危险性高的活动,需高空作业时,必须做好安全防护。不得到污染严重,或不宜于身心健康的环境作业、逗留。

(8)行事要小心谨慎,不要贪图便宜,或听信他人的花言巧语以免上当受骗,不要轻易告诉外人自己及家人信息,果断拒绝他人的无理要求。

(9)维护社会安定和实习秩序;不得进入不安全、不健康、不文明的公共娱乐场所。不得通宵上网;不得参与赌博、吸毒、购买非法彩票、传销、非法组织、偷盗、打架斗殴、观看或传播反动、淫秽书刊和音像制品等违纪违法活动。

(10)一旦发生安全事件,应马上告知实习指导老师,实习队和学院将按照实习生突发事件应急预案程序及时协调处理。

三、职业道德要求

(1)实习生应具有强烈的爱国主义精神,增强政治责任感和国家版图意识,自觉维护国家版图的严肃性和完整性;增强保密观念和信息安全意识,确保地理空间信息安全。

(2)实习生应自觉维护国家测绘基准、测绘系统的法定性和统一性,严格遵守测绘技术标准、规范图示和操作规程,真实准确、细致及时,确保成果质量。

(3)实习生应大力弘扬"爱祖国、爱事业、艰苦奋斗、无私奉献"的测绘精神,增强职业荣誉感,热爱测绘,乐于奉献,吃苦耐劳,不畏艰险。

(4)实习生应践行"工匠精神",在实验实习过程中做到爱岗敬业、精益求精、耐心执着、追求创新。

(5)实习生应弘扬科学精神,刻苦钻研技术,勇攀科技高峰;应加强学习,大胆实践,与时俱进,积极进取,不断提高创新意识和能力。

(6)实习生应牢固树立服务意识,主动服务,优质服务,拓宽服务领域,提高服务能力;在测绘活动中应树立信用观念,遵守合同,诚实守信。

(7)实习生应树立法治观念,依法测绘,安全生产,合法经营,公平竞争,自觉维护测绘市场秩序;应增强集体意识和团队精神,友爱互助,文明作业。

(8)实习生应将"公众的安全、健康和福祉放在首位"作为根本原则指导自身的专业工作。

(9)实习生应将保障社会、资源、生态和环境的可持续协调发展,作为自身的社会职责和行动准则。

1.4 数字地形测量学程序设计概述

随着现代测绘技术及测绘仪器装备的发展,传统测绘已实现向数字测绘的转化,进入信息化测绘阶段,随之而来的是测绘数据本身所呈现的海量、复杂、多维和快速等特点,导致传统的手工数据编辑、处理方法已无法满足海量测绘数据及实时处理的要求,必须通过有效的计算机程序来进行管理和处理。基于计算机的测绘程序编写逐渐成为测绘工作者的一种必备能力,也在测绘类专业学生培养中占据越来越重要的地位,将计算机编程与数字地形测量学的理论知识相结合不但可以使学生易于进行知识的拓展,还可以解决数字地形测量工作中遇到的实际问题,从而提高工作效率。

数字地形测量学程序设计主要内容包括数据处理的基本算法、数据结构、程序设计语言与程序设计规范及专业理论知识四个方面。

(1)数据处理的基本算法:要利用计算机编程解决数字地形测量学中数据处理的问题,必须先将程序要解决的问题转化为计算机能够识别和处理的问题,需要设计与所解决的问题相对应的数据处理模型及优化的算法。

(2)数据结构:数据结构是计算机存储、组织数据的方式,数字地形测量学程序要处理的对象包括角度、距离、高差、坐标与高程、面积等,观测数据的读取需要设计好相应的数据结构。

(3)程序设计语言与程序设计规范:当前所使用的高级程序设计语言如 VC++、VB、C♯等,这些程序在编写过程中往往都规定了相应的程序设计规范,因此,程序编写者本身应该熟悉所使用的语言,遵守程序设计的规范,才能最大限度发挥出这种编程语言的潜力,为后续程序的理解、维护提供便利。

(4)专业知识:数字地形测量学程序设计是利用计算机辅助处理地形测量实际工作中所产生的数据,包括角度、距离、高差、面积、坐标、导线平差等,这就需要有较强的数学基础和数字地形测量学理论基础,因此,在编写程序的过程中,需要理解并掌握所涉及的这些专业知识。

数字地形测量学程序设计内容主要有坐标正算与反算、导线近似平差、交会测量计算、高程近似平差、多边形面积计算等,在讲述相应理论的基础上,设计相应的案例,加深学生对数字地形测量学理论知识的理解,同时提高学生对程序设计的学习兴趣和实践动手能力。

1.5 测绘学科创新创业智能大赛概述

实践教学是测绘类专业的重要组成部分,举办全国大学生测绘学科创新创业智能大赛,对于检验学生的测绘地理信息基础知识水平和实践能力,培养学生基于虚拟仿真实验平台的实践操作能力、创新创业意识和能力,以及科技写作能力,提升测绘地理信息新工科人才培养质量,为社会输送创新型、复合型测绘地理信息人才具有重要意义。

测绘学科创新创业智能大赛起初为全国大学生测绘技能竞赛,是由教育部高等学校测绘类专业教学指导委员会、中国测绘学会教育工作委员会和自然资源职业技能鉴定中心联合发起主办的,2009 年至今,已举办七届,是全国规模最大的本科大学生测绘技能竞赛,也是中国测绘史上规模最大、竞赛项目最多的竞赛,开创了我国大学生测绘技能竞赛的先河。

测绘技能竞赛调动了学生努力实践、勇于实践的积极性,为了能够参加全国大赛,并取得优异的成绩,学生们刻苦训练、努力实践,极大地提高了学生实践操作的能力和团结协作、不怕苦、不怕累的优秀品质,获奖学生在考研、就业时深受导师或单位欢迎。

测绘技能竞赛项目有水准测量、导线测量、数字测图、程序设计等,成绩评定主要考虑竞赛用时和成果质量两个方面,用时成绩占比30%～40%,成果质量成绩占比60%～70%。2022年竞赛项目为虚拟仿真数字测图、测绘程序设计、无人机航测虚拟仿真、开发设计、科技论文。

2023年"全国大学生测绘学科创新创业智能大赛"入选《2023全国普通高校大学生竞赛分析报告》竞赛目录。大赛设测绘技能竞赛(含虚拟仿真数字测图、无人机航测虚拟仿真、机载激光雷达虚拟仿真和测绘程序设计比赛)、开发设计竞赛(含创新开发、创新设计和创业计划比赛)和科技论文竞赛。参赛对象分为专业组和非专业组,专业组参赛对象为测绘类专业本科在校生,非专业组参赛对象为开设有"测量学""工程测量"等测量类课程的非测绘类本科在校生。大赛设单项奖,不设团体奖,对组织活动积极且成绩优秀的学校颁发优秀组织奖。

党的二十大作报告提出了新时代新征程中国共产党的使命任务,即从现在起,中国共产党的中心任务就是团结带领全国各族人民全面建成社会主义现代化强国、实现第二个百年奋斗目标,以中国式现代化全面推进中华民族伟大复兴。这一宏伟蓝图的实现,需要一支爱党报国、敬业奉献、具有突出技术创新能力、善于解决复杂工程问题的工程师队伍。同学们应该秉承"测绘精神"和"北斗精神",通过数字地形测量学实践教学,提升解决大比例尺数字地形图测绘复杂工程问题的能力。

第 2 章　数字地形测量学实验

　　数字地形测量学实验是结合理论教学所进行的单项训练,以掌握测绘仪器使用、检验和角度、距离、高程及导线测量等方法为主要目的,同时训练工程素养和实践动手能力,为数字地形测量学实习奠定基础。数字地形测量学各实验科目一般安排 2～4 学时,学生以小组为单位完成实验任务并提交相应成果,每小组 4 人为宜。同时在进行各科目实验时应阅读本书中相应的部分,明确实验的内容和要求,正确使用相应的测量仪器和工具,严格按照测量规范要求,将所采集的测量数据填写在规定的表格内,并完成数据的计算与检核,在实验结束后应按规定每人或每组提交记录手簿和实验报告。

2.1　水准测量实验

一、水准仪的认识及使用

(一)实验目的与要求

(1)认识 DS3 微倾式水准仪的基本构造,各操作部件的名称和作用,并熟悉使用方法。
(2)掌握 DS3 水准仪的安置、瞄准和读数方法。
(3)练习水准测量一测站的测量、记录和高差计算。
(4)以小组为单位完成实验,每组 4 人,观测、记录、扶立前后水准尺各 1 人,并轮换练习。
(5)在 2 学时内完成实验,每人提交一份观测成果。

(二)实验准备

(1)在实验前每位同学认真阅读实验有关资料,了解水准仪的基本构造、各部件的名称和作用,以及水准仪操作方法,熟悉视距、高差的计算方法。
(2)自备记录铅笔(2H 或 3H,削细削圆)2 支,指定记录纸若干。
(3)每组借 DS3 微倾式水准仪 1 台、水准尺 1 对、尺垫 2 个,记录板 1 块。
(4)实验场地由指导教师选定。

(三)实验内容及步骤

1. DS3 微倾式水准仪各部件及其作用的认识

(1)望远镜(包括物镜及调焦螺旋、目镜及调焦螺旋、十字丝板、粗瞄器)。
(2)水平制动与微动螺旋。
(3)符合水准管与微倾螺旋。
(4)圆水准器、基座及基座脚螺旋。
(5)水准仪脚架。

(6)水准尺基本结构及刻画、尺垫。

2. DS3 水准仪的安置、照准和读数

1)安置仪器

(1)将水准仪脚架直立伸长至与本人下颚等高,旋紧固定螺旋,张开脚架近似等边三角形状,高度与本人锁骨等高,架头基本水平。如果地面比较松软则应将三脚架的三个脚尖踩实;如果在斜坡上架设仪器,应使两条腿在坡下(可稍放长),一条腿在坡上(可稍缩短);若在光滑地面上架设仪器,要采取安全措施,以防水准仪从架腿上摔下而损坏。

(2)打开水准仪箱,将水准仪从箱中取出平稳地安放在三脚架头上,一手握住仪器,一手立即用连接螺旋将仪器固连在三脚架头上。

2)粗平

粗平即初步地整平仪器,通过调节三个脚螺旋使圆水准器气泡居中,从而使仪器的竖轴大致铅垂。粗平的操作步骤如图2-1所示,图中1、2、3为三个脚螺旋,中间是圆水准器,虚线圆圈表示气泡所在位置。首先用双手分别以相对方向(图中箭头所指方向)转动两个脚螺旋1、2,气泡移动方向与左手大拇指旋转时的移动方向相同,使圆气泡移到1、2脚螺旋连线方向的中间,如图2-1(a)所示。然后再转动脚螺旋3,使圆气泡居中,见图2-1(b)。若一次不能居中,可反复进行。

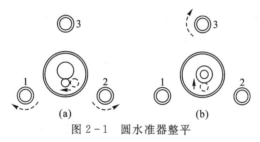

图2-1 圆水准器整平

3)瞄准水准尺

(1)目镜调焦 将望远镜对着明亮的背景(如天空或白色明亮物体),转动目镜调焦螺旋,使望远镜内的十字丝像十分清晰。

(2)初步瞄准 松开制动螺旋,转动望远镜,用望远镜筒上方的照门和准星瞄准水准尺,大致进行物镜调焦使在望远镜内看到水准尺像,此时立即拧紧制动螺旋。

(3)物镜调焦和精确瞄准 转动物镜调焦螺旋进行仔细调焦,使水准尺的分画像十分清晰,并注意消除视差。即在目镜前上下晃动眼睛并观察,若眼睛向上移动时,十字丝向下移动,此时只需将目镜稍微移出来一点即可;反之,则把目镜稍微移进去一点,反复多次,直至目标像与十字丝之间无相对移动即可。再转动水平微动螺旋,使十字丝的竖丝对准水准尺中央。

4)精平

转动微倾螺旋,从气泡观察窗内看到符合水准器气泡两端影像严密吻合(气泡居中),此时视线即为水平视线。注意微倾螺旋转动方向与符合水准器气泡左侧影像移动的规律。

5)读数与记录

仪器精平后,应立即用十字丝的中丝在水准尺上读数。观测者应先估读水准尺上毫米数(小于一格的估值),然后再将全部读数报出,一般应读出四位数,即米、分米、厘米及毫米数,且以毫米为单位。如 1.568 m 应读记为 1568;0.860 m 应读记为 0860。

读数应迅速、果断、准确,读数后应立即重新检视符合水准器气泡是否仍旧居中,如仍居中,则读数有效,否则应重新使符合水准气泡居中后再读数。

记录者应复述观测者的读数,确认无误后记录于手簿中。

3. 一测站上水准测量练习

在地面选定两点分别作为后视点和前视点,放上尺垫并立尺,在距两尺距离大致相等处安置水准仪,粗平,瞄准后视尺,精平后读数;再瞄准前视尺,精平后读数。数据记录、计算应填入附表1中。

轮换一人变换仪器高再进行观测,小组各成员所测高差之差不得超过±6 mm,若超限应及时重测。

(四)注意事项

(1)测站设置的地方应坚实,若地面较松软时应将脚架踩实,防止松动。前后视距要尽量相等,视线不宜过长(不大于100 m),也不宜过短(不小于10 m)。

(2)在读数前,注意消除视差;必须使符合水准器气泡居中(微倾式水准仪水准管气泡两端影像符合)。

(3)注意倒像望远镜中水准尺图形与实际图形的变化。特别注意水准尺刻度线黑红面的差值。竖尺时水准尺要竖直,尺垫要踩实,在固定标志点不得使用尺垫。

(4)水准仪安放到三脚架上必须立即将中心连接螺旋旋紧,严防仪器从脚架上掉下摔坏。

(5)读数要准确,记录要工整,计算要无误。

(6)原始读数的毫米数若读错或记错,不得更改,只能重新观测。其他错误可以更改,但必须按规定方法更改。

(五)上交资料

(1)读数练习记录表每人一份(见附表1 水准测量读数练习)。

(2)实验报告每人(或每小组)一份。

二、普通水准测量

(一)实验目的与要求

(1)掌握水准测量测站观测与记簿方法。

(2)掌握水准测量的技术要求和作业过程。

(3)通过水准测量的主要技术指标,正确理解测量限差的意义。

(4)以小组为单位完成实验,每组4人,观测、记录、扶立前后水准尺各1人,并轮换观测与记录。

(5)实验场地由指导教师选定,水准点由实验小组选定。

(6)在4学时内完成实验,每组提交一份观测成果。

(二)实验准备

1. 仪器及用具准备

每组所需仪器及用具:

(1)DS3水准仪一套(含脚架、水准尺、尺台)。

(2)3H铅笔2支。

(3)单面刀片或小刀 1 把。

(4)细砂纸 1 块。

(5)记录夹 1 个。

(6)计算器 1 台。

(7)记录纸若干。

2.实验场地及水准路线选定

实验场地由指导教师选定,实验小组选定固定点 A、B 点构成一水准路线,其长度 300 m 为宜。水准路线尽可能不要选在机动车道上,以免影响交通。

(三)实验内容及步骤

水准观测从 A 点开始出发,测至 B 点(往测),然后返测至 A 点(返测),形成一条支水准路线,施测步骤如下:

(1)将一根水准尺(编号为 1)直接放置在起始点 A 上(不放尺垫),沿水准路线的前进方向依次放置水准仪和另一根水准尺(2 号水准尺,放置尺垫),前后视距根据地形起伏等条件而定,但不能超过 80 m,前后视距差不超过 3 m。

(2)整平仪器(圆水准气泡居中即可),瞄准后视 1 号水准尺,调整微倾螺旋使符合气泡严格居中,依次读取后视水准尺黑面的下、上、中丝读数并记录在附表 2 中。

(3)观测者指挥后视立尺员转动水准尺,将红面朝向水准仪,读取后视尺红面中丝读数并记簿。

(4)松开水平制动螺旋,旋转照准部瞄准前视 2 号水准尺,调整微倾螺旋使符合水准气泡严格居中,依次读取前视水准尺上黑面的上、下、中丝读数并记录在附表 2 中相应位置。

(5)观测者指挥前视立尺员将转动水准尺,将红面朝向水准仪,读取前视尺红面中丝读数并记簿。

(6)记录者计算并检核各项数据,前后视距差不超过 3 m,前后视距差累计不超过 10 m,黑红面中丝读数差不超过 3 mm,黑红面所测高差之差不超过 5 mm,记录格式符合要求,计算正确无误,方为合格成果,可以通知组员迁站。否则本站重新观测。

(7)2 号水准尺不动,作为第 2 站的后视尺,沿前进方向搬迁 1 号水准尺(至适当位置)和水准仪,按前述方法进行观测,按此操作直至 B 点。

(8)前后尺垫不动,调换前后水准尺,变换仪器高度重新整平水准仪,按(3)~(7)步骤完成返程观测。

(9)计算 h_{AB}、h_{BA} 的高差和二者的较差

$$h_{AB} = h_1 + h_2 + \cdots + h_n$$

$$h_{BA} = \bar{h}_1 + \bar{h}_2 + \cdots + \bar{h}_n$$

$$\Delta_h = h_{AB} + h_{BA} \leqslant 10 \text{ mm}$$

(四)注意事项

1.扶尺

(1)扶尺员应认真将水准尺扶直,注意保持尺上圆气泡居中。各测站的前、后视距离应尽量相等,若累计前后视距差过大,可根据前后视距调节仪器的位置。

(2)正确使用尺垫,尺垫只能放在转点处,水准点上不得放置尺垫,较松软地面,尺垫要

踩实。

(3)在观测完成前,不允许将水准尺从尺垫拿下。在观测过程中,要特别注意保护尺垫的位置,千万不可碰动。

(4)仪器未搬迁时,前、后视点上尺垫均不能移动。仪器搬迁后,记录员指挥后视扶尺员携尺和尺垫前进,但前视点上尺垫仍不得移动。这时前尺变为后尺,后尺变为前尺。

2. 观测

(1)观测前应认真检查水准仪和水准尺。

(2)读数前注意消除视差,注意水准管气泡应居中。读数应迅速、果断、准确,特别应认真估读毫米数。

(3)同一测站,只能用脚螺旋整平圆水准器气泡居中一次(该测站返工重测应重新整平圆水准器)。

(4)若采用双面尺法,每一测站黑面读数加上该水准尺的零点注记与该红面读数之差不应超过 3 mm;红面所测高差加或减 100 mm 与黑面所测高差比较不应超过 5 mm,最后再取两次高差的平均值作为该站测得的高差值。

(5)阳光强烈时,仪器应打伞防晒,操作时应细心认真,做到"人不离开仪器"。

(6)只有当这一测站记录计算合格后方可搬站,搬站时一手托住仪器,一手握住脚架稳步前行。

(7)每组 4 人要轮流操作,每人独立完成一个测站的观测、记录和扶尺工作。

3. 记录

(1)认真记录,边纪录边复报数字,准确无误地记入记录手簿相应栏内,严禁伪造和转抄。

(2)水准尺原始读数要求记满 4 位数(以毫米为单位),不满 4 位应以 0 补齐,视距、视距差、视距差累积、高差中数以米为单位。视距差、高差等均需记正负号。

(3)字体要端正、清楚,观测读数中厘米、毫米数字不得涂改,其余数字若改正需按规定改正。不准连续涂改,不准用橡皮擦改。

(4)记录者要切实负责,每站观测完毕,必须当场计算,检查,确认全部合格后才能搬站,否则,本站重测。

(5)手簿项目填写要齐全,不留空页,不撕页。

(五)上交资料

(1)普通水准测量记录手簿(见附表 2 普通水准测量记录表)1 份。

(2)实验报告 1 份。

三、四等水准测量

(一)实验目的与要求

(1)了解水准路线的布设形式。

(2)掌握水准路线的布设方案。

(3)掌握水准测量的具体施测方法。

(4)掌握水准测量手簿记录及各项限差计算方法。

(5)以小组形式完成实验,每组 4 人,每人必须完成一个测段的观测和记录。

(6)每人独立完成本小组实测水准路线的平差计算工作。

(二)实验准备

(1)水准仪1套(含仪器和脚架)。

(2)水准尺及尺垫1对。

(3)3H铅笔2支(自备)。

(4)单面刀片或小刀1把(自备)。

(5)细砂纸1块(自备)。

(6)记录夹1个

(7)记录纸若干(自备)。

实验场地由指导教师选定,水准点及观测路线由各小组自选。

(三)实验内容及步骤

1.水准路线的布设

在指导教师指定的场地上选取4个固定点作为水准点,构成一条闭合水准路线,四个水准点的名称由各小组指定,水准路线示意图如图2-2所示。

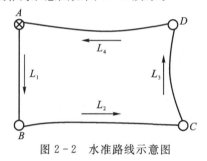

图2-2 水准路线示意图

2.观测

四等水准测量从 A 点出发,依次向 B、C、D 点方向测量,最后再测回到 A 点,即形成一条闭合水准路线。四等水准测量施测程序如下:

(1)将一根水准尺(编号为1)直接放置在起始点 A 上(不放尺垫),沿水准路线的前进方向依次放置水准仪和另一根水准尺(编号为2,放置尺垫),前后视距根据地形起伏等条件而定,但不能超过80 m,前后视距差不超过3 m。

(2)整平仪器(圆水准气泡居中即可),瞄准后视1号水准尺,调整微倾螺旋使符合气泡严格居中,依次读取后视水准尺黑面的下、上、中丝读数并记录在水准手簿(见附表3)相应位置。

(3)观测者指挥后视立尺员转动水准尺,将红面朝向水准仪,读取后视尺红面中丝读数并记簿。

(4)松开水平制动螺旋,旋转照准部瞄准前视2号水准尺,调整微倾螺旋使符合水准气泡严格居中,依次读取前视水准尺上黑面的上、下、中丝读数并记录在水准手簿[见附表3 三(四)等水准测量观测手簿]相应位置。

(5)观测者指挥前视立尺员转动水准尺,将红面朝向水准仪,读取前视尺红面中丝读数并记簿。

(6)记录者计算并检核各项数据,前后视距差不超过3 m,前后视距差累计不超过10 m,黑红面中丝读数差不超过3 mm,黑红面所测高差之差不超过5 mm,记录格式符合要求,计算正确无误,方为合格成果,可以通知组员迁站。否则本站重新观测。

(7)2号水准尺不动,作为第2站的后视尺,沿前进方向搬迁1号水准尺(放置尺垫)和水准仪,按前述方法进行观测。

(8)按照上述方法完成全部路线观测,每测段设置偶数站,整条水准路线设置偶数站。

(9)一条水准路线观测完毕时,再次检查记录计算,若没有错误,则计算出水准路线的高差闭合差:$\omega=\sum h_i$ mm(h_i 为测站高差),高差闭合差不超过 $\pm 20\sqrt{L}$ mm(L 为水准路线长度,单位为 km)。若超限,重新检查手簿记录计算,如果都正确,则只能重新观测。

3.计算

选择有高程的水准点作为起算点,若没有则可自设某点的高程作为起算点,如设 A 点的高程为 500 m,则计算步骤如下:

(1)计算水准路线高差闭合差

$$f_h = h_{AB} + h_{BC} + h_{CD} + h_{DA}$$

(2)计算测段观测高差的改正数

$$v_{hAB} = \frac{-f_h}{L_1+L_2+L_3+L_4} \cdot L_1$$

$$v_{hBC} = \frac{-f_h}{L_1+L_2+L_3+L_4} \cdot L_2$$

$$v_{hCD} = \frac{-f_h}{L_1+L_2+L_3+L_4} \cdot L_3$$

$$v_{hDA} = \frac{-f_h}{L_1+L_2+L_3+L_4} \cdot L_4$$

(3)计算水准点的高程

$$H_B = H_A + h_{AB} + v_{hAB}$$
$$H_C = H_B + h_{BC} + v_{hBC}$$
$$H_D = H_C + h_{CD} + v_{hCD}$$
$$H_A = H_D + h_{DA} + v_{hDA}$$

最终计算出的 A 点高程应等于(自设)高程。计算在相应表格中进行(见附表4 水准路线平差计算表)。

(四)注意事项

1.水准路线布设

(1)水准点应选相对固定的点(如各种测量点、路面上的钉帽等),要高于地面,且顶面最好是半球面,以保证水准尺能转动,选定后应标记点名。

(2)观测路线应尽可能避开机动车道,以免相互干扰。

2.观测

(1)扶尺员应认真扶直水准尺,注意保持尺上圆气泡居中。各测站的前、后视距离应尽量相等,若累计前后视距差过大,可根据前后视距调节仪器的位置。

(2)正确使用尺垫,尺垫只能放在转点处,已知水准点和待测点上不得放置尺垫,较松软地面,尺垫要踩实。

(3)在观测完成前,不允许将水准尺拿下尺垫。在观测过程中,要特别注意保护尺垫的位置,千万不可碰动。

(4)仪器未搬迁时,前、后视点上尺垫均不能移动。仪器搬迁后,记录员指挥后视扶尺员携尺和尺垫前进,但前视点上尺垫仍不得移动。这时前尺变为后尺,后尺变为前尺。

(5)观测前应认真按要求检校水准仪,检查水准尺。

(6)读数前注意消除视差,注意水准管气泡应居中。读数应迅速、果断、准确,特别应认真估读毫米数。

(7)同一测站,只能用脚螺旋整平圆水准器气泡居中一次(该测站返工重测应重新整平圆水准器)。

(8)若采用双面尺法,每一测站黑面读数加上该水准尺的零点注记与该红面读数之差不应超过 3 mm;红面所测高差加或减 100 mm 与黑面所测高差比较不应超过 5 mm,最后再取两次高差的平均值作为该站测得的高差值。

(9)阳光强烈时,仪器应打伞防晒,操作时应细心认真,做到"人不离开仪器"。

(10)只有当这一测站记录计算合格后方可搬站,搬站时一手托住仪器,一手握住脚架稳步前行。

(11)每组 4 人要轮流操作,每人独立完成一个测段的观测、记录和扶尺工作。

3.记录

(1)认真记录,边记录边复报数字,准确无误地记入记录手簿相应栏内,严禁伪造和转抄。

(2)水准尺原始读数要求记满 4 位数(以 mm 为单位),不满 4 位应以 0 补齐,视距、视距差、视距差累积、高差中数以 m 为单位。视距差、高差等均需记正负号。

(3)字体要端正、清楚,观测读数中厘米、毫米数字不得涂改,其余数字若改正需按规定改正。不准连续涂改,不准用橡皮擦改。

(4)记录者要切实负责,每站观测完毕,必须当场计算、检查,确认全部合格后才能搬站,否则本站重测。

(5)手簿项目填写要齐全,不留空页、不撕页。

4.计算

(1)计算前应仔细检查、检核观测记录,保证正确无误方可进行平差计算。

(2)要保证测段高差改正数之和与高差闭合差等值反号,若有剩余误差应强制分配至路线较长测段高差上。

(3)计算的 A 点高程应等于已知高程(自设高程)。

(4)最终计算成果以规定表格形式提交。

(五)上交资料

(1)水准观测记录每组 1 份。

(2)水准路线计算表每人 1 份。

(3)实验报告每组 1 份。

四、水准仪的检验与校正

(一)实验目的与要求

(1)明确水准仪视准轴与水准轴之间的正确几何关系。
(2)熟悉水准仪的检验内容,掌握 i 角的检验校正方法。
(3)明确 i 角误差对水准测量有何影响,并且理解如何克服 i 角误差对水准测量的影响。
(4)实验前熟悉水准仪检验校正的原理及方法。
(5)以小组为单位完成实验,每组 4 人。
(6)在 2 学时内完成实验,每组提交一份检验成果。

(二)实验准备

1.仪器及用具准备

每组所需仪器及用具:
(1)DS3 水准仪一套(含脚架、水准尺、尺台)。
(2)3H 铅笔 2 支。
(3)单面刀片或小刀 1 把。
(4)细砂纸 1 块。
(5)记录夹 1 个。
(6)计算器 1 台。
(7)记录纸若干。

2.实验场地及水准路线选定

实验场地由指导教师选定。

(三)实验内容及步骤

1.圆水准器的水准轴与仪器竖轴不平行的检验

(1)检验。先用脚螺旋将圆水准器气泡居中,然后将仪器旋转 180°,若气泡偏离了中央,则表明条件没有满足,应予以校正。
(2)校正。校正可用圆水准器下面的校正螺钉进行。操作时,可微微松开固紧螺旋,调整三个校正螺钉使气泡向居中位置移动偏离长度的一半,用脚螺旋改正另一半,使气泡回到中央。如此反复,直至条件得到满足。

2.十字丝横丝与仪器旋转轴不垂直的检验及其校正方法

(1)检验方法。先用十字丝横丝的一端瞄准一个点,如图 2-3(a)中的 A 点,然后用微动螺旋缓慢地转动望远镜,观察 A 点在视场中的移动轨迹。如果 A 点始终能在横丝上移动,则

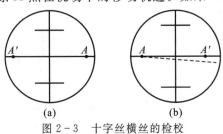

图 2-3 十字丝横丝的检校

说明十字丝的横丝已与仪器旋转轴垂直;如果 A 点离开了横丝,如图 2-3(b)中的虚线所示,则说明横丝没有与仪器旋转轴垂直,而是这条虚线的位置与仪器旋转轴垂直。

(2)校正。如果经过检验,条件不满足,则应进行校正。校正工作用固定十字丝环的校正螺丝进行。放松校正螺丝使整个十字丝环转动,让横丝与图 2-3(b)中所示的虚线重合或平行。由于这条虚线是 A 点在视场中移动的轨迹,并没有一个实在的划线,所以转动十字丝环的方向是转向 A 点,转动角度凭估计进行。校正之后再进行检验,确定是否还需校正,直到满足条件为止。

3.视准轴与水准管轴不平行的检验及校正方法

(1)检验。在较平坦的地方选定适当距离(相距 60~80 m)的两个点 A、B,并用木桩钉入地面,或用尺垫代替,竖立水准尺。置水准仪于 A、B 的中间,使两端距离相等,如图 2-4(a)所示,观测并计算 h_{AB},此时测量的高差是正确的,然后将水准仪置于两点的任一点附近,例如在 B 点附近[见图 2-4(b)],再次观测并计算高差 h'_{AB}。这时因前后视距不等,h'_{AB} 含有 i 角误差的影响,i 角大小用式(2-1)计算。

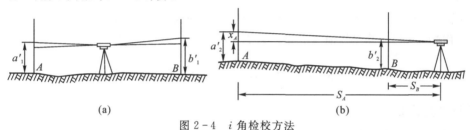

图 2-4 i 角检校方法

$$i = \frac{h'_{AB} - h_{AB}}{S_A - S_B} \cdot \rho \qquad (2-1)$$

式中,$\rho = 206265$。规范规定,用于三、四等水准测量的仪器 i 角不得大于 $20''$,否则应进行校正。

因 A 点距仪器最远,i 角在读数上的影响最大。此时 i 角的读数影响为

$$x_A = \frac{i}{\rho} \cdot S_A \qquad (2-2)$$

(2)校正。有了 x_A 之值,即可对水准仪进行校正。校正工作应紧接着检验工作进行,即不要搬动 B 点一端的仪器,先算出在 A 点标尺上的正确读数 a_2:

$$a_2 = a'_2 - x_A \qquad (2-3)$$

用微倾螺旋使读数对准 a_2,这时水准管气泡将不居中,调节上、下两个校正螺丝使气泡居中。实际操作时,需先将左(或右)边的螺丝(见图 2-5)略微松开一些,使水准管能够活动,然

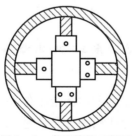

图 2-5 水准管校正螺丝

后再校正上、下两螺丝。校正结束后仍应将左(或右)边的螺丝旋紧。检验校正应反复进行,直到符合要求为止。

4. 水准尺圆水准器的检验与校正

(1)安置水准仪,在距水准仪 50 m 左右处将水准尺立在尺垫上,使水准尺的一个边缘与望远镜的竖丝重合,然后用改针调整圆水准器下方的校正螺丝,使气泡居中。

(2)将水准尺转动 90°,重复上述操作。

(3)如此反复进行,直至水准尺上圆水准器的气泡居中时,水准尺能准确地处于铅垂线位置。

5. 水准尺黑红面零点差常数的测定

(1)安置水准仪,在距水准仪 20 m 左右处将水准尺立在尺垫上,照准水准尺黑面,调整微倾螺旋使符合气泡严格居中,读取黑面中丝读数 b_1。

(2)仪器不动,转动水准尺使红面对准仪器,调整微倾螺旋使符合气泡严格居中,读取红面中丝读数 r_1。

(3)重复上述操作 4 次,每次都调整仪器高度,分别读取 b_i 和 r_i。

(4)用式(2-4)计算黑红面零点差常数 K。

$$K = \frac{\sum(r_i - b_i)}{4} \quad (i = 1 \sim 4) \quad (2-4)$$

(四)注意事项

(1) i 角检验的第一步一定要将仪器安置在 A、B 两点中点,可以借助钢尺量取,获得仪器架设的准确点位。

(2)检验、校正项目要按规定的顺序进行,不能任意颠倒。在确认检验数据无误后,才能进行校正。每次校正结束时,要旋紧各校正螺丝。

(3)注意保护水准尺尺面及底面,正确使用扶尺环扶标尺。

(4)校正水准仪的改正螺旋时,要先松开一个改正螺旋,拧紧另一个改正螺旋,不可将上下两个改正螺旋同时拧紧或松开。

(5)记录时要认真仔细,最后按照公式计算 i 角即可,根据规范若 i 角过大应及时校正,以防其对将来的测量结果产生影响。

(6)为避免计算出错,计算过程中要注意单位的统一。

(五)上交资料

(1)每组上交一份水准仪检验记录(见附表5 水准仪 i 角检验)。

(2)实验报告一份。

2.2 全站仪测量实验

角度与距离测量是确定地面点位的基本测量工作之一,目前常用于角度与距离测量的仪器是全站仪。全站仪测量主要包括水平角和竖角测量、距离测量、电磁波测距三角高程测量、自由设站测量、坐标测量、面积测量等。

一、全站仪的认识及使用

(一)实验目的与要求

(1)了解全站型部件名称及其作用。
(2)掌握全站仪的基本操作。
(3)了解全站仪的主要功能及使用。
(4)实验前查阅全站仪有关资料。
(5)熟悉全站仪上各部件的名称、作用,并能正确使用。
(6)熟悉全站仪开、关机,电池装卸及激光对中器使用。
(7)每小组4人,每人独立操作并轮换练习,在2学时内完成实验。

(二)实验准备

(1)全站仪1套(含仪器和脚架)。
(2)棱镜2套(含棱镜、棱镜架或脚架及基座)。
(3)3H铅笔2支(自备)。
(4)单面刀片或小刀1把(自备)。
(5)细砂纸1块(自备)。
(6)记录夹1个。
(7)记录纸若干(见附表6,自备)。
实验场地由指导教师选定。

(三)实验内容及步骤

1.认识全站仪各部件的名称及作用

(1)望远镜:瞄准仪、目镜及调焦螺旋、物镜及调焦螺旋、内置红外线(激光)发射接收装置。
(2)面板屏幕:显示测量数据和操作命令。
(3)面板按键:电源开关键、数字字母键、菜单及特设功能及操作键。
(4)电子水准管、激光对中器、制动螺旋与微动螺旋。
(5)数据传输接口及数据线、数据存储设备。
(6)全站仪各主要功能及操作。
(7)全站仪参数设置(单位设置、棱镜常数设置、气象参数设置、测量模式设置、其他辅助性设置等。)

2.全站仪安置

(1)每组在地面上设置一个点位标志作为测站点。
(2)将三脚架竖立,松开固紧螺旋,将脚架拉伸至肩膀同高处,旋紧螺旋。
(3)张开三脚架放置于测站上,脚架头大致位于水平位置,架头中心大致在测站点铅垂线上方,并使其高度适中(约与观测者心脏同高处)。
(4)将仪器从箱中双手取出,放置在三脚架头上,然后一手扶仪器,一手旋紧中心螺旋。
(5)固定三脚架的一只脚于适当位置,两手分别握住另外两条腿并移动,将激光对中器的激光点大致对准测站标志中心。
(6)调整全站仪脚螺旋使对中器精确对准标志中心。

(7)调节三脚架的两条架腿高度,使圆水准器气泡居中,照准部大致水平,检查对中情况,若偏离较大,重复(5)~(7)操作。

(8)旋转照准部,将水准管置于任意两个脚螺旋连线方向,同向等量转动这两个脚螺旋使照准部水准管气泡居中。

(9)旋转照准部至90°方向,转动第三个脚螺旋使照准部水准管气泡居中。

(10)检查对中器对中情况,若有偏离,则平移(不可旋转)基座使精确对中。再检查整平是否已被破坏,若已被破坏则再用脚螺旋整平。此两项操作应反复进行,直至水准管气泡居中,同时对中器仍对准测站标志中心为止。

(11)检查仪器对中、整平情况,若有偏差,重复上述操作,直至精确对中、整平为止。

(12)将望远镜对象天空(或白色墙壁),调节目镜调焦螺旋,使十字丝最清晰,瞄准任意目标,调节物镜调焦螺旋,使目标成像最清晰,检查有无视差,若有则消除。一次观测,目镜调焦只需调一次,物镜调焦则根据远近不同目标适当进行。

(13)将竖直度盘置于望远镜左侧(盘左位置),用粗瞄器瞄准观测目标,当观测目标成像在望远镜视场内时,旋紧水平制动螺旋并进行物镜调焦至成像清晰,旋转水平微动螺旋,用望远镜十字丝竖丝精确照准观测目标(目标成像较大时,用单丝平分目标,目标成像较小时,用单丝压盖目标,或夹准目标)。

(14)在其附近适当距离安置棱镜,使棱镜面向测站,步骤类似于(1)~(7)。

3.初始操作

(1)观察屏幕显示内容及翻页,熟悉观测数据所显示位置。
(2)熟悉各个按键,了解其作用。
(3)尝试菜单选择,了解其主要功能。

4.全站仪观测

(1)检查仪器对中整平情况,必要时重新对中整平。
(2)精确照准棱镜觇牌,读取水平角、垂直角并记簿。
(3)按下测量键,读取斜距并记簿。

(四)注意事项

(1)全站仪是目前结构复杂、价格昂贵的先进测量仪器之一,在使用时必须严格遵守操作规程,十分注意爱护仪器。
(2)必须及时将中心螺旋旋紧。
(3)在阳光下使用全站仪测量时,一定要撑伞遮掩仪器,严禁用望远镜对准太阳。
(4)在装卸电池时,必须先关断电源。
(5)迁站时,即使距离很近,也必须取下全站仪装箱搬运,并注意防震。

(五)上交资料

(1)实验报告1份。
(2)观测记录表1份(见附表6 全站仪认识读数记录)。

二、角度、距离与高差测量

(一)实验目的与要求

(1)进一步加深对角度测量原理、光电测距原理和三角高程测量原理的理解。

(2)掌握角度测量的基本方法。
(3)掌握光电测距的基本方法。
(4)掌握三角高程测量方法。
(5)实验前阅读角度测量、光电测距与三角高程测量有关资料。
(6)每小组 4 人,每人独立操作并轮换练习,在 2 学时内完成实验。

(二)实验准备

(1)全站仪 1 套(含仪器和脚架)。
(2)棱镜 2 套(含棱镜、棱镜架或脚架及基座)。
(3)小钢尺 2 把。
(4)3H 铅笔 2 支(自备)。
(5)单面刀片或小刀 1 把(自备)。
(6)细砂纸 1 块(自备)。
(7)记录夹 1 个。
(8)记录纸若干(见附表 7,自备)。
实验场地由指导教师选定。

(三)实验内容及步骤

(1)在指导教师选定的场地,选取标定点 A、B、C,距离 200 m 左右。
(2)在 B 点安置全站仪(对中、整平),并量取仪器高(仪器横轴中心至地面标志点顶的铅垂距离),在 A、C 点安置棱镜,并量取棱镜高(棱镜几何中心至地面标志点顶的铅垂距离),将仪器高和棱镜高记入手簿(见附表 7)。
(3)盘左位置精确照准 A 点棱镜觇牌,将水平方向读数设置在 $0°1'00''$ 左右,顺时针旋转照准部 2 周,重新精确照准 A 点棱镜觇牌,按下测量键,读取水平方向值、垂直方向角、斜距并记簿(见附表 7)。
(4)顺时针旋转照准部,盘左位置精确照准 C 点棱镜觇牌,按下测量键,读取水平方向值、垂直方向角、斜距并记簿(见附表 7)。
(5)倒转望远镜,变盘左为盘右,重新精确照准 C 点棱镜觇牌,按下测量键,读取水平方向值、垂直方向角、斜距并记簿(见附表 7)。
(6)逆时针旋转照准部,盘右位置精确照准 A 点棱镜觇牌,按下测量键,读取水平方向值、垂直方向角、斜距并记簿(见附表 7)。
(7)重新精确照准 A 点棱镜觇牌,将水平方向读数设置在 $90°$ 左右,按(3)~(6)步骤完成第二测回观测。
(8)按相应公式计算水平角、竖直角、平距和高差。
(9)检查、检核观测及计算成果,水平方向同一方向值各测回互差不大于 $24''$,竖盘指标差互差不大于 $10''$,竖直角测回互差不大于 $10''$,往返测平距较差和对向观测高差较差满足表 2-1 中限差要求时,取其平均值作为最终的水平角、竖直角、平距和高差;若超限则查明原因,重新测量。

表 2-1 距离和高差较差限差

往返测距离较差/mm	对向观测高差较差/mm
$2(a+b\times D)$	$40\sqrt{D}$

注：a 为固定误差，b 为比例误差系数，D 为测距边长度(km)。

(四)注意事项

(1)实验过程中务必守护好仪器，以免摔坏。

(2)在水平角、竖直角观测中，观测值的秒值不允许改动，距离观测值的厘米、毫米不允许改动，若发现错误，应重测；角度观测值的度、分错误可以改动，但不允许连环改动，距离观测值的米、分米错误可以改动，所有改错方法是将错误的数字用水平短线划去，在其正上方写出正确的数字，否则应重测。

(3)仪器高和棱镜高在观测前后各量取1次并精确至1 mm，取平均值作为最终值。

(4)记录应严格遵守测量手簿记录要求。

(5)角度成果的取值精确值整秒，距离、高差成果的取值，应精确至1 mm。

(五)上交资料

(1)实验报告1份。

(2)观测记录表1份。

三、全站仪的检验

(一)实验目的与要求

(1)加深对全站仪主要轴线之间应满足条件的理解。

(2)掌握全站仪的室外检验方法。

(3)掌握电磁波测距仪加常数简易测定方法。

(4)实验前阅读全站仪检验有关资料。

(5)每小组4人，每人独立操作并轮换练习，在2学时内完成实验。

(二)实验准备

(1)全站仪1套(含仪器和脚架)。

(2)棱镜2套(含棱镜、棱镜架或脚架及基座)。

(3)3H铅笔2支(自备)。

(4)单面刀片或小刀1把(自备)。

(5)细砂纸1块(自备)。

(6)记录夹1个。

(7)检验记录纸若干(见附表8，自备)。

实验场地由指导教师选定。

(三)实验内容及步骤

1.一般检视

检查三脚架是否牢固；检查仪器外观是否有擦痕或磕碰；检查照准部和望远镜是否灵活；检查制动和微动螺旋是否有效；检查望远镜调焦是否正常；检查显示屏显示是否清晰全面；检

查仪器箱外部提手、背带、锁扣是否牢固可靠。

2.照准部水准管轴垂直于竖轴的检验与校正

(1)先将仪器大致整平,转动照准部使水准管与任意两个脚螺旋连线平行,转动这两个脚螺旋使水准管气泡居中。

(2)将照准部旋转180°,如气泡仍居中,说明条件满足;如气泡不居中,则需进行校正。

(3)将检验结果标记于检验手簿中。

3.十字丝竖丝垂直于横轴的检验与校正

(1)整平仪器,用十字丝竖丝照准一个清晰小点,固定照准部,使望远镜上下微动,若该点始终沿竖丝移动,说明十字丝竖丝垂直于横轴。否则,条件不满足,需进行校正。

(2)将检验结果标记于检验手簿中。

4.视准轴垂直于横轴的检验与校正

(1)整平仪器,选择一个与仪器同高的目标点 A,用盘左、盘右观测。盘左读数为 L'、盘右读数为 R'。

(2)视准轴误差 $c=\frac{1}{2}(L'-R'\pm 180°)$,若视准轴误差 c 小于等于 $8''$,则视准轴垂直于横轴,否则需进行校正。

5.横轴垂直于竖轴的检验

(1)在离墙 20~30 m 处安置仪器,盘左照准墙上高处一点 P(仰角 30°左右),放平望远镜,在墙上标出十字丝交点的位置 m_1。

(2)盘右再照准 P 点,将望远镜放平,在墙上标出十字丝交点位置 m_2。如 m_1、m_2 重合,则表明条件满足;如 m_1、m_2 不重合,则需利用式(2-5)计算 i 角,当 i 角大于 $15''$ 时,应校正。

$$i=\frac{d}{2D\cdot\tan\alpha}\cdot\rho'' \qquad (2-5)$$

式中,D 为仪器至 P 点的水平距离;d 为 m_1、m_2 的距离;α 为照准 P 点时的竖角;$\rho''=206265''$。

6.竖盘指标差的检验与校正

(1)仪器整平后,以望远镜盘左、盘右两个位置瞄准同一水平的明显目标,读取竖盘读数 L 和 R,读数时竖盘水准管气泡务必居中。

(2)由指标差计算式(2-6)计算 x 的值,若超过 $24''$ 则进行校正。

$$x=\frac{1}{2}[(L+R)-360°] \qquad (2-6)$$

7.激光对中器的检验

(1)在测站点 A 上安置全站仪,对中整平。

(2)将照准部旋转 180°,观察激光点偏离标志点 A 的情况,若偏离 0.5 mm 以上,则需校正。

8.电磁波测距仪测距加常数简易测定

(1)在较为平坦的地面上选 200 m 左右长的线段 AB,并定出线段 AB 的中点 C。

(2)全站仪依次安置在 A、C、B 三点上,其余点上安置棱镜测距,观测时应使用同一反射棱镜。全站仪置 A 点时测量距离 D_{AC}、D_{AB};全站仪置 C 点时测量距离 D_{AC}、D_{CB};全站仪置 B

点时测量距离 D_{AB}、D_{CB}，所有距离均观测 4 个测回。

（3）分别计算 D_{AB}、D_{AC}、D_{CB} 的平均值，依式（2-7）计算加常数。

$$K = D_{AB} - (D_{AC} + D_{CB}) \tag{2-7}$$

（四）注意事项

（1）实验课前，各组要准备几张画有十字线的白纸，用作照准标志。

（2）要按实验步骤进行检验，不能颠倒顺序。

（3）选择检验场地时，应顾及视准轴和横轴两项检验，既可看到远处水平目标，又能看到墙上高处目标。

（4）每项检验后应立即填写全站仪检验记录表（见附表 8）中相应项目。

（五）上交资料

（1）实验报告 1 份。

（2）全站仪检验记录表 1 份（见附表 8）。

2.3　GNSS-RTK 测量实验

一、实验目的与要求

（1）了解 GNSS 接收机的基本结构、性能及各操作部件的名称和作用。

（2）在一个测站点上安置 GNSS 接收机，连接手簿、操作 GNSS 接收机，掌握 GNSS 接收机的安置方法、设备的连接方法。

（3）练习 GNSS 接收机动态模式的参数设置。

（4）掌握 GNSS 接收机测站动态模式下的信息采集与设置。

（5）掌握基准站和流动站设置的主要内容。

（6）熟悉 GNSS 接收机动态数据采集质量评价方法。

（7）每小组 4 人，每人独立操作并轮换练习，在 2～4 学时内完成实验。

二、实验准备

（1）GNSS 接收机基准站 1 套[三脚架 1 个、基座 1 个、连接杆 1 个、GNSS 接收机 1 个（含电池 2 块）、手簿 1 个，数据发射天线 1 根、钢卷尺一把]。

（2）GNSS 接收机流动站 1 套[对中杆 1 个，GNSS 主机 1 个（含电池 2 块），手簿 1 个，GNSS 天线 1 个，接收机天线 1 根]。

（3）3H 铅笔 1 支、单面刀片或小刀 1 把、记录板 1 个、记录纸若干（自备）。

三、实验内容及步骤提要

1. 架设基准站

（1）将接收机设置为基准站外置模式。

（2）架设好三脚架，安置电台天线的三脚架应放置较高一些，接收机和外接天线的两个三脚架之间至少保持三米的距离。

(3) 固定好机座和基准站接收机(如果架在已知点上,要做严格的对中整平),打开基准站接收机。

(4) 安装好电台发射天线,把电台挂在三脚架上,将蓄电池放在电台的下方。用多用途电缆线连接好电台、主机和蓄电池。

2. 启动基准站

(1) 使用手簿进行仪器设置,主机必须是基准站模式。

(2) 对基站进行高度角、差分格式、GNSS 坐标系统等参数进行设置。一般的基站参数设置只需要设置差分格式就可以,其他使用默认参数。

(3) 设置电台,设置正确的电台类型、电台频率、通信参数(波特率、字长、奇偶性、停止位)。

(4) 新建工程任务项目,配置任务的坐标系统,定义投影转换参数。

(5) 保存好的设置参数后,单击"启动基站"(一般来说,基站都是任意假设的,发射的坐标不需要自己输入)。

3. 移动站设置

确认基站发射成功后,即可开始移动站的假设。步骤如下:

(1) 正确连接移动站的主机和手簿等设备。

(2) 利用手簿将接收机设置为移动站电台模式。

(3) 对移动站参数进行设置,一般只需要设置差分数据格式,选择与基站相同的差分数据格式和数据传输频率即可。

(4) 配置通信参数,配置流动站无线电通道(与基站一致),以上操作类同于基站。

(5) 基站架设在未知点校正(直接校正)。

当移动站在已知点水平对中并获得固定解状态后进行以下操作才有效。手簿中操作步骤依次为

① 进入点校正模式;

② 在系统提示下输入当前移动站的已知坐标,再将移动站对中立于已知点上,输入天线高和量取方式进行校正;

③ 需要特别注意的是,参与计算的控制点原则上要用到两个或两个以上的点。

(6) 新建工程任务进行 RTK 作业。

四、注意事项

(1) 在作业前应做好准备工作,将 GNSS 接收机、手簿的电池和蓄电池充足电。

(2) 使用 GNSS 接收机时,应该严格遵守操作规程,注意爱护仪器。

(3) 在启动基准站时,应特别注意电台电源线(蓄电池)的极性,不要将正负极接错。

(4) 用电缆线连接手簿和电脑进行数据传输时,注意正确的连接方法和相关通信参数设置。

五、成果资料提交

(1) 每组需提交实验报告 1 份。

(2) 每组需提交 RTK 测量记录表 1 份(见附表 9)。

2.4 导线测量实验

一、实验目的与要求

(1)掌握导线选点、布设的方法。
(2)掌握导线测量的观测及记录、计算方法。
(3)了解导线测量的基本技术要求。
(4)以小组形式完成实验,每组 4 人,每人必须完成一个测站的观测和记录工作。
(5)每人须独立完成本小组实测导线的平差计算工作。

二、实验准备

(1)全站仪 1 套(含仪器和脚架)。
(2)棱镜 2 套(含棱镜、棱镜架或脚架及基座)。
(3)2 m 小钢尺 2 把。
(4)自备 3H 铅笔 2 支、单面刀片或小刀 1 把。
(5)自备导线测量记录及平差计算表格纸若干。

三、实验内容及步骤

1.导线选点布设

由指导教师在指定的实验场地,每个小组布设 4 个导线点的闭合导线(闭合导线是指起闭于同一个已知点的导线),如图 2-6 所示。

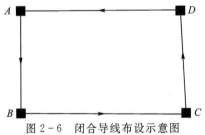

图 2-6 闭合导线布设示意图

2.导线观测

(1)在 A 点安置全站仪,对中整平,并量取仪器高。
(2)分别在 B、D 点安置棱镜,并量取棱镜高。
(3)盘左位置瞄准目标点 D,读取水平角、竖直角和斜距。
(4)顺时针旋转照准部,瞄准目标 B,读取水平角、竖直角和斜距。
(5)逆时针倒转望远镜,变盘左为盘右,瞄准目标 B,读取水平角、竖直角和斜距。
(6)逆时针旋转照准部,瞄准目标 D,读取水平角、竖直角和斜距。
(7)完成观测手簿中的计算工作,并检查是否超限,若不超限,则迁站。

(8)将全站仪迁至 B 点,后视镜迁至 A 点,前视镜迁至 C 点,按步骤(1)~(7)完成该站的观测工作。

(9)重复步骤(1)~(8),完成所有测站的观测工作。

3. 技术要求

(1)水平角观测采用测回法观测 1 个测回,竖直角观测 1 个测回。

(2)边长要求对向观测,观测 1 个测回。

(3)仪器高、棱镜高量至毫米。

(4)技术指标见表 2-2,凡有超限者,需分析原因后重新观测。

表 2-2 导线测量基本技术要求

水平角		竖直角		边长	边长对向观测不符值/mm	高差对向观测不符值/mm	多边形内角和闭合差/(″)	导线高差闭合差/mm
测回数	2C 互差/(″)	测回数	指标差互差/(″)	测回数				
1	13	1	25	1	$2(a+bD)$	$80\sqrt{D}$	$40\sqrt{n}$	$40\sqrt{L}$

注:D 为边长(单位 km);n 为测站数;L 为导线总长度(单位 km)。

4. 导线坐标计算步骤

(1)自设 A 点坐标和 AB 边的坐标方位角,作为导线的起算数据。如 A 点坐标和高程设定为(500 m、500 m、400 m),AB 坐标方位角设定为 180°。

(2)由多边形内角和闭合差计算水平角观测值的改正数,并对水平角进行改正。

① 内角和闭合差:$f_\beta = \beta_1 + \beta_2 + \beta_3 + \beta_4 - (4-2) \cdot 180°$;

② 水平角观测值改正数:$v_{\beta_1} = v_{\beta_2} = v_{\beta_3} = v_{\beta_4} = \dfrac{-f_\beta}{4}$;

③ 水平角观测值的平差值:$\beta'_i = \beta_i + v_{\beta_i}$($i = 1、2、3、4$)。

(3)推算 BC、CD、DA 边的坐标方位角,最终推算出的 AB 边的坐标方位角应等于自设值,进行检核。

$$\alpha_{BC} = \alpha_{AB} + \beta'_2 - 180°$$
$$\alpha_{CD} = \alpha_{BC} + \beta'_3 - 180°$$
$$\alpha_{DA} = \alpha_{CD} + \beta'_4 - 180°$$
$$\alpha_{AB} = \alpha_{DA} + \beta'_1 - 180°$$

(4)计算各导线边的坐标增量。

① AB 边坐标增量:
$$\Delta x_{AB} = S_{AB} \cdot \cos\alpha_{AB}$$
$$\Delta y_{AB} = S_{AB} \cdot \sin\alpha_{AB}$$

② BC 边坐标增量:
$$\Delta x_{BC} = S_{BC} \cdot \cos\alpha_{BC}$$
$$\Delta y_{BC} = S_{BC} \cdot \sin\alpha_{BC}$$

③ CD 边坐标增量:
$$\Delta x_{CD} = S_{CD} \cdot \cos\alpha_{CD}$$
$$\Delta y_{CD} = S_{CD} \cdot \sin\alpha_{CD}$$

④DA 边坐标增量：
$$\Delta x_{DA} = S_{DA} \cdot \cos\alpha_{DA}$$
$$\Delta y_{DA} = S_{DA} \cdot \sin\alpha_{DA}$$

(5)计算坐标闭合差，及各坐标增量的改正数。

①坐标闭合差
$$f_x = x_A + \Delta x_{AB} + \Delta x_{BC} + \Delta x_{CD} + \Delta x_{DA} - x_A$$
$$f_y = y_A + \Delta y_{AB} + \Delta y_{BC} + \Delta y_{CD} + \Delta y_{DA} - y_A$$

②坐标增量的改正数

AB 边坐标增量的改正数
$$v_{\Delta x_{AB}} = \frac{-f_x}{S_{AB} + S_{BC} + S_{CD} + S_{DA}} \cdot S_{AB}$$
$$v_{\Delta y_{AB}} = \frac{-f_y}{S_{AB} + S_{BC} + S_{CD} + S_{DA}} \cdot S_{AB}$$

BC 边坐标增量的改正数
$$v_{\Delta x_{BC}} = \frac{-f_x}{S_{AB} + S_{BC} + S_{CD} + S_{DA}} \cdot S_{BC}$$
$$v_{\Delta y_{BC}} = \frac{-f_y}{S_{AB} + S_{BC} + S_{CD} + S_{DA}} \cdot S_{BC}$$

CD 边坐标增量的改正数
$$v_{\Delta x_{CD}} = \frac{-f_x}{S_{AB} + S_{BC} + S_{CD} + S_{DA}} \cdot S_{CD}$$
$$v_{\Delta y_{CD}} = \frac{-f_y}{S_{AB} + S_{BC} + S_{CD} + S_{DA}} \cdot S_{CD}$$

DA 边坐标增量的改正数
$$v_{\Delta x_{DA}} = \frac{-f_x}{S_{AB} + S_{BC} + S_{CD} + S_{DA}} \cdot S_{DA}$$
$$v_{\Delta y_{DA}} = \frac{-f_y}{S_{AB} + S_{BC} + S_{CD} + S_{DA}} \cdot S_{DA}$$

(6)推算导线点的坐标。

B 点坐标：
$$x_B = x_A + \Delta x_{AB} + v_{\Delta x_{AB}}$$
$$y_B = y_A + \Delta y_{AB} + v_{\Delta y_{AB}}$$

C 点坐标：
$$x_C = x_B + \Delta x_{BC} + v_{\Delta x_{BC}}$$
$$y_C = y_B + \Delta y_{BC} + v_{\Delta y_{BC}}$$

D 点坐标：
$$x_D = x_C + \Delta x_{CD} + v_{\Delta x_{CD}}$$
$$y_D = y_C + \Delta y_{CD} + v_{\Delta y_{CD}}$$

A 点坐标：

$$x_A = x_D + \Delta x_{DA} + v_{\Delta x_{DA}}$$
$$y_A = y_D + \Delta y_{DA} + v_{\Delta y_{DA}}$$

最终计算出的 A 点坐标应等于自设的 A 点坐标,进行检核。

(7)评定精度。

①角度闭合差:$f_\beta \leqslant \pm 40\sqrt{n} = \pm 80''$

②导线全长相对闭合差:$k = \dfrac{\sqrt{f_x^2 + f_y^2}}{S_{AB} + S_{BC} + S_{CD} + S_{DA}} \leqslant \dfrac{1}{4000}$

5.导线三角高程计算步骤

在高程导线计算前,首先应检查外业观测数据,确认记录计算无误,再进行计算。计算步骤为

①利用下式计算各边的往、返测高差,通常以导线观测的前进方向为往测。
$$h = D\sin\alpha + i - v$$

②计算各边的往、返测高差较差。
$$\Delta h = h_{往} + h_{返}$$

③当各边往返测高差较差符合规范要求时(应小于 $80\sqrt{D}$),求各边的往返测高差中数。
$$h_{中} = \dfrac{1}{2}(h_{往} - h_{返})$$

④计算高程导线的高差闭合差,方法同水准路线,并查看导线的高差闭合差是否符合限差要求($40\sqrt{L}$)。

五、注意事项

(1)导线选点时尽量布设在路边,以避免作业时行人、车辆的干扰,应尽量避免太阳暴晒,从而可提高观测成果的精度。

(2)观测者应精心安置仪器,可以减弱仪器和目标对中误差对测角和测距的影响。

(3)观测时注意按逆时针方向推进,以保证所测水平角既是内角又是左角。

(4)当观测短边之间的转折角时,测站偏心和目标偏心对转折角的影响将十分明显。因此,应特别仔细进行对中和精确照准。

(5)应关注导线水平角,竖直角观测的各项限差要求和导线角度闭合差和高差闭合差的限差要求。

(6)计算前必须检查观测数据的正确性,检验各项限差必须符合要求。

(7)水平角观测值的改正数之和必须与内角和闭合差等值反号;坐标增量的改正数之和必须与坐标闭合差等值反号;高差的改正数之和必须与高差闭合差等值反号。

六、成果资料提交

(1)每组需提交实验报告1份。

(2)每小组提交全站仪导线观测记录表1份(见附表10)。

(3)每人提交导线测量内业成果计算表1份(见附表11),三角高程测量平差表1份(见附表12)。

2.5 数字测图外业碎部点数据采集实验

一、实验目的与要求

(1)熟悉全站仪及 GNSS-RTK 进行坐标测量的操作方法。

(2)掌握全站仪及 GNSS-RTK 数字测图外业碎部点数据采集的作业方法及流程。

(3)以 4 人为一个实验小组,以轮换制进行数字测图外业碎部点数据的观测、记录、立镜及草图绘制。

(4)在 4 学时内完成实验,每组完成碎部点数据的测量记录。

二、实验准备

(1)全站仪 1 套(含仪器和脚架)。

(2)棱镜 2 套(含棱镜、棱镜架或脚架及基座)。

(3)GNSS-RTK 基准站 1 套,流动站 1 套(含手簿、天线、对中杆)。

(4)自备 3H 铅笔 2 支,单面刀片或小刀 1 把。

(5)自备碎部测量记录纸若干。

三、实验内容及步骤

在指导教师选定的实验场地,选取相互通视的三个控制点,一个作为测站点 A,一个作为定向点 B(后视点),第三个点 C 作为检核点,选择测图区域内的房屋、道路、路灯、消防栓、检修井盖、花坛等地物作为测量对象。

1.基于全站仪的碎部点采集

1)设站

(1)在测站点 A 上安置全站仪(对中、整平),量取仪器高(取位至毫米)。

(2)在后视点 B 上安置棱镜架(或脚架)及棱镜。

(3)在检核点 C 上安置棱镜架(或脚架)及棱镜,量取棱镜高。

2)定向

(1)将全站仪调至坐标测量模式,建立项目文件,输入测站点 A 的三维坐标、仪器高及后视点坐标等信息。

(2)按全站仪提示要求精确照准 B 点觇牌及棱镜,并按确认键。

3)检核

(1)用全站仪盘左位置精确照准 C 点觇牌及棱镜,输入棱镜,按测量键。

(2)将全站仪屏幕上显示的坐标与 C 点已知坐标进行核对,平面坐标较差不超过图上 0.1 mm、高程较差 1/10 基本等高距,则可进行碎部测量。

4)碎部测量

(1)立镜员按一定路线选择地物特征点并立棱镜,观测者瞄准棱镜中心,进行测量,输入棱镜高,按保存键将数据自动记录到全站仪内存,同时将数据记录在碎部测量手簿。

(2)草图绘制员根据地物点及其周围地物相关位置在草图纸上画出所测地物点的位置,并标注点号(应与全站仪所测点号一致),依据测点绘制地物,并标注相关属性。

(3)房屋选择墙基角立镜测其碎部点坐标。

(4)道路选择边线拐点立镜测其碎部点坐标。

(5)路灯选择中心点立镜测其碎部点坐标。

(6)检修井选择中心点立镜测其碎部点坐标。

(7)消防栓选择中心点立镜测其碎部点坐标。

(8)花坛选择边界拐点立镜测其碎部点坐标。

(9)外业数据采集后,将全站仪内工程文件中的数据传输至计算机,形成碎部点坐标数据文件。

2. 基于 RTK 的碎部点采集

1)基准站架设

基准站一定要架设在视野比较开阔、周围环境比较空旷、地势比较高的地方;避免架在高压输变电设备附近、无线电通信设备收发天线旁边、树荫下及水边,这些都对 GNSS 信号的接收及无线电信号的发射产生不同程度的影响。根据差分信号传播方式的不同,RTK 分为电台模式和网络模式两种,本实验主要介绍电台模式。

(1)将接收机设置为基准站内置电台模式。

(2)架好三脚架,用测高片固定好基准站接收机(如果架在已知点上,需要用基座并做严格的对中整平),打开基准站接收机(见图 2-7)。

2)启动基准站

第一次启动基准站时,需要对启动参数进行设置,以南方银河 1GNSS 接收机为例,设置步骤如下:

(1)使用手簿上的工程之星连接基准站。

(2)操作,配置→仪器设置→基准站设置(主机必须是基准站模式)。

(3)对基站参数进行设置。一般的基站参数设置只需设置差分格式就可以(选择 RTCM32),其他使用默认参数。设置完成后点击右边的基站图标获取基站单点坐标。

(4)保存好设置参数后,单击"启动基站"(一般来说基站都是任意架设的,发射坐标是不需要自己输的)。注意:第一次启动基站成功后,以后作业如果不改变配置可直接打开基准站主机即可自动启动。

(5)设置电台通道,单击配置→仪器设置→电台设置,选择相应的电台通道发射。

3)移动站架设

确认基准站发射成功后,即可开始移动站的架设(见图 2-8)。步骤如下:

(1)将接收机设置为移动站电台模式。

(2)打开移动站主机,将其固定在碳纤对中杆上面,安装好手簿托架和手簿。

4)设置移动站

移动站架设好后需要对移动站进行设置才能达到固定解状态,步骤如下:

(1)手簿及工程之星连接,打开工程之星,单击配置→蓝牙管理器,单击"搜索"按钮,即可搜索到附近的蓝牙设备,选中要连接的设备,单击"连接"即可连接上蓝牙。

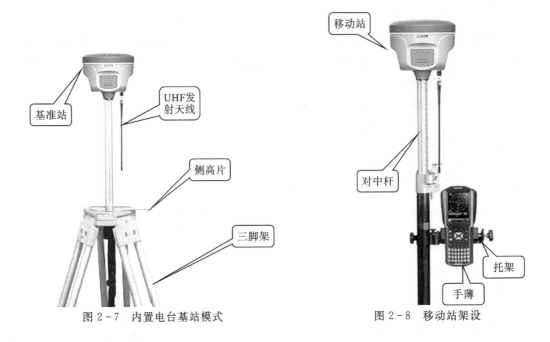

图 2-7 内置电台基站模式　　　　图 2-8 移动站架设

(2)通道设置:配置→仪器设置→电台通道设置,将电台通道切换为与基准站电台一致的通道号设置完毕,移动站达到固定解后,即可在手簿上看到高精度的坐标。

5)新建工程

(1)在工程之星中的"工程"下单击"新建工程"选项,输入相应工程名称,单击"下一步"按钮。

(2)选择坐标系统参数系统,可以选择以前建立的(工程参数相近情况下)参数系统或者新建,若要新建,则选择"编辑"→"增加"选项,输入参数系统名,选择坐标系,在中央子午线一栏输入中央子午线经度,单击"确定"按钮,同时在天线高一栏输入移动站杆高,单击"确定"按钮,工程建好。

6)点校正

在工程之星中选择"测量"→"点测量"选项,按"A"采集数据,在出现的界面中可修改点名,仪器杆高,按回车保存。

7)求解四参数

在求坐标转换参数界面上单击"增加"按钮,输入控制点已知坐标,所有的控制点都输入以后,查看水平精度和高程精度,查看确定无误后,单击"保存"按钮,参数求好后,利用第三个已知控制点进行检查,误差小于 5 cm 时即可利用"点测量"进行碎部点数据采集。

8)记录数据

将移动站立在房角点、道路边界转折点、路灯中心点、检修井中心点、消防栓中心点,选择"点测量"选项,即可获取碎部点坐标和高程,并自动记录存储,同时将数据记录在碎部测量手簿。草图绘制员根据地物点及其周围地物相关位置在草图纸上画出所测地物点的位置,并标注点号(应与 RTK 所测点号一致),依据测点绘制地物,并标注相关属性。

四、注意事项

(1)在作业前应作好准备工作,给全站仪、GNSS 接收机电池充足电;使用全站仪和 GNSS 接收机时,应严格遵守操作规程,注意爱护仪器。

(2)坐标、仪器高、棱镜高输入全站仪后要检查。仪器高变化时,一定要重新输入全站仪。

(3)在启动基准站、移动站前,应注意内置电台天线的接口不要接错,当基准站被移动或关机,再次进行测量时须先进行"点校正"。

(4)草图上点号要与全站仪、GNSS-RTK 上的点号一致。

(5)在碎部测量开始前,小组成员应商议碎部测量方案,包括测量范围、地物地貌综合取舍、测量线路、分工协调等。

(6)碎部测量结束,应重新检查测站设置及定向。

五、成果资料提交

(1)每个小组提交实验报告 1 份。

(2)每个小组提交碎部测量记录(见附表 13)、草图(见附表 14)及电子数据文件 1 份。

2.6 数字地形图编绘实验

一、实验目的与要求

(1)了解数字成图软件 CASS 的主要功能和内业成图作业过程。

(2)掌握常见地形要素的内业编图方法。

(3)加深对数字测图数据采集要求、地形符号运用等知识的理解。

(4)实验前需完成 CASS 软件的安装,每人在 4 学时内利用全站仪或 RTK 所采集的碎部点数据独立完成数字地形图的绘制。

二、实验准备

(1)计算机 1 台(已安装好 CASS 软件)。

(2)碎部点数据文件和碎部测量外业草图。

(3)实验场地为多媒体教室。

三、实验内容及步骤

1.坐标数据展点

1)定显示区

定显示区的作用是根据输入坐标数据文件的数据大小,定义屏幕显示区域的大小,以保证所有点可见。具体操作如下:

(1)选择"绘图处理"选项,即出现下拉菜单,如图 2-9 所示。

(2)选择"定显示区"子菜单,弹出如图 2-10 所示的对话框,选取需输入碎部点坐标数据文件名(以 CASS 软件 DEMO 目录下自带的"YMSJ.DAT"作为演示文件)。

图 2-9　绘图处理下拉菜单

图 2-10　"输入坐标数据文件名"对话框

2)展点

选择"绘图处理"→"展野外测点点号"选项,初次展点,绘图命令栏会提示设置成图比例尺,输入后弹出选择数据文件对话框,选择下载好的数据文件(以 CASS 软件 DEMO 目录下自带的"YMSJ.DAT"作为演示文件),测量点的点位和点号就展示到测图区域内,展点结果如图 2-11 所示。

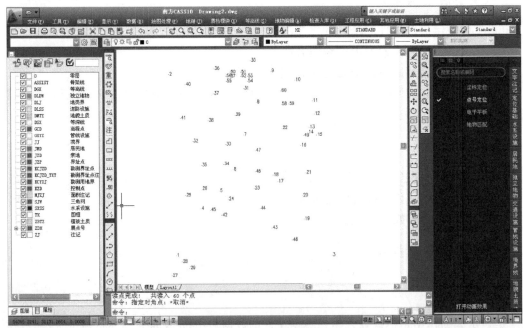

图 2-11　展点结果

2. 绘平面图

根据野外作业时绘制的草图,移动鼠标至屏幕右侧菜单区选择相应的测点定位模式和地形图图式符号,然后在屏幕中将所有的地物绘制出来。

(1)用鼠标单击屏幕右侧的工具栏,单击"点号定位"按钮,进入点号定位模式。移动鼠标至屏幕右侧菜单区选择相应的地形图图式符号,设置捕捉方式为节点,根据野外作业时绘制的草图,把相应的点号连接绘制地物。

(2)以居民地中的四点房屋绘制为例,移动鼠标至右侧菜单"居民地"处按左键,再移动鼠标到"四点一般房屋"的图标处按左键,图标变亮表示该图标已被选中,如图 2-12 所示。这时命令区提示:"1.已知三点/2.已知两点及宽度/3.已知两点及对面一点/4.已知四点<3>:",如图 2-13 所示。

图 2-12 四点一般房屋图标

图 2-13 命令显示

(3)输入 1,移动鼠标至状态栏,右键单击状态栏中"点捕捉"选项,在"设置"里选择"对象捕捉"选项,并移动鼠标到"节点"的图标处按左键(若图标变亮表示该图标已被选中),然后再移动鼠标至确定处按左键。此时鼠标靠近第一号点(点号 27),出现红色小圆形标记,点击鼠标左键,即可完成捕捉工作。依次同上操作捕捉房屋的第二点(点号 28)和第三点(点号 29),房屋的第四点是自动解析完成的,并在命令栏选择房屋结构,并输入适当层数,完成四点房屋的绘制过程,如图 2-14 所示。

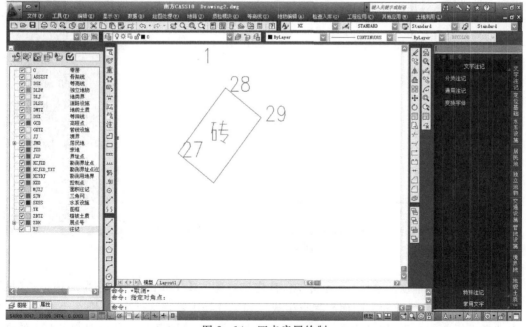

图 2-14 四点房屋绘制

3. 等高线绘制

1)建立数字地面模型(构建三角网)

数字地面模型(DTM),是在一定区域范围内规则格网点或三角网点的平面坐标(X,Y)和其地物性质的数据集合,如果此地物性质是该点的高程Z,则此数字地面模型又称为数字高程模型(DEM)。在使用CASS自动生成等高线时,应先建立数字地面模型。在这之前,可以先进行"定显示区"及"展点","定显示区"的操作与前述"操野外测记草图法"中"点号定位"的工作流程中的"定显示区"的操作相同,出现界面后要求输入文件(以CASS软件DEMO目录下自带的"DGX.DAT"作为演示文件),展点时可选择"展高程点"选项,如图2-15所示。

图2-15 "绘图处理"下拉菜单

选择"打开"DGX.DAT文件后命令区提示:"注记高程点的距离(米):",根据规范要求输入高程点注记距离(即注记高程点的密度),按回车键默认为注记全部高程点的高程。这时,所有高程点和控制点的高程均自动展绘到图上,如图2-16所示。

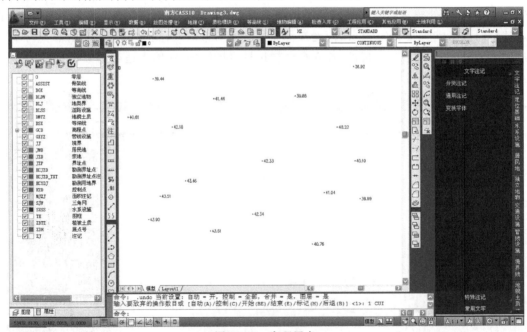

图2-16 高程展点

移动鼠标至屏幕顶部菜单"等高线"项,首先选择建立DTM的方式,分为两种方式(见图2-17):由数据文件生成和由图面高程点生成。如果选择由数据文件生成,则在坐标数据文件名中选择坐标数据文件;如果选择由图面高程点生成,则在绘图区选择参加建立DTM的高程点。然后选择结果显示,分为三种:显示建三角网结果、显示建三角网过程和不显示三角网。

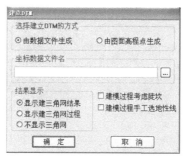

图 2-17 建立 DTM

最后选择在建立 DTM 的过程中是否考虑陡坎和地性线。

单击"确定"按钮,生成如图 2-18 所示的三角网。

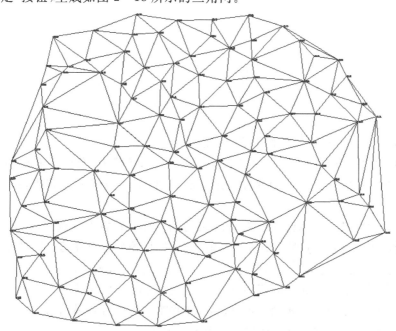

图 2-18 用 DGX.DAT 数据建立的三角网

2) 修改数字地面模型

由于地形条件的限制,在外业采集的碎部点很难一次性生成理想的等高线,如楼顶上控制点。另外还因现实地貌的多样性和复杂性,自动构成的数字地面模型与实际地貌不太一致,这时可以通过修改三角网来修改这些局部不合理的地方。

(1) 删除三角形。如果在某局部内没有等高线通过的,则可将其局部内相关的三角形删除。删除三角形的操作方法:先将要删除三角形的地方局部放大,再选择"等高线"→"删除三角形"选项,命令区提示"选择对象:",这时便可选择要删除的三角形,如果误删,可用"U"命令将误删的三角形恢复。删除三角形后如图 2-19 所示。

(2) 过滤三角形。可根据用户需要输入符合三角形中最小角的度数或三角形中最大边长最多大于最小边长的倍数等条件的三角形。如果出现 CASS 10.1 在建立三角网后点无法绘制等高线,可过滤掉部分形状特殊的三角形。另外,如果生成的等高线不光滑,也可以用此功

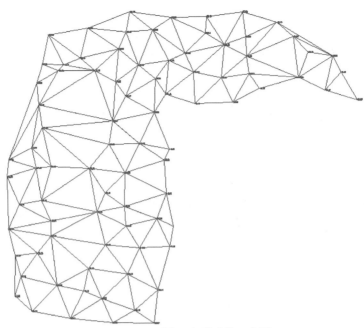

图 2-19 删除三角形后的三角网

能将不符合要求的三角形过滤掉再生成等高线。

(3) 增加三角形。如果要增加三角形时,可选择"等高线"→"增加三角形"选项,依照屏幕的提示在要增加三角形的地方用鼠标点取,如果点取的地方没有高程点,系统会提示输入高程。

(4) 三角形内插点。选择此命令后,可根据提示"输入要插入的点:",在三角形中指定点(可输入坐标或用鼠标直接点取),提示"高程(米)="时,输入此点高程。通过此功能可将此点与相邻的三角形顶点相连构成三角形,同时原三角形会自动被删除。

(5) 删三角形顶点。用此功能可将所有由该点生成的三角形删除。因为一个点会与周围很多点构成三角形,如果手工删除三角形,不仅工作量较大而且容易出错。这个功能常用在发现某一点坐标错误时,要将它从三角网中剔除的情况下。

(6) 重组三角形。指定两相邻三角形的公共边,系统自动将两三角形删除,并将两三角形的另两点连接起来构成两个新的三角形,这样做可以改变不合理的三角形连接。如果因两三角形的形状特殊无法重组,会有出错提示。

(7) 删三角网。生成等高线后就不再需要三角网了,这时如果要对等高线进行处理,三角网比较碍事,可以用此功能将整个三角网全部删除。

(8) 修改结果存盘。通过以上命令修改了三角网后,选择"等高线"→"修改结果存盘"选项,把修改后的数字地面模型存盘。这样,绘制的等高线不会内插到修改前的三角形内。

注意:修改了三角网后一定要进行此步操作,否则修改无效!

当命令区显示:"存盘结束!"时,表明操作成功。

3) 绘制等高线

等高线的绘制可以在绘平面图的基础上叠加,也可以在"新建图形"的状态下绘制。如在"新建图形"状态下绘制等高线,系统会提示您输入绘图比例尺。

用鼠标选择下拉菜单"等高线"→"绘制等高线"选项,弹出如图 2-20 所示对话框。

图 2-20 "绘制等值线"对话框

对话框中会显示参加生成 DTM 的高程点的最小高程和最大高程。如果只生成单条等高线,那么就在单条等高线高程中输入此条等高线的高程;如果生成多条等高线,则在等高距框中输入相邻两条等高线之间的等高距。最后选择等高线的拟合方式。总共有四种拟合方式:不拟合(折线)、张力样条拟合、三次 B 样条拟合和 SPLINE 拟合。观察等高线效果时,可输入较大等高距并选择不光滑,以加快速度。如选拟合方法 2,则拟合步距以 2 m 为宜,但这时生成的等高线数据量比较大,速度会稍慢。测点较密或等高线较密时,最好选择光滑方法 3,也可选择不光滑,过后再用"批量拟合"功能对等高线进行拟合。选择 4 则用标准 SPLINE 样条曲线来绘制等高线,提示"请输入样条曲线容差:<0.0>",容差是曲线偏离理论点的允许差值,可直接回车。SPLINE 线的优点在于即使其被断开后仍然是样条曲线,可以进行后续编辑修改,缺点是较选项 3 容易发生线条交叉现象。

当命令区显示:"绘制完成!",便完成绘制等高线的工作,如图 2-21 所示。

4) 等高线修剪

选择"等高线"→"等高线修剪/批量修剪等高线",弹出如图 2-22 所示对话框。

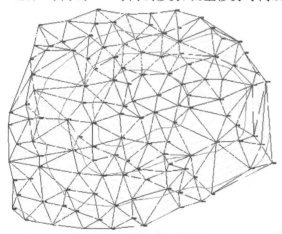

图 2-21 等高线绘制完成

图 2-22 "等高线修剪"对话框

首先选择是消隐还是修剪等高线,然后选择是整图处理还是手工选择需要修剪的等高线,最后选择地物和注记符号,单击"确定"后会根据输入的条件修剪等高线。

(1) 切除指定二线间等高线。

命令区提示:

选择第一条线:用鼠标指定一条线,例如选择公路的一边。
选择第二条线:用鼠标指定第二条线,例如选择公路的另一边。
程序将自动切除等高线穿过此二线间的部分。

(2)切除指定区域内等高线。选择一封闭复合线,系统将该复合线内所有等高线切除。注意,封闭区域的边界一定要是复合线,如果不是,系统将无法处理。

(3)等值线滤波。此功能可在很大程度上给绘制好等高线的图形文件减肥。一般的等高线都是用样条拟合的,这时虽然从图上看出来的节点数很少,但事实却并非如此。以高程为38的等高线为例说明,如图2-23所示。

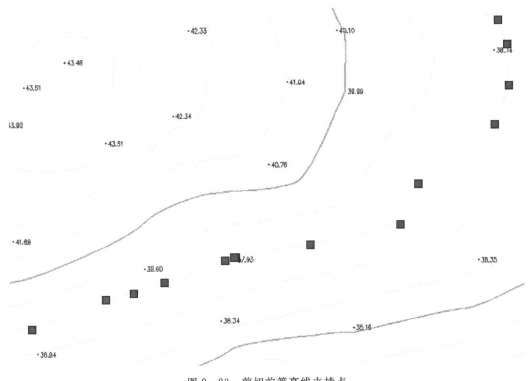

图 2-23 剪切前等高线夹持点

选中等高线,你会发现图上出现了一些夹持点,这些点只是样条的锚点,而不是这条等高线上的实际点。要还原它的真面目,请做下面的操作:

选择"等高线"→"剪切穿高程注记等高线"选项,查看结果,如图2-24所示。

这时,在等高线上出现了密布的夹持点,这些点才是这条等高线真正的特征点,所以如果你看到一个很简单的图在生成了等高线后变得非常大,原因就在这里。如果你想将这幅图的尺寸变小,用"等值线滤波"功能就可以了。执行此功能后,系统提示如下:

请输入滤波阈值:<0.5米>,这个值越大,精简的程度就越大,但是会导致等高线失真(即变形),因此,用户可根据实际需要选择合适的值。一般选系统默认的值就可以了。

5)等高线注记

用"窗口缩放"项得到局部放大图,如图2-25所示,再选择"等高线"→"等高线注记"→

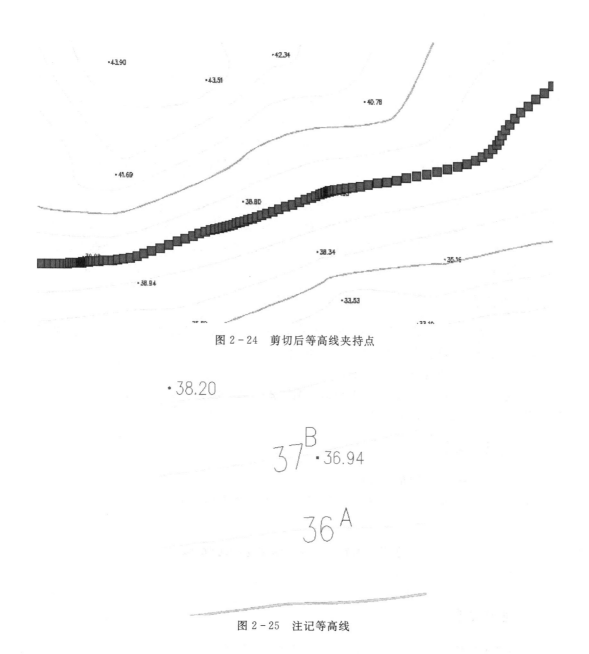

图 2-24 剪切后等高线夹持点

图 2-25 注记等高线

"单个高程注记"选项。

命令区提示：

(1)选择需注记的等高(深)线：移动鼠标至要注记高程的等高线位置，如图 2-25 所示位置 A，按左键。

(2)依法线方向指定相邻一条等高(深)线：移动鼠标至如图 2-25 所示等高线位置 B，按左键。

(3)等高线的高程值即自动注记在 A 处，且字头朝 B 处。

4.地形图的编辑与整饰

在大比例尺数字测图的过程中,由于实际地形、地物的复杂性,漏测、错测是难以避免的,这时必须有一套功能强大的图形编辑系统,对所测地形图进行屏幕显示和人机交互图形编辑,在保证精度情况下消除相互矛盾的地形、地物,对于漏测或错测的部分,及时进行外业补测或重测。图形编辑还可以借助人机交互图形编辑,根据实测坐标和实地变化情况,随时对地图的地貌、地物进行增加或删除、修改等,以保证地图具有很好的现势性。

对于图形的编辑,CASS 提供"编辑"和"地物编辑"两种下拉菜单。其中,"编辑"是由 AutoCAD 提供的编辑功能;"地物编辑"是由南方 CASS 系统提供的对地物编辑功能。

5.图幅整饰

选择"绘图处理"→"标准图幅(50×50CM)"选项。在弹出的对话框中输入图幅的名字、邻近图名、批注,在左下角坐标的"东""北"栏内输入相应坐标,例如输入 40000、30000,回车。选中"删除图框外实体"复选框则可删除图框外实体,按实际要求选择,例如此处选中。最后单击"确定"按钮即可。

四、注意事项

(1)碎部坐标文件格式要符合 CASS 软件的要求,坐标输入时,Y 坐标在前,X 坐标在后。

(2)用鼠标在屏幕上捕捉点时要做到精准捕捉。

(3)编图过程中应及时存盘,以免计算机死机时图形丢失。

(4)编图时应遵循《国家基本比例尺地形图图式 第 1 部分:1∶500 1∶1000 1∶2000 地形图图式》(GB/T 20257.1—2017)。

五、成果资料提交

(1)每个小组提交实验报告 1 份。

(2)依据小组碎部外业采集数据绘制 1∶1000 数字地形图 1 份。

2.7 四等水准测量实测考试

一、考试要求

水准路线为经过 4 个指定水准点的单一闭合水准路线。

(1)监考老师发令开始,计时开始。

(2)测量员、记录员、扶尺员必须轮换,每人观测 1 测段、记录 1 测段。每测段注明水准点名(号)、观测所用时间、观测者姓名、记录者姓名。

(3)观测采用中丝读数法单程观测,视线长度、前后视距差及其累计差、红黑面读数差和红黑面所测高差较差要求符合表 2-3 之规定。

(4)观测时前、后视距离必须根据上、下丝读数计算,上、下丝读数应记录在手簿中。观测顺序为"后—前—前—后",观测记录格式见附表 15。

(5)水准测量各测段测站数必须为偶数。

表 2-3　四等水准测量基本技术要求

等级	视线长度/m	前后视距差/m	前后视累积差/m	黑红面读数之差/mm	黑红面所测高差较差/mm	闭合线路高差闭合差/mm
四等	≤80	≤3.0	≤10.0	≤3.0	≤5.0	≤20$\sqrt{L}$

注：L 为水准路线长度，以 km 计。

(6) 连续测站安置水准仪脚架时，应使其中两个脚与水准路线的方向平行，第三只脚轮换置于前进方向的左侧或者右侧。

(7) 每一测站上仪器与前后视标尺应大致在一条直线上。

(8) 记簿应记录完整，符合规定。记录一律使用铅笔(3H)填写，记录完整，记录的数字与文字力求清晰、整洁，不得潦草，测量的任何原始记录不得擦去或涂改，错误的成果(仅限于米、分米读数)与文字应单线正规划去，在其上方写上正确的数字与文字。并注明"测错"或者"记错"。

(9) 每测站的记录和计算全部完成后方可迁站。

(10) 因测站观测误差超限，在本站检查发现后可立即重测，重测必须变换仪器高。若迁站后才发现，应从上一个水准点(起、闭点或者待定点)起重测。

(11) 观测完毕，现场计算闭合水准路线的高差闭合差及其限差，闭合差应不超过表 2-3 之规定。

(12) 观测结束，各小组上交成果的同时，应将仪器脚架收好，计时结束。

二、成绩评定

成绩评定主要从每组的观测质量、作业速度等方面考虑，采用百分制。其中观测质量 70 分、作业速度 30 分。

1. 观测质量(70 分)

(1) 测站限差及计算考核满分 25 分，以技术要求中所列项目为考核对象，符合规范规定限差为合格，每超限一处扣 1 分，扣完为止。

(2) 每一测段测站数为偶数满分 10 分，违反一处扣 2.5 分，扣完为止。

(3) 水准路线闭合差 10 分，若闭合差超限为不合格成果，扣 10 分。

(4) 记录规范 15 分，记录不规范一处或缺一项扣 1 分，扣完为止。

2. 作业速度(30 分)

作业速度满分 30 分，在 90 分钟内完成水准测量任务并提交成果，每组得分 S_i 按下式计算，超过 90 分钟，未交成果者按零分计。

$$S_i = \left(1 - \frac{T_i - T_1}{T_n - T_1} \times 40\%\right) \times 30$$

式中，T_1 为所有小组中用时最少的时间，T_n 为所有小组中用时最多的时间，T_i 为第 i 组小组用时。

2.8 导线测量实测考试

一、考试要求

(1)在规定的时间内完成三维导线测量,考试路线为 4 点闭合导线,地点及路线由监考老师事先设计,各组按指定路线观测。

(2)监考老师发令开始,计时开始。

(3)小组成员轮流完成导线的全部观测。测量员、记录员必须轮换,每人观测 1 站、记录 1 站。

(4)三维导线观测技术要求见表 2-4。

(5)仪器的操作应符合要求,使用铅笔记录、计算,记录应完整。

(6)任何原始记录不得擦去或涂改,错误的成果与文字应单线正规划去,在其上方写上正确的数字与文字。并在备考栏注"测错"或者"记错"。

(7)角度记录手簿中秒值读记错误应重新观测,度、分读记错误可在现场更正,但同一方向盘左、盘右不得同时更改相关数字,即不得连环涂改。记录格式见附表 10。

(8)距离测量的厘米和毫米读记错误应重新观测,分米以上(含)数的读记错误可在现场更正。

(9)边长和高差必须进行对向观测,其不符值应符合表 2-4 规定。

(10)每测站应量取仪器高和棱镜高,并记录在相应表格中。

(11)测站水平角观测超限可以重测,重测必须变换起始度盘位置。错误成果应当正规划去,并注明"超限"。

(12)观测完毕,现场计算多边形内角和闭合差及其限差和高差闭合差及其限差,闭合差应不超过表 2-4 规定。

(13)观测结束,各小组上交成果的同时,应将仪器脚架收好,计时结束。

表 2-4 导线测量基本技术要求

水平角		竖直角		边长	边长对向观测不符值/mm	高差对向观测不符值/m	多边形内角和闭合差/(″)	导线高差闭合差/mm
测回数	2C 互差/(″)	测回数	指标差互差/(″)	测回数				
1	13	1	25	1	$2(2+2D)$	$80\sqrt{D}$	$40\sqrt{n}$	$40\sqrt{L}$

注:D 为边长,单位:km;n 为测站数;L 为导线总长度,单位:km。

二、成绩评定

评分主要从参赛队的作业速度、观测质量等方面考虑,采用百分制。其中观测质量 70 分,作业速度 30 分。

1.观测质量(70 分)

(1)凡是违反观测、记录轮换规定的,违反 1(人)次扣 2 分。

(2)测站重测不变换度盘,违规1次扣2分。
(3)测站记录计算未完成就迁站,违规1次扣2分。
(4)记录转抄,违规1次扣10分。
(5)手簿缺少计算项或计算错误,1处扣1分。
(6)就字改字或字迹模糊影响识读,1处扣2分。
(7)观测手簿非单线或随意划改1处扣1分。
(8)观测记录划改不符合要求、不注错误原因,1处扣1分。
(9)测站观测成果超限,1处扣1分。
(10)边长对向观测不符值超限,1处扣2分。
(11)高差对向观测不符值超限,1处扣2分
(12)多边形内角和闭合差超限扣5分,高差闭合差超限扣5分。

2.作业速度(30分)

作业速度满分30分,在90分钟内完成导线测量任务并提交成果,超过90分钟,未交成果者按零分计。时间得分计算公式同四等水准测量实测考试。

第3章 数字地形测量学实习

3.1 概　述

一、学习目标及要求

"数字地形测量学实习"是在完成"数字地形测量学"课程学习的基础上,在校外实习基地进行的集中综合性测量实践教学实习,以培养学生具备应用数学、物理知识和数字测图理论与方法,考虑社会、安全、健康、法律、文化及环境等方面因素,进行大比例尺地面数字地形图测绘能力,通过学习达到以下要求:

(1) 践行"热爱祖国、忠诚事业、艰苦奋斗、无私奉献"的测绘精神。

(2) 能够根据测图比例尺和实际地形条件,通过测区踏勘、考虑社会、安全、健康、法律、文化及环境和工程需求,完整设计地面大比例尺地面数字地形图测绘技术方案。

(3) 能够使用全站仪等设备依据有关测量规范进行图根控制网的布设、观测及平差计算,并进行检查和评定精度。

(4) 能够使用全站仪等设备,运用碎部测量方法,依据有关标准进行数字测图外业数据采集;使用绘图软件,依据有关标准进行大比例尺数字地形图的编制。

(5) 具有一定的团队协作精神和组织管理能力,能够与其他成员有效沟通、合作共事,能够在团队中独立或合作开展工作,能够组织、协调和指挥团队开展工作。

(6) 具备一定的沟通和交流能力,能够就测绘复杂工程问题,与业界同行及社会公众进行有效沟通和交流,包括撰写报告和设计文稿、陈述发言、清晰表达或回应指令。

二、组织形式

数字地形测量学实习由实习队组织完成,实习队成员包括实习指导教师和实习学生,实习队长由指导教师担任,实习队以教学班为单位组建若干实习小组,每个小组5~6人,设组长和安全员各1人,组长和安全员应进行轮换。组长负总责,做到合理安排进度,做到轮流操作,全面锻炼,不要片面追求实习进度;安全员负责仪器设备安全和组员安全,包括仪器设备准备和检查验收、人身安全提醒等。每班配备指导教师1~2人,各作业小组在指导教师的指导下独立完成规定的实习任务。

数字地形测量学实习在实习基地集中进行,时间3周为宜。教学组织形式包括集中授课、现场操作示范、集中练习和小组答辩等。因外业实习受天气变化及不确定因素影响较大,指导教师和实习小组在制定实习计划时考虑要全面、各实习环节要准备预案,确保按时完成实习任务。

三、实习内容及时间安排

实习内容及时间见表3-1。

表3-1 实习内容及时间安排

序号	工作阶段	工作内容	计划时间
1	准备工作	(1)实习动员 (2)仪器、工具领取及检查 (3)前往实习基地	1天
2	大比例尺数字地形图测绘技术设计	(1)测区踏勘 (2)仪器检验 (3)大比例尺数字地形图测绘技术设计(讲授、设计、答辩)	2天
3	图根控制测量	(1)图根控制点选埋 (2)图根控制施测 (3)图根控制平差计算(讲授、计算)	5天
4	大比例尺数字地形图测绘	(1)碎部点数据采集 (2)数字地形图绘制及编辑 (3)质量检查及整改	8天
5	成果整理与质量检查	(1)图根控制成果整理 (2)数字测图成果整理 (3)其他成果整理 (4)成果检查与整改 (5)实习报告编写	3天
6	竞赛、考核及总结	(1)竞赛 (2)考核(测验、成果观摩及评比) (3)总结	2天

四、成果整理与上交

实习结束,每名学生应按要求对测量成果及实习资料进行整理、装订,以小组为单位装入资料袋上交。

小组上交的成果包括:
(1)图根控制观测手簿。
(2)数字地形图。
(3)仪器检验报告。
(4)实习日志。

个人上交的成果包括:
(1)大比例尺数字测图技术设计书。

(2)图根控制测量平差计算成果。
(3)实习报告。

五、实习考核及成绩评定

(1)实习课的考核方式:考查。
(2)实习课成绩的评定。

①指导教师根据学生在实习期间的平时表现、实习操作、观测资料、成果资料及实习报告,对学生进行综合评价。实习成绩评定标准按表3-2进行。

②实习成绩按优秀(90分~100分)、良好(80分~89分)、中等(70分~79分)、及格(60分~69分)、不及格(0分~59分)五级或百分制进行评分。

表3-2 实习成绩评定标准

考核方面	成绩占比
平时表现与实习操作	25%
观测资料与成果资料	35%
技术设计实习报告	40%

3.2 大比例尺数字测图技术设计

一、实习目的及要求

(1)了解测绘技术设计的作用和过程,技术设计的主要内容和设计书的撰写方法。
(2)能够初步完成大比例尺数字测图的技术设计。
(3)每人结合指定的测区按要求撰写技术设计书。

二、实习准备

(1)指导教师按照实习队要求划定作业区,指定测图比例尺、基本等高距,地形要素尽可能丰富齐全,每组测图面积约400 m×400 m。
(2)指导教师提供作业区工作用图,已知控制点成果等。

三、实习过程

为了保证地形图测绘工作的合理安排、正确实施及各工序之间的密切配合,使成果、成图符合技术标准,在经济上节省人力、物力,有计划、有步骤地开展工作,在项目实施以前首先要编写技术设计书,拟定作业计划,以保证测量工作在技术上合理、可行。

1.测区踏勘和资料收集

以小组为单位,在指导教师的指导和协助下,实地踏勘和调查,收集测区自然地理概况、已有地形图和控制点等资料,主要内容如下:

(1)作业区的地形概况、地貌特征,如居民地、水系、道路、管线、植被等要素的分布和特征,以及地形类别、困难程度、海拔高度和相对高差等。

(2)作业区的气候情况,如气候特征和风雨季情况。

(3)作业区的行政区划、经济水平、治安情况,居民的风俗习惯、语言等。

(4)作业区的已有资料,包括已有各种地形图、测区及周边已知控制点等,对其数量、质量等情况进行了解分析。

(5)应收集并遵循的规范,包括《城市测量规范》(GJJ/T 8—2011)、《1∶500 1∶1000 1∶2000 外业数字测图技术规范》(GB/T 14912—2005)、《国家基本比例尺地图图式 第一部分:1∶500 1∶1000 1∶2000 地形图图式》(GB/T 20257.1—2017)、《国家三、四等水准测量规范》(GB/T 12898—2009)。

2.编写技术设计书

技术设计书包括任务概述、测区地理概况和已有资料情况、作业依据、主要技术指标、设计方案、质量检查、进度安排及安全环保措施等。

(1)任务概述。主要说明任务来源、测区范围、地理位置、行政隶属、测区面积、成图比例尺、任务量、实施时间等基本情况。

示例

一、任务概述

为了培养学生应用数学、物理知识和数字测图理论与方法,考虑社会、安全、健康、法律、文化及环境等方面因素,进行大比例尺地面数字地形图测绘的能力,根据学校教育教学要求,进行本次数字地形图测绘,测区为长安大学鲍旗寨测量实习基地,位于陕西省西安市蓝田县焦岱镇,面积 1.6 km²,测图比例尺为 1∶1000,作业时间 4 周。测绘成果也可供鲍旗寨村建设服务。

(2)测区地理概况和已有资料情况。测区概况应重点介绍测区社会、自然、地理、经济和人文等方面的基本情况,主要包括:

海拔高程、相对高差、地形类别和困难类别;居民地、道路、水系、植被等要素的分布与主要特征;气候、风雨季节、交通情况及生活条件、风土人情等。

设计书中应说明已有资料的全部情况,包括控制测量成果的等级、精度,现有图的比例尺、等高距、施测单位和年代,采用的图式规范,平面和高程系统等。对其主要质量进行分析评价,并提出可利用的可能性和利用方案。

示例

二、测区地理概况和已有资料情况

1.测区地理概况

测区位于陕西省西安市蓝田县焦岱镇鲍旗寨村,沿焦岱镇街道、村道可到测区,与 S107 和 G65、G70 相连,交通十分便利、快捷。作业范围西至鲍旗寨居民地巷道拐角处,向东 500 m 到涵洞,向北 500 m 到机耕路,向南 500 m 到鲍旗寨村路口,面积 0.25 km²。测区属于山前丘陵地带,海拔约 610 m,梯田、沟壑较多,地貌测绘较为困难,地物要素较为简单,测区内主要地物类型有居民地、道路、管线、河流、池塘等,植被以旱地为主,兼有苗圃,部分区域树林茂密,通视条件较差。测区常年雨量适中,气候宜人。通信条件较好,手机、网络能正常使用。优美秀丽的山区赋予这里的人们善良、质朴、勤劳、有爱的性格,淳厚、热情、好客的居民为实习顺利进行创造了良好的人文环境。测区西邻汤峪温泉森林公园,东有白鹿原影视城,旅游资源丰富。

2. 已有资料情况

收集到测区1∶1000地形图、1∶2000影像图,经分析可作为工作用图。测区及周边有E级GPS控制点8个,具有1980年国家大地坐标系下的坐标和1985国家高程基准下的高程,标石、标志完好,经分析可作为测区的首级控制使用。

(3)作业依据。说明专业技术设计书中引用的标准、规范和其他技术文件。包括国家及部门颁布的有关技术规范、规程及图式,经上级部门批准的有关部门制定的适合本地区的一些技术规定。

示例

三、作业依据

(1)《城市测量规范》(GJJ/T 8—2011)。

(2)《1∶500 1∶1000 1∶2000 外业数字测图技术规范》(GB/T 14912—2005)。

(3)《国家基本比例尺地图图式 第一部分:1∶500 1∶1000 1∶2000地形图图式》(GB/T 20257.1—2017)。

(4)《国家三、四等水准测量规范》(GB/T 12898—2009)。

(5)《全球定位系统实时动态测量(RTK)技术规范》(CH/T 2009—2010)。

(6)《数字地形测量学实习指导书》。

(4)成果规格和主要技术指标。说明数字地形图测绘的比例尺、平面坐标系统和高程基准、投影方式、基本等高距、成图方法、数据精度和格式,以及其他技术指标。

示例

四、成果规格和主要技术指标

(1)平面坐标系采用1980年国家大地坐标系,3°带高斯投影,中央子午线为东经108°,高程系统采用1985国家高程基准,基本等高距为1 m。

(2)采用测记法数字测图方法,测图比例尺为1∶1000,数字测图软件采用CASS10.0,图形文件格式为.dwg,碎部点坐标文件格式为.dat。

(3)图幅规格为50 cm×50 cm,分幅采用矩形分幅,编号采用西南角坐标公里数编号。

(5)设计方案。图根控制测量:说明图根控制测量的流程、方法及技术要求,包括图根控制网的布设、标志的设置、图根控制网的观测、计算方法及作业流程和相关技术要求等。

外业地形数据采集：说明碎部点数据采集作业模式、采集方法、要求和注意事项等。

内业图形编辑：说明内业数据处理，图形编辑的流程、方法及接边处理，图形输出的方法及要求等。

仪器设备配置：说明采用的仪器设备型号、数量、精度指标、检验要求，软件的硬软件配置等。

说明组织机构及人员安排，工作进度安排，同时考虑社会、安全、健康、法律、文化及环境等方面因素，进行方案执行说明。

示例

五、设计方案

（一）图根控制测量

图根控制测量采用 RTK 方法和图根导线控制测量方法。在居民区和树林密集区等 GNSS 信号较弱的区域采用图根导线控制测量方法，其他区域可采用 RTK 方法。

1. 图根导线控制测量

（1）条件许可时，导线应尽可能布设为具有两个连接角的单一附合导线，导线点数 6~8 个为宜，测区地形复杂时可增加导线数目或适当增加导线点数。导线边长应在 50~200 m，相邻导线边长之比一般不超过 1:2。

（2）点位选择应视野开阔、通视良好，易于长期保存、稳固，方便架设仪器及观测、交通便利，尽可能选在道路边沿、田间地头，以免损害农民利益。

（3）点位一般以钢钉或木桩标识。在硬化地面通常采用钢钉标识控制点，当钢钉顶面较大时应刻划"十字"作为标记，钉面露出地面约 1 cm 为宜；在松软地面通常采用木桩标识控制点，桩面露出地面 1~2 cm 为宜，桩面上应钉入小钉作为标记。点位标定好后，应在点位附近合适位置用红漆表明点名。点位选择及标记时应考虑他人的安全和利益关切以及环境和生态保护。

（4）导线在观测前应对全站仪进行检验，对于不合格指标进行校正或维修。

（5）导线水平角观测采用测回法，观测两个测回，同一方向测回间方向值较差不大于 24″；竖直角观测采用中丝法，观测两个测回，同一测站指标差互差不大于 25″，同一方向不同测回竖直角互差不大于 24″；距离观测一个测回，各读数较差不大于 3 mm，气象改正、棱镜常数改正、仪器常数改正直接输入全站仪。

（6）图根导线平面坐标计算采用近似平差法，方位角闭合差不大于 $40″\sqrt{n}$（n 为导线角个数），导线全长相对闭合差不大于 1/4000；高程计算采用电磁波测距高程导线近似平差计算方法，对向观测高差互差绝对值不大于 $80\sqrt{S}$（S 为观测边长，单位为 km）m，高程闭合差不大于 $40\sqrt{[S]}$ mm。内业计算中数字取值精度要求如下表

角度值及改正数精度/(″)	边长值及改正数精度/(m)	函数位数	坐标增量、高差与坐标精度/(m)	方位角精度/(″)
1	0.001	7	0.001	1

2.RTK 图根控制

……

(二)地形要素采集与内业图形编辑

1.地形要素采集

地形要素采集包括地形要素的位置信息、属性信息及其空间分布,采用方法包括极坐标法、距离交会法、方向交会法等。

(1)各类建筑物、构筑物及其附属设施应准确测绘实地外围轮廓。房屋轮廓以墙基外角为准测绘,并调查建筑材料和性质、楼房层数,房屋应逐个表示,临时性房屋可酌情取舍。

(2)河流、沟渠、池塘、水库、井、泉及其水利设施,均应准确测绘,有名称的应调查其名称。

(3)公路应准确测绘,路中、交叉处(十字、丁字路口)、桥面等应测注高程,有名称的公路应调查其名称。

(4)永久性的电力线、通信线均应准确测绘,电杆、铁塔位置实测,其他管线位于地表的均应实测,并调查物资输送类型,地表以下的管线仅测定检修井位置,并调查输送物资类型,如水、热、污、油、气等。

……

2.内业图形编辑

(1)……

(2)……

(3)……

(三)仪器设备配置

(1)南方 NTS-352 全站仪 1 台,测角精度 $2''$,测距精度 $2\,\mathrm{mm}+2\times10^6 \cdot D$,脚架 3 个,棱镜 2 个,对中杆 1 个,2 m 小钢尺 3 把。

(2)南方 S82T RTK 流动站 1 套,水平精度:$\pm 1\,\mathrm{cm}+1\times10^6 \cdot D$,垂直精度:$\pm 2\,\mathrm{cm}+1\times 106 \cdot D$。

(3)笔记本电脑 1 台,安装 Windows 10 系统,安装 AutoCAD2010、CASS10.1 软件。

……

(6)质量检查及验收。检查验收应包括:数字地形图的检测方法、实地检测工作量与要求、中间工序检查的方法与要求,自检、互检、组检方法与要求。

示例

六、质量检查

内业图形绘制完成后,由作业小组完成成果检查,主要内容、方法及要求如下:

(1)起始资料的正确性。

(2)原始记录及摘抄数据的正确性。

(3)使用仪器设备的检验情况。

(4)使用的计算程序及其计算结果的正确性。

……

(7)组织实施及进度安排。

四、成果

每人提交一份大比例尺数字测图技术设计书。

3.3 图根控制测量

一、实习目的及要求

(1)理解图根控制测量的目的。
(2)理解图根点的作用。
(3)掌握选点的基本方法和过程。
(4)掌握制作点之记的基本方法
(5)掌握全站仪导线测量的基本方法。
(6)理解图根控制测量中各项限差要求的意义。
(7)掌握导线近似平差计算的方法及要求。

二、实习准备

以实习小组为单位,做好实习准备。
(1)研读测区有关资料,熟悉测区基本情况。
(2)熟悉技术方法及技术要求,讨论图根控制测量技术方案及人员分工。
(3)准备仪器设备、工具等。

三、实习过程

(一)图根控制网布设

1. 图上选点

(1)在已有图上标出本组测区范围,标绘时要弄清楚所用图纸的坐标系和高程基准、比例尺、测图方式及测图时间、地形图图式版本等。

(2)在图上查找并标注已知控制点,并弄清楚控制点类型、等级及点名等信息。

(3)根据图上已知点位置、测区地形情况和通视条件,初步制定图根导线的方向及导线点的概略位置。在图上用铅笔绘制图根导线的略图,导线点应选在视野开阔、控制面积大、测图方便、安全可靠的地方,所选图根点要基本覆盖本组测区,每条导线导线点个数5~7个为宜,遇到居民点可适当增加,导线边长应在8~200 m,相邻导线边长之比不大于1:2。应尽可能采用具有两个连接角的附合导线,若条件不足,经指导教师许可,可布设无定向导线、闭合导线,一般禁止布设支导线。

(4)导线点命名应包含班级信息、小组信息、点号信息。班级按班级序号用 A、B、C、D、E、F、G 表示,小组编号用 1、2、3、4、5、6 表示,点号用 1、2、3、4、5、6、7、8 表示,如一班第 2 小组的第 3 号导线点,其编号为 A23。

2. 实地选点

(1)由一名组员将 2 m 的棱镜杆直立在已知点上,棱镜杆上端系一面测旗。

(2)其他组员依据图上选点在实地找到第一个点的位置附近,按照导线点位的要求确定具体位置,将另一棱镜杆竖立在点上检查与上一点的通视情况(通视高度在 1.5 m 左右)。

(3)在立棱镜杆处标定点位。若点位在硬化路面上,则打入钢钉(水泥钉)作为导线点标志,并在附近用红油漆写上点名,点名应与图上一致;若点位在松软的地面上,则打入木桩,并在木桩顶部中心位置打入一小铁钉,作为导线点标志,为便于寻找,可在木桩上适当涂些红油漆,在附近用红油漆写上点名,点名应与图上一致。导线点标定好后,应做点之记。

(4)指挥后视点上组员到该点上,其他组员按上述方法依次进行,直至选点结束。

在选点时还应注意以下事项:

①导线点应尽量避开庄稼地、影响交通和他人安全的地方,要关切他人的利益和安全。

②导线点应选在便于安置仪器观测的地方。

③钢钉、木桩露出地面的高度要适中,防止扎破车胎或将人绊倒。

④点名书写应端正,禁止乱涂乱画。

⑤选点时尽可能不要破坏植被、垃圾随身带走,以有利于环境生态保护。

⑥在选点过程中,组员之间、组员与当地群众之间应有效沟通,尽可能避免冲突。

(二)导线测量

在一个测站上的观测顺序如下:

(1)在任一导线点上安置全站仪,前后相邻导线点上安置前后棱镜,注意在松软地面上要将脚架踩实,防止在观测过程中仪器设备下沉,量取仪器高、棱镜高,并记录在手簿中。

(2)全站仪盘左位置精确瞄准后镜,水平度盘配置读数为 $0°01'00''$ 左右,将全站仪照准部顺时针方向旋转 1~2 周,重新精确瞄准棱镜,按测量键,读取水平度盘、竖直度盘、斜距读数,并计入手簿。

(3)顺时针旋转全站仪照准部,精确瞄准前视镜,按测量键,读取水平度盘、竖直度盘、斜距读数,并计入手簿。

(4)倒转望远镜,变盘左为盘右,重新精确瞄准前视镜,按测量键,读取水平度盘、竖直度盘、斜距读数,并计入手簿。

(5)逆时针旋转全站仪照准部,精确瞄准后视镜,按测量键,读取水平度盘、竖直度盘、斜距读数,并计入手簿。

(6)检查对中整平情况,若有偏离,重新对中整平,按(2)~(5)步骤观测并记录,完成第二测回观测,度盘配置读数为 $90°01'00''$。

(7)检查仪器设备对中整平情况和记录情况,若符合各项限差要求,迁站完成其余导线点的观测工作。

(三)导线计算

导线计算包括平面导线计算和三角高程导线计算两部分。

(1)检查手簿记录计算,在正确无误的情况下,在白纸上绘出导线和三角高程导线略图,并分别标注水平角、平距与高差。

(2)将已知坐标、水平角、水平距离与高程、高差分别摘抄至相应计算表格中,并保证摘抄正确。

(3)按具有两个连接角的附合导线与三角高程导线计算方法进行计算,并将计算结果填在相应表格里。

(4)进行精度评定,并进行计算检查检核。

导线观测和计算中应注意:

(1)在每个测站上完成全部测站计算,且各项指标不超限方可迁站。

(2)迁站时一般仪器要装箱,以保证仪器安全。

(3)轮流作业,每人都应进行观测、记录、架设棱镜等工序操作。

(4)成果超限时,不要盲目返工,应首先检查各项记录、计算是否正确,再进行分析、研判、确认无误再针对性地返工重测。

四、技术指标要求

技术指标要求如表 3-3 和 3-4 所示。

表 3-3 电磁波测距图根导线的技术要求

比例尺	平均边长 /m	导线全长 /m	导线全长相对闭合差	方位角闭合差 /(″)	水平角测回数	测距 仪器类型	测距 方法与测回数
1:500	80	900	≤1/4000	$≤±40\sqrt{n}$	1	Ⅱ级	单程观测 1
1:1000	150	1800					
1:2000	250	3000					

表 3-4 图根电磁波测距三角高程的主要技术要求

每千米高差全中误差 /mm	附合路线长度 /km	仪器精度等级	中丝法测回数	指标差较差 /(″)	垂直角较差 /(″)	对向观测高差较差 /mm	附合或环形闭合差 /mm
20	≤5	6″级仪器	2	25	25	$80\sqrt{D}$	$±40\sqrt{\sum D}$

注:D 为电磁波测距边的边长(km),仪器高和目标高应准确量取至毫米,高差较差或高程较差在限差内时,取其中数。

当边长大于 400 m 时,应考虑地球曲率和折光差的影响。计算三角高程时,角度取至秒,高差应取至厘米。

五、成果

(1)以小组为单位完成的点之记。

(2)以小组为单位完成的图根控制测量外业观测记录手簿。

(3)每人独立完成的图根平面控制测量平差计算成果。

(4)每人独立完成的图根高程控制测量平差计算成果。

3.4 碎部点数据采集

地形测量外业数据采集是数字测图的重要环节,是在完成测区控制测量后的工序。在数字测图时,要告诉计算机碎部点的坐标、高程、连接信息及配置什么样的符号,这样才能编绘出符合规范的地形图。因此,数字测图中采集的数据必须具有以下 3 类信息。

1.碎部点的位置信息

确定碎部点的平面坐标与高程,如点状要素的点位中心坐标与高程,线状要素的定位线(点)的坐标与高程。

2.碎部点的属性信息

要确定该点是什么性质的点?有什么特征等。如是房角点还是山顶点等。

3.点之间的连接信息

要确定该点是独立点还是与哪些点连接构成图形,这是绘制图形的基础信息。

定位信息是用测量仪器在野外作业中获取的,如采用全站仪在控制点上直接测量碎部点,便可得到该点的坐标与高程。属性信息是人为判断获取并用相应的地形编码与文字表示,一般是现场记录进行。连接信息也是人为判断获取并用相应的地形编码或连接线型表示。

目前地面数字测图碎部点信息采集方法有全站仪法、GNSS RTK 法以及三维激光扫描法,在全站仪法、GNSS RTK 法中以草图作业法为主。

一、实习目的及要求

(1)熟悉全站仪草图作业法数字测图的基本流程、要求和注意事项。
(2)掌握全站仪数字测图中测站设置方法和要求。
(3)掌握地物、地貌数据采集的特点、方法和综合取舍原则。

二、实习准备

1.仪器设备准备

(1)全站仪、脚架、棱镜、棱镜杆、小钢尺的检查,保证能正常使用。
(2)全站仪的检验,保证各项指标符合技术要求。
(3)电池、充电器、插线板能正常使用,所有电池电量充足。
(4)通信设备数量充足,并能正常使用。
(5)计算机及外围设备和软件能正常使用。
(6)遮阳伞、雨伞能正常使用。
(7)木桩、水泥钉、油漆(增设测站点用)。
(8)交通工具(必要时)。

2.资料准备

(1)图根点坐标表。
(2)碎部测量有关规范及资料。

3.记录、绘图工具准备

(1)草图纸若干。

(2)碎部测量记录表若干。

(3)记录和绘图用的铅笔(签字笔)若干,铅笔应按规定削磨好。

(4)橡皮和记录板。

三、实习过程

1.测站点的设置技术要求

(1)测站点应尽量采用图根控制点,特别困难地区可以在测图过程中根据需要,采用导线、前方交会等方法增加测站点。

(2)仪器的对中误差应不大于5 mm,仪器高和反光镜高的量取应精确至1 mm。

(3)应选择较远的图根点作为测站定向点,并施测另一图根点的坐标和高程,作为测站检核。检核点的平面位置较差不应大于图上0.2 mm,高程较差不应大于基本等高距的1/5。

(4)全站仪测图的测距最大长度应符合表3-5规定。

表3-5 碎部点的最大测距长度

比例尺	最大测视距长度/m	
	地物点	地形点
1∶500	160	300
1∶1000	300	500
1∶2000	450	700

2.全站仪野外数据采集操作步骤(以南方NTS-352为例)

(1)设站:对中整平,量仪器高(取至毫米);建立(选择)文件名;输入测站坐标、高程及仪器高;输入后视点坐标,瞄准后视目标后确定。

(2)检查:测量1个已知坐标点的坐标并与已知坐标对照(限差为图上0.2 mm);测量1个已知高程点的高程并与已知高程比较(限差为1/5基本等高距);如果前两项检查都在限差范围内,便可开始测量,否则检查原因并重新设站。

(3)立镜:依比例尺地物轮廓线转折点,半比例尺或不依比例尺地物的中心位置和定位点。

(4)观测:在建筑物的外角点、地界点、地形点上竖棱镜,回报镜高;全站仪跟踪棱镜,输入点号和改变的棱镜高,在坐标测量状态下按测量键,显示测量数据后存储数据。继续下一个点的观测。测距最大长度应符合表3-5规定。

(5)皮尺量距:对于那些本站需要测量而以前无法看见的点,可用皮尺量距来确定点位;半径大于0.5 m的点状地物,如不能直接测定中心位置,应测量偏心距,并在草图上注明偏心方向;丈量的距离应标注在草图上。

(6)绘草图:现场绘制地形草图,标上立镜点的点号和丈量的距离,房屋结构、层次,道路铺材,植被,地名,管线走向、类别等。草图是内业编绘工作的依据之一,应尽量详细。

(7)检查:测量过程中每测量30个点左右及收站前,应检查后视方向,也可以在其他控制点上进行方位角或坐标、高程检查。采集的数据应进行检查,删除错误数据,及时补测错漏数据,超限的数据应重测,数据文件应及时存盘,并做备份。

2. GNSS RTK 测量法(以华测 GNSS K80 为例)

1)GNSS RTK 碎部点测量一般规定

(1)GNSS RTK 碎部点测量平面坐标转换残差应小于等于图上±0.1 mm。GNSS RTK 碎部点测量高程拟合残差应小于等于 1/10 等高距。

(2)GNSS RTK 碎部点测量流动站观测时,可采用固定高度对中杆对中、整平,每次观测历元数应大于 5 个。

(3)连续采集一组地形碎部点数据超过 50 点,应重新初始化,并检核一个重合点。当检核点位坐标较差小于等于图上 0.2 mm 时,方可继续测量。

2)设置基准站模式 GNSS RTK 野外数据采集操作步骤

(1)架设基准站:基准站可架设在已知点上(对中整平)或未知点上(只需整平),打开基准站主机,设置为"工作模式",等待基准站锁定卫星;通过连接头将主机固定在基座上,用电缆将主机和电台连接,架设电台发射天线,用电缆将发射天线和电台连接,打开电台,设置电台发射频道和频率,量取仪器高(一般量取斜高,对中的地面点至主机橡胶圈的距离,读取到毫米)。

(2)设置、启动基准站。连接手簿和基准站主机(用蓝牙连接),打开 GNSS RTK 手簿,输入项目名称、坐标系统、天线类型、通信类型、通信端仪器高等内容,在手簿中搜索基准站机身仪器号,连接启动基准站。注意检查主机和电台的信号灯闪烁是否正常。

(3)设置、启动流动站。连接好碳纤杆和流动站主机及接收天线,将流动站和手簿连接好(用蓝牙连接),启动流动站(方法同基准站启动基本相同),检查信号灯是否正常,"单点"变为"浮动"再变为"固定",设置完毕。

(4)点校正(参数计算)。将流动站在已知点上对中整平,开始测量,将已知点坐标和测量坐标调入后,进行参数计算,检查点位中误差是否符合限差要求。

(5)测量。在点校正符合限差要求后,开始进行碎部测量。

3)CORS 网络模式野外数据采集操作步骤

基于 CORS 网络模式野外数据采集优点是无需设置基站。本地区已经搭建了 CORS 网络的,可以在 CORS 管理中心申请 CORS 账号,在全国范围使用 CORS 网络,可以申请全国 CORS 账号(如千寻位置、中国移动全国 CORS 账号等),在 CORS 网络覆盖范围内,只需流动站即可采集碎步数据。

(1)设置、启动流动站。连接好碳纤杆和流动站主机及接收天线,将流动站和手簿连接好(用蓝牙连接),启动流动站(方法同基准站启动基本相同);打开测地通测量软件,点击配置→工作模式→新建工作模式(见图 3-1)。

(2)工作模式设置。首先设置工作方式,工作模式选择自启动移动站(见图 3-2),工作模式设置完成后设置数据接收方式;数据接收方式有网络或者手簿网络,当 SIM 卡在接收机内时,选择"网络"模式,SIM 卡在手簿里或者手簿连接手机热点时,则选择"手簿网络"模式(见图 3-3);通信协议选择"CORS"项(见图 3-4),设置完成后依次设置域名/IP 地址、端口,不同端口对应不同坐标系,可根据作业要求进行坐标系统选择不同端口;单击 APN、源列表进行选择 APN、源列表设置(见图 3-5);设置完成后输入 CORS 申请的用户名和密码,单击"保存"(见图 3-6),命名,新建工作模式完成。

图 3-1 流动站工作模式设置图

图 3-2 流动站新建工作模式

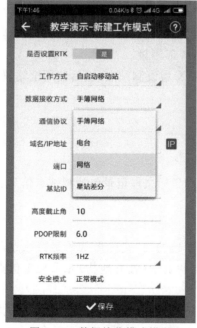

图 3-3 数据接收模式设置

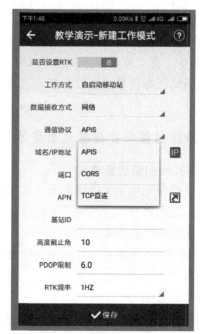

图 3-4 通信协议设置

图 3-5　域名、端口设置　　　　　图 3-6　设置保存

设置完成后,可在设备信息查看是否登录成功,再检查数据差分信号灯是否正常,"单点"变为"固定",设置完毕。

(3)点校正(参数计算)。根据项目坐标系要求,CORS 可提供 WGS84 坐标及 CGCS2000 坐标系统,若项目坐标系统不为以上两类,需进行参数计算,将流动站在已知点上对中整平,开始测量,将已知点坐标和测量坐标调入后,进行参数计算,检查点位中误差是否符合限差要求。

(4)测量。在点校正符合限差要求后,开始进行碎部测量。

对于居民区等信号遮挡较为严重区域,可用 RTK 增设测站点,然后使用全站仪采集地物碎部点坐标。

三、碎部测量外业数据采集要求

1.碎部点观测记录要求

全站仪数据采集应生成碎部点坐标文件,碎部点坐标文件记录包括测站点信息、定向点信息、仪器高、观测点号、坐标、编码等信息。

2.数据采集取舍要求

(1)点状要素:能按比例表示的点状要素(如独立地物)按实际形状采集特征点,不能按比例表示的精确测定其定位点或定线点。有方向的点状要素(独立地物)先采集定位点,再采集定向点(线)的数据。

(2)线状要素:线状地物采集时,应视其变化测定拐弯点,曲线地物适当增加采集密度,保证曲线的准确拟合。具有多种属性的线状要素(如面状地物公共边等)只采集一次,但要处理好多种属性之间的关系。

(3)地貌要素:地貌一般用等高线表示,山顶、鞍部、凹地、山脊、谷底及倾斜变换处要测注高程。独立石、梯田坎等要测注比高,斜坡、陡坎较密时,可以适当取舍。

(4)草图绘制要求:采用数字测记模式时,一般均应绘制草图。草图要标注测点号,应与数据文件中的测点号完全一致,草图上各要素之间的位置关系应正确、清晰,各种地物、地貌名称及属性等信息应正确、齐全。

四、地形测量测绘内容及取舍原则

地形图应表示测量控制点、居民地和垣栅、工矿建(构)筑物及其他设施、交通及附属设施、管线及附属设施、水系及附属设施、境界、地貌和土质、植被等要素,并对各要素进行名称注记、说明注记及数字注记。

1. 测量控制点测绘

各等级平面控制点、导线点、图根点、水准点,应以展点或测点位置为符号的几何中心位置,按图式规定符号表示。

2. 水系及附属设施测绘

海岸、河流、湖泊、水库、运河、池塘、沟渠、泉、井及附属设施等均应测绘。海岸线以平均大潮、高潮所形成实际痕迹线为准,河流、湖泊、池塘、水库、塘等水压线一般按测图时的水位为准。高水界按用图需要表示。溪流宽度在图上大于 0.5 mm 的用双线依比例尺表示,小于 0.5 mm 的用单线表示;沟渠宽图上大于 1 mm(1∶2000 测图大于 0.5 mm)的用双线表示,小于 1 mm(1∶2000 测图小于 0.5 mm)的用单线表示。表示固定水流方向及潮流向。水深和等深线按用图需要表示。干出滩按其堆积物和海滨植被实际表示。水利设施按实地状况、建筑结构、建材质料正确表示。较大的河流、湖、水库,按需要施测水位点高程及注记施测日期。河流交叉处、时令河的河床、渠的底部、堤坝的顶部及坡脚、干出滩、泉、井等要测注高程,瀑布、跌水测注比高。

3. 居民地和垣栅测绘

测绘居民地根据所需测图比例尺的不同,在综合取舍方面就不一样。对于居民地的外轮廓,都应准确测绘。其内部的主要街道以及较大的空地应区分出来。对于散列式的居民地、独立房屋应分别测绘。

固定建筑物应测其墙基外角,并注明结构和层次,建筑物的结构应从主体部分来判断,其附属部分(如裙房、亭子间、晒台、阳台等结构)应不作为判别对象;建筑物楼层数的计算应以主楼为准。

房屋附属设施,廊、建筑物下的通道、台阶、室外扶梯、院门、门墩和支柱、墩应按实际测绘,并以图式符号表示。

1∶500、1∶1000 测图房屋一般不综合,临时性建筑物可舍去;1∶2000 测图可适当综合取舍,居民区内的次要巷道图上宽度小于 0.5 mm 的可不表示,天井、庭院在图上小于 6 mm² 的可综合,房屋层次及建材根据需要注出。建筑物、构筑物轮廓凸凹在图上小于 0.5 mm 时可用直线连接。道路通过散列式居民地不宜中断,按真实位置绘出。

城区道路以路沿线测出街道边沿线,无路沿线的按自然形成的边线表示。街道中的安全岛、绿化带及街心花园应绘出。街道的中心处、交叉处、转折处及地面起伏变化处,重要房屋、建筑物基部转折处,庭院中,各单位的出入口等择要测注高程点。对居民地高程点的布设,在建成区街坊内部空地及广场内的高程,应布设在该地块内能代表一般地面的适中部位,如空地范围大，应按规定间距布设，如地势有高低起伏时，应分别测注高程点。

依比例尺表示垣栅，准确测出基部轮廓并配置相应的符号，不以比例尺的垣栅测绘出定位点、线并配置相应的符号。垣栅的端点及转折处也要择要测注高程点。

4. 工矿建（构）筑物及其他设施测绘

包括矿山开采、勘探、工业、农业、科学、文教、卫生、体育设施和公共设施等，地形图上应正确表示。以比例尺表示的应准确测出轮廓，配置相应的符号并根据产品的名称或设施的性质加注文字说明；不以比例尺表示的设施应准确测定定位点、定位线的位置，并加注文字说明。凡具有判定方位，确定位置，指示目标的设施应测注高程点，如井口、水塔、烟囱、打谷场、雷达站、水文站、岗亭、纪念碑、钟楼、寺庙、地下建筑物的出入口，等等。

5. 交通及附属设施测绘

所有的铁路、有轨车道、公路、大车路、乡村路均应测绘。车站及附属建筑物、隧道、桥涵、路堑、路基、里程碑等均需表示。在道路稠密地区，次要的人行道可适当取舍。铁路轨顶（曲线要取内轨顶）、公路中心及交叉处、桥面等应测取高程注记点，隧道、涵洞应测注底面高程。公路及其他双线道路在大比例尺图上按实宽依比例尺表示，若宽度在图上小于 0.6 mm 时，则用半比例尺符号表示。公路、街道按路面材料划分为水泥、沥青、碎石、砾石、硬砖、沙石等，以文字注记在图上。辅面材料改变处应用点线分离。出入山区、林区、沼泽区等通行困难地区的小路，以及通往桥梁、渡口、山隘、峡谷及其特殊意义的小路一般均应测绘。居民地间应有道路相连并尽量构成网状。

1∶500、1∶1000 测图铁路依比例尺表示铁轨轨迹位置，1∶2000 测图测绘铁路中心位置用不依比例尺符号表示。电气化铁路应测出电杆（铁塔）的位置。火车站的建筑物按居民地要求测绘并加注名称。车站的附属设施如站台、天桥、地道、信号机、车挡、转车盘等均按实际位置测出。

公路按其技术等级分别用高速公路、等级公路、等外公路按实地状况测绘并注记技术等级代码。国家干线还要注记国道线编号。等级公路应注记铺面宽和路基宽度。道路在同一水平高度相交时，中断低一级的道路符号，不在同一水平相交的道路交叉处应绘以桥梁或其他相应的地形符号。

桥梁是连接铁路、公路、河运等交通的主要纽带，正确表示桥梁的性质、类别，按实地状况测绘出桥头、桥身的准确位置，并根据建筑结构、建材质料加注文字说明。

正确表示河流、湖泊、海域的水运情况。码头、渡口、停泊场、航行标志、航行险区均应测绘。

对道路高程的测绘，郊区公路、市政道路、街道、新村及机关、工厂等单位内部干道上的高程点，应测在道路中心的路面上。高架道路的高程可免测。对铁路、公路、大车路等道路图上每隔 10 cm～15 cm 及路面坡度变化处应测注高程点。桥梁、隧道、涵洞底部、路堑、路堤的顶部应测注高程，路堑、路堤亦要测注比高。当高程注记与比高注记不易区分时，在比高数字前加"+"号。

乡村路应按其实宽依比例尺测绘。乡村路中通过宅村仍继续通往别处的，其在宅村中间的路段应尽量测出，以求贯通，不使其中断，如路边紧靠房屋或其他地物的，则可利用地物边线，可不另绘路边线。如沿河滨边的，其路边线仍应绘出，不得借用滨边线。

人行小路主要是指居民地之间来往的通道，田间劳动的小路一般不测绘，上山小路应视其重要程度选择测绘。小路应实测中心位置,单线表示。

6. 管线及附属设施测绘

正确测绘管线的实地定位点和走向特征,正确表示管线类别。永久性电力线、通信线及其电杆、电线架、铁塔均应实测位置。电力线应区分高压线和低压线。居民地内的电力线、通信线可不连线,但应在杆架处绘出连线方向。

地面和架空的管线均应表示,并注记其类别。地下管线根据用途需要决定表示与否,但入口处和检修井需表示。管道附属设施均应实测位置。

高压线应全部测绘,图上以双箭头符号表示,成组的高压电杆,应实测杆位,中间用实线连接。低压线在街道、郊区集镇、棚户区等内部主要干道上的应全部测绘。

电杆、电线架应实测位置,不分建筑材料、断面形状,用同一符号表示。电杆之间可连线,多种电线在一个杆位上时,可只表示主要的。对电线杆上的变压器,应按实际位置及方向用符号表示,支柱可不表示。

7. 境界测绘

正确表示境界的类别、等级及准确位置。行政区划界有相应等级政府部门的文件、文本作依据。县级以上行政区划界应表示,乡(镇)界按用图需要表示。两级以上境界重合时,只绘高级境界符号,但需同时注出各级名称。自然保护区按实地绘出界线并注记相应名称。

8. 植被与土质测绘

植被测绘时,对于各种树林、苗圃、灌木林丛、散树、行树、竹林、经济林等,要测定其边界。若边界与道路、河流、栏栅等重合时,则可不绘出地类界,但与境界、高压线等重合时,地类界应移位表示。对经济林应加以种类说明注记。要测出农村用地的范围,并区分出稻田、旱地、菜地、经济作物地和水中经济作物区等。一年几季种植不同作物的耕地,以夏季主要作物为准。田埂的宽度在图上大于 1 mm 时用双线描绘,田块内要测注有代表性的高程。林地在图上大于 25 cm^2 以上的须注记树名和平均树高,有方位和纪念意义的独立树要表示。在同一地段内生长多种植物时,图上配置符号(包括土质)不超过三种。田角、田埂、耕地、园地、林地、草地均需测注高程。

地形图上要测绘沼泽地、沙地、岩石地、龟裂地、盐碱地等,各种土质按图式规定的相应符号表示。应注意区分沼泽地、沙地、岩石地、露岩地、龟裂地、盐碱地。

对农田高程点的布设,在倾斜起伏的旱地上,应设在高低变化处及制高部位的地面上,在平坦田块上,应选择有代表性的位置测定其高程。

9. 地貌测绘

地貌形态虽然千变万化、千姿百态,但归纳起来,不外乎由山地、盆地、山脊、山谷、鞍部等基本地貌组成。地球表面的形态,可被看作是由一些不同方向、不同倾斜面的不规则曲面组成,两相邻倾斜面相交的棱线,称之为地貌特征线(或称为地性线)。如山脊线、山谷线即为地性线。在地性线上比较显著的点有山顶点、洼地的中心点、鞍部的最低点、谷口点、山脚点、坡度变换点等,这些点被称为地形特征点。大比例尺地形图测绘时,地形点间距的规定如表 3-6 所示。

对于不能用等高线表示的地形,例如悬崖、峭壁、土坎、土堆、冲沟等,应按地形图图式规定的符号表示。

表 3-6 地形点间距

比例尺	地形点间距/m
1:500	15
1:1000	30
1:2000	50

当基本等高距不能正确显示地貌形态时加绘间曲线，不能用等高线表示的天然和人工地貌形态，需配置地貌符号及注记。居民地中可不绘等高线，但高程注记点应能显示坡度变化特征。各种天然形成和人工修筑的坡、坎，其坡度在70°以上时表示为陡坎，在70°以下表示为斜坡。斜坡在图上投影宽度小于2 mm时宜表示为陡坎并测注比高，当比高小于1/2等高距时，可不表示。梯田坎坡顶及坡脚在图上投影大于2 mm以上实测坡脚，小于2 mm时，测注比高，当比高小于1/2等高距时，可不表示。梯田坎较密若两坎间距在图上小于10 mm时可适当取舍。断崖应沿其边沿以相应的符号测绘于图上。冲沟和雨裂视其宽度按图式在图上分别以单线、双线或陡壁冲沟符号绘出。

为了便于判读，每隔四根等高线描绘一根计曲线，当两根计曲线的间隔小于图上2.0 mm时，只绘计曲线。应选适当位置在计曲线上注记等高线高程，其数字的字头应朝向坡度升高的方向。在山顶、鞍部、凹地、陷地、盆地、斜坡不够明显处及图廓边附近的等高线上，应适当绘出示坡线。等高线如遇路堤、路堑、建筑物、石坑、断崖、湖泊、双线河流以及其他地物和地貌符号时应间断。

高程点的间距，在平坦地区的高程散点其间距在图上以5～7 cm为宜，如遇地势起伏变化时，应予适当加密。

高低显著的地貌，如高低、土堆、坑洼及高低田坎等，其高差在0.5 m以上者，均应在高处及低处分别测注高程。土堆顶部如呈隆起形者，除应在最高处测注高程外，并应在其顶周围适当布设若干高程点。

3.5 数字地形图绘制及编辑

数字地形图绘制及编辑是利用外业采集的碎部点信息，依据相关规范在绘图软件上进行地形图的绘制，工作内容包括：碎部点数据的传输及处理、屏幕显示区识别及比例尺确定、地物绘制、等高线绘制、修图及整饰、地形图输出等。

一、实习目的及要求

(1) 掌握成图软件的使用方法。
(2) 掌握内业成图的作业过程。
(3) 掌握地形要素的内业编辑方法。

二、实习准备

(1) 计算机1台(安装有数字成图软件)。

(2)碎部点数据文件。
(3)外业草图。

三、实习过程

1.数字成图软件

数字成图软件是基于CAD软件二次开发而成的,目前应用最广泛的数字成图软件为南方CASS软件,该软件在CAD基础上开发而成,是集地形、地籍、空间数据建库、工程应用、土石方算量等功能为一体的软件。下面以南方CASS软件为例进行数字成图,用户界面如图3-7所示。

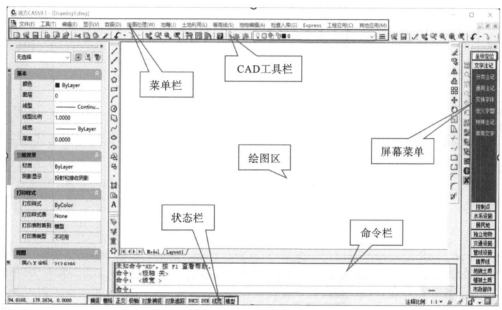

图3-7 CASS软件界面

2.定显示区

定显示区是通过坐标数据文件中的最大、最小坐标标定出屏幕窗口的显示范围。具体操作:选择"绘图处理"→"定显示区"命令,输入坐标文件名,打开即可。定显示区命令区显示最大坐标、最小坐标,如图3-8所示。

3.设置比例尺

CASS软件默认比例尺为1:500,图形编辑前需要按照作业技术要求设置比例尺,选择"绘图处理"→"改变当前图形比例尺"选项,在命令栏输入需要的比例尺,如图3-9所示。

4.地物编辑

1)展点

如图3-10所示,选择"绘图处理"→"展野外测点点号"选项,出现文件选择对话框,如图3-11所示,选择数据文件"文件名.dat"文件,单击"打开"按钮,碎部点将展绘在绘图区域。展野外测量点可以选择"展野外测点点号""展野外测点代码"或"展野外测点点位"项。当外业测量碎部点时,根据测量代码标准对碎部点进行编码时,可采用展野外测点代码,以便于地物编辑。

图 3-8　CASS 软件定显示区

图 3-9　CASS 软件设置比例尺

第 3 章　数字地形测量学实习

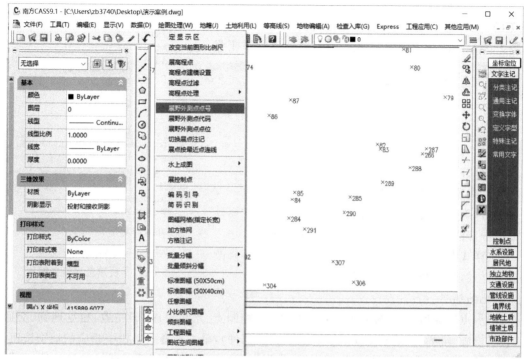

图 3-10　展外业测量点

图 3-11　外业展点数据选择

展点完成后,对展点进行检查,当外业观测点比较密集,展点点号显示相互压盖时,可调整点号文字大小。调整方法为,鼠标放置绘图区域,右击,在弹出的快捷菜单中选择"快速选择"选项,对点号文字大小进行调整。快速选择对话框如图3-12所示。

"应用到"选项:选"整个图形"项;

"对象类型"选项:选"Text"项;

"特性"选项:选"特 layer"项;

"运算符"选项:选"=等于"项;

"值"选项:选"值 ZDH"项。

单击"确定"按钮选中全部展点号图层文字,在属性对话框中修改"文字高度"选项,修改文字大小。

"点样式"修改,在命令栏输入 Ddytype 命令,修改展点点样式,选择合适的点样式。

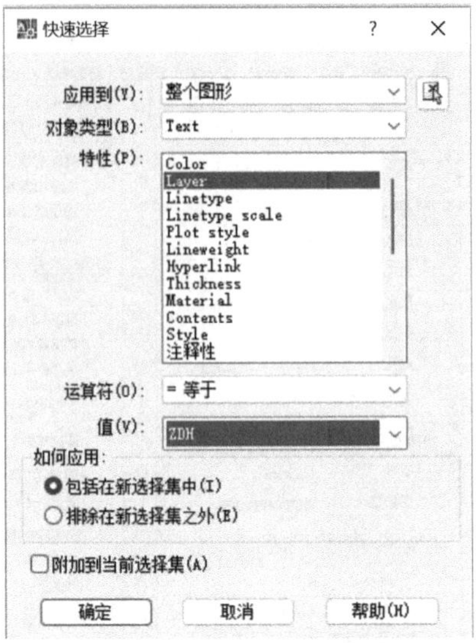

2)地物编辑

(1)展点完成后,首先确定所绘符号的类别(控制点、水系设施、居民地、独立地物、交通设施、管线设施、境界线、地貌土质、植被土质、市政部件),单击屏幕菜单栏中相应的地物按钮,在显示的地物符号中选择相应符号,单击"确定"按钮,按照"命令栏"提示开始绘制地物,直至地物绘制完成。

(2)地物编辑时,拾取地物点位时需对点位严格捕捉,以保证精确绘制地物。单击状态栏中的"对象捕捉"按钮,对捕捉条件进行设置,选择"节点"选项进行设置,设置完成后单击"确定"保存设置,进行地物绘制,如图3-13所示进行对象捕捉设置。

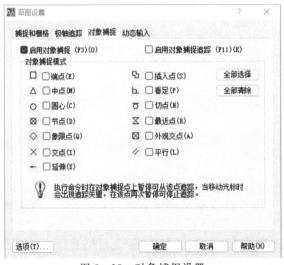

图3-12 快速选择设置图置

图3-13 对象捕捉设置

(3)根据外业测量草图,优先绘制项目区内交通设施、水系设施等具有定位作用的地物,单击屏幕菜单栏中的"交通设施""水系设施"地物按钮,选择相应符号,按照"命令栏"提示开始绘制符号,直至绘制完成;具有定位作用地物绘制完成后,按照先易后难、先简单后复杂原则,绘制其他地物。不同地物绘制时所需的特征点点位、数量和顺序不同,严格按照《国家基本比例尺地图图式第一部分:1∶500　1∶1000　1∶2000 地形图图式》(GB/T 20257.1—2017)规范执行。

(4)在绘制控制点时,需明确控制点的类型和等级,在绘制时能够——对应,保证准确性;铁路、公路等交通设施绘制时,注意偏移方向是否与外业实测一致;居民地绘制时,房屋按照同一方向绘制,不同材质、不同高度建筑物,需清楚区分,围墙绘制时,注意围墙基线方向及围墙宽度;坡坎绘制时注意区分坡坎、坡坎方向及坎高;境界线绘制要明确境界线等级,严格按照等级和走向绘制;管线设施绘制时,要明确管线用途并进行标注;水系设施绘制要标注水流方向。

地物绘制完成后,部分符号和注记可能与图形相交或不协调,可移动符号或者删除符号处理,使图面清晰易读。

在作业过程中,注意保存和备份文件或设置定时保存,以防断电或死机等情况造成返工。设置定时保存,将鼠标放置在绘图区域,单击鼠标右键,在弹出的快捷菜单中选择"选项"命令,出现如图 3-14 所示对话框,首先在文件中设置自动保存位置;在"文件安全措施"中设置自动保存时间。

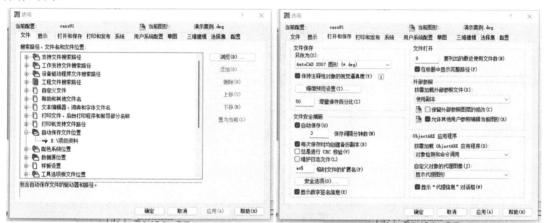

图 3-14　自动保存、备份设置

4.地貌编辑

地貌分为特殊地貌和一般地貌,特殊地貌采用符号表示,一般地貌主要采用等高线和高程点注记表示,由软件自动绘制。

1)展高程点

高程点展绘前,先进行 CASS 参数配置,配置完成后,选择"绘图处理"→"展高程点"选项,出现文件选择对话框,选择外业采集数据文件,将高程点展绘到绘图区。

2)建立 DTM

(1)DTM 建立前应先将外业测量中标记的地性线采用地性线连接起来;地性线绘制完成后,建立 DTM,启用菜单"等高线"→"建立 DTM"选项,建立 DTM 参照图 3-15,选择数据文件或图面高程点生成,选中"建模过程考虑陡坎"及"建模过程手工选择地性线"复选框,设置完成后,单击"确定"按钮,建立 DTM 模型,生成三角网,三角网如图 3-16 所示。

(2)为了保证软件自主生成等高线的合理性,在等高线绘制前需对 DTM 模型中的三角网进行过滤,过滤三角网中小角度三角形及最长边远大于最小边的三角形。选择"等高线"→"过滤三角形"选项,根据图 3-17 命令行提示操作,删除不满足要求的三角形。

图 3-15 建立 DTM

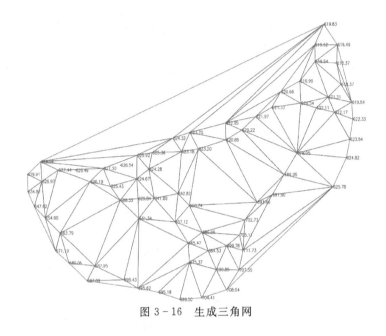

图 3-16 生成三角网

(3)修改结果存盘,通过三角网过滤操作后,需对修改成果进行存盘,选择"等高线"→"修改结果存盘"选项,参照图 3-18 操作。

3)绘制等高线

三角网构建完成后,选择"等高线"→"绘制等高线"选项,按照绘制等高线选项要求进行等高线绘制,如图 3-19 所示。按照规范及技术要求选择等高距,拟合方式选用张力样条拟合。等高线自动绘制完成后,对自动绘制的等高线进行裁剪和检查,对穿过地物、典型地貌的等高线在不拟合状态下进行修剪,逐条检查、修改高程点与等高线矛盾,并对密集高程点及压盖地物高程点注记删减,移动,保证图面整洁、清晰。

4)删除三角网

等高线绘制完成后,利用"等高线"→"删三角网"功能,将三角网删除。

5)注记等高线

等高线绘制、检查完成后,需要在适当位置添加一定数量等高线注记,利用"等高线"→"等高线注记"功能进行等高线注记,分为单个注记和沿直线高程注记,单个高程注记时按照命令栏提示进行操作,沿直线高程注记时,需做辅助线,辅助线应从低处向高处绘制,按照命令栏提

第 3 章 数字地形测量学实习

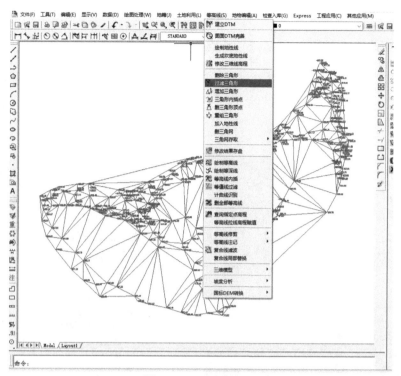

图 3-17 三角网过滤

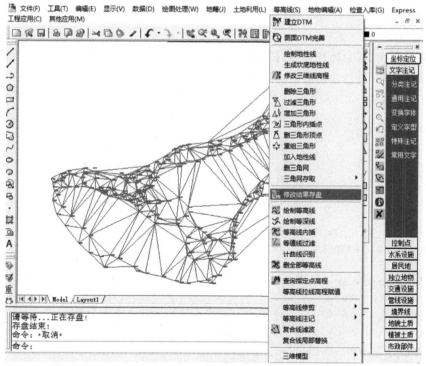

图 3-18 修改结果存盘

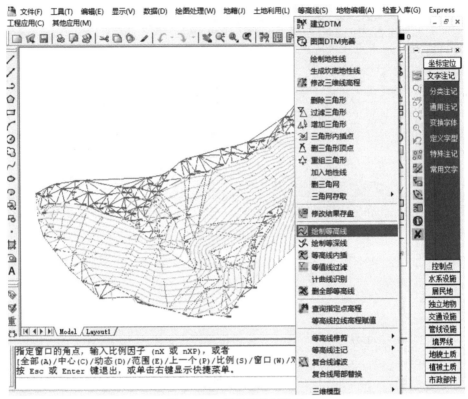

图 3-19 等高线绘制选项

示进行高程注记。

图形编辑完成后,会出现高程注记压盖图形情况,利用高程点修剪功能进行修剪,"等高线"→"等高线修剪"进行注记处理,具体选项选择如图 3-20 所示。

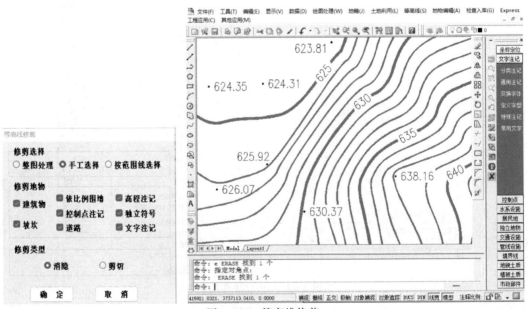

图 3-20 等高线修剪

5.图形裁剪与添加图廊

当项目区分成不同作业区,外业数据采集时,要求各作业区沿作业范围线向外延伸 10~15 m,以保证图形编辑时有足够的共同地物、地貌,满足图形接边精度要求。待各作业小组图形接边完成后,对图形进行裁剪和添加图廊。

1)图廊设置

选择"文件"→"CASS 参数配置"→"图廊属性"选项,设置图廊属性,图廊属性设置如图 3-21 所示。

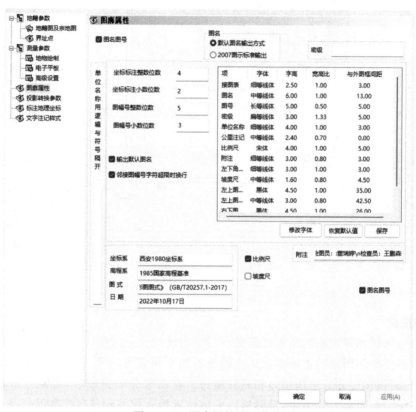

图 3-21 图廊属性设置菜单

图廊属性配置:坐标系、高程系按照项目技术要求进行填写,填写必须准确,与技术要求一致;采用 2017 版《国家基本比例尺地图图式第一部分:1∶500 1∶1000 1∶2000 地形图图式》(GB/T 20257.1—2017)图式;日期按照成图日期填写;测量员、绘图员、检查员填写至附注中,用\n 隔开进行换行;单击"确定"按钮完成设置。

2)批量裁剪分幅

完成图廊属性配置后,对图形进行裁剪分幅。当图幅不满一幅时,采用"绘图处理"→"任意图幅"添加图廊;当图幅大于单幅图时,进行分幅裁剪处理,选择"绘图处理"→"批量分幅"→"建立格网"→"批量输出到文件"选项,按照命令栏提示进行操作,选择输入分幅图存盘位置,单击"确定"按钮,按照命令栏提示,选择图幅取整方式及是否按网格的图名输出,完成裁剪分幅,分幅图存储至设置的存盘目录中。分幅图如图 3-22 所示。

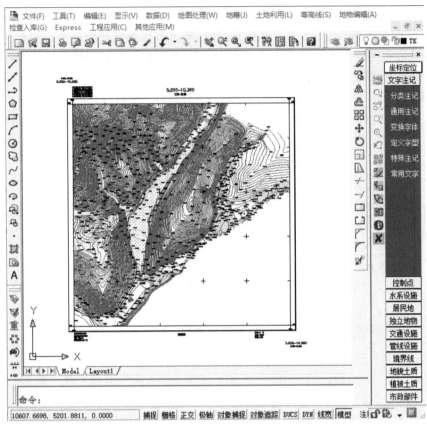

图 3-22 标准分幅图

6. 图幅接边

图幅接边是将相邻图幅的边缘要素进行相互衔接的作业过程。其作用是处理因分幅编绘或测绘地图而使相邻图幅的边缘要素产生的矛盾和不协调等问题,以使制成的分幅地图可相互拼接使用,图幅接边分为空间接边和属性接边。在图形分幅完成后,需要与相邻图幅接边。将相邻图幅作为参照插入到图中,量测地物平面位置接边较差和等高线高程较差,若较差小于规定碎部点点位和等高线中误差的 $2\sqrt{2}$ 倍时,可采用平均配赋,即相邻图幅间地物要素平移较差一半进行接边;当较差大于中误差 $2\sqrt{2}$ 倍时,应查明原因再进行接边。进行空间接边的同时,检查相邻图形属性是否一致,属性不一致时应查明原因,进行属性修改,完成图形属性接边。

7. 打印输出

打开需要输出的图形,执行"文件"→"绘图输出"命令,出现了"页面设置"对话框,按图 3-23 所示设置。

(1) 设置打印机。在"打印机/绘图仪"列表框中选择需要连接的打印机、通过特性选择图纸尺寸。当图纸为非标准图纸时,在特性中根据图形大小及比例尺,设置相应图纸大小。

自定义图纸尺寸,单击"添加"按钮,按照提示进行下一步,输入纸张宽度及纸张高度,单位选择毫米,单击"下一步"按钮,直至完成纸张大小设置。

(2) 打印区域设定。在"打印范围"列表框中选择"窗口"项,需在图形区域内指定打印范围;选择列表中的"范围"项将打印所有图形;选择"图形界限"项将打印图形界限以内的内容;

选择"显示"项将打印整个绘图区域所有内容。

（3）打印偏移："打印偏移"选中"居中打印"复选框，图形将在整个图纸中央位置。

（4）打印比例：不选中"布满图纸"，按照成图比例尺输入比例。

上述设置完成后，可单击"预览"按钮进行查看设置是否合适，合适后单击"确定"按钮，开始打印输出。

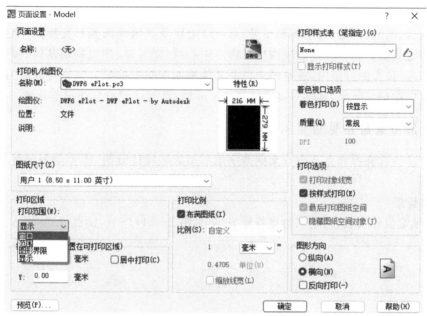

图 3-23　图形输出页面设置

二、地形图上各要素配合表示的一般原则

（1）当两个地物重合或接近难以同时准确表示时，可将重要地物准确表示，次要地物移位 0.2 mm 或缩小表示。

（2）独立地物与其他地物（如房屋、道路、水系等）重合时，可将独立地物完整绘出，而将其他地物符号中断 0.2 mm 表示；两独立地物重合时，可将重要独立地物准确表示，次要独立地物移位表示，但应保证其相关位置正确。

（3）房屋或围墙等高出地面的建筑物，直接建筑在陡坎或斜坡上的建筑物，应按正确位置绘出，坡坎无法准确绘出时，可移位 0.2 mm 表示，悬空建筑在水上的房屋轮廓与水涯线重合时，可间断水涯线，而将房屋完整表示。

（4）水涯线与陡坎重合时，可用陡坎边线代替水涯线；水涯线与坡脚重合时，仍应在坡脚将水涯线绘出。

（5）双线道路与房屋、围墙等高出地面的建筑物边线重合时，可用建筑物边线代替道路边线，且在道路边线与建筑物的接头处，应间隔 0.2 mm。

（6）境界线以线状地物一侧为界时，应离线状地物 0.2 mm 按规定符号描绘境界线；若以线状地物中心为界时，境界线应尽量按中心线描绘，确实不能在中心线绘出时，可沿两侧每隔 3～5 mm 交错绘出 3～4 节符号。在交叉、转折及与图边交接处须绘出符号以表示走向。

(7)地类界与地面上有实物的线状符号重合时,可省去。与地面无实物的线状符号(如架空的管线、等高线等)重合时,应将地类界移位 0.2 mm 绘出。

(8)等高线遇到房屋及其他建筑物、双线路、路堤、路堑、陡坎、斜坡、湖泊、双线河及其注记,均应断开。

(9)为了表示等高线不能显示的地貌特征点的高程,在地形图上要注记适当的高程注记点。高程注记点应均匀分布,其密度为每平方分米 5~15 点。山顶、鞍部、山脊、山脚、谷底、谷口、沟底、沟口、凹地、台地、河岸和湖岸旁、水涯线上以及其他地面倾斜变换处,均应有高程注记点。城市建筑区的高程注记点应测注在街道中心线、交叉口、建筑物墙基脚、管道检查井井口、桥面、广场、较大的庭院内,或空地上以及其他地面倾斜变换处。基本等高距为 0.5 m 时,高程注记点应注记至厘米,基本等高距大于 0.5 m 时,高程注记点应注记至分米。

五、地形图编制常见错误示例

通过对学生在实习和竞赛中提交的数字地形图成果统计分析,图形编制中常见的错误有如下 8 类。

1.定位基础

(1)卫星定位等级点,误用三角点符号表示(见图 3-24)。

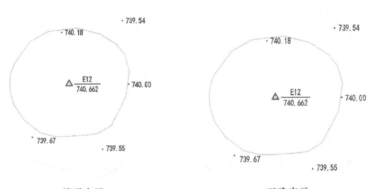

图 3-24 卫星定位等级点表示

(2)布设于水泥道路上,打入钢钉的图根控制点,应采用埋石图根点符号(见图 3-25)。

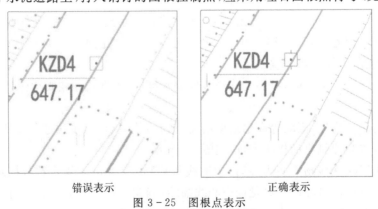

图 3-25 图根点表示

2.水系

(1)实际现状为不依比例涵洞,图上表示为输水槽(见图3-26)。

错误表示　　　　　　　正确表示

图3-26　不依比例涵洞表示

(2)实际现状为涵洞,图上表示为人行桥(见图3-27)。

 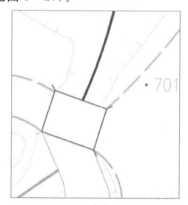

错误表示　　　　　　　正确表示

图3-27　涵洞表示

(3)实际现状为时令河,图上表示为河流(见图3-28)。

 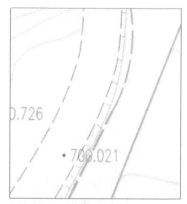

错误表示　　　　　　　正确表示

图3-28　时令河表示

(4)河流缺少名称注记及流向(见图 3-29)。

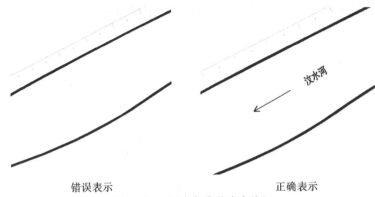

图 3-29 河流名称及流向注记

(5)河流位于桥下,需在桥底断开河流(见图 3-30)。

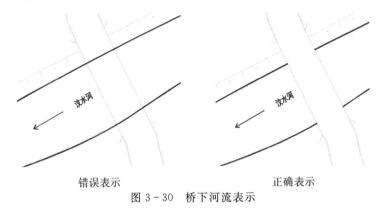

图 3-30 桥下河流表示

3.居民地及设施

(1)一面有墙棚房错误表示为四边有墙棚房(见图 3-31)。

图 3-31 一面有墙棚房表示

(2)现状为檐廊,错误使用挑廊符号(见图 3-32)。
(3)现状为砼房,图上表示为混房(见图 3-33)。
(4)房屋缺少结构、层数、专有名称注记(见图 3-34)。

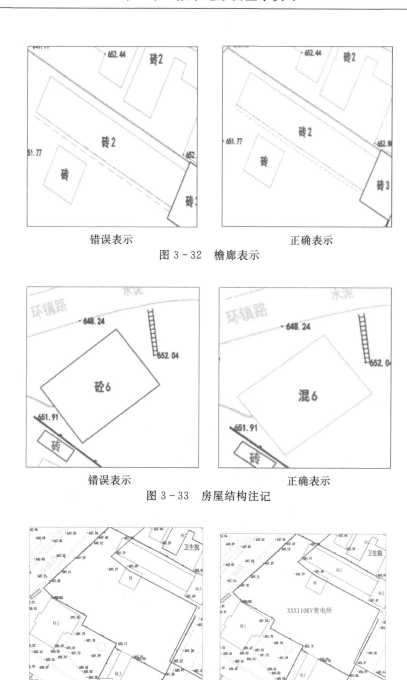

图 3-32 檐廊表示

图 3-33 房屋结构注记

图 3-34 房屋结构、层数及名称注记

(5)未根据房屋层数及结构进行区分(见图 3-35)。
(6)居民区内房屋及院落缺少高程点(见图 3-36)。
(7)实际为围墙,图上表示为房屋(见图 3-37)。

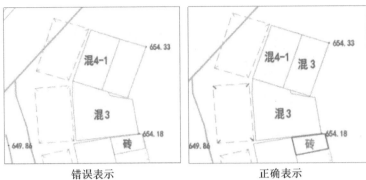

图 3-35 房屋层数及结构区分表示

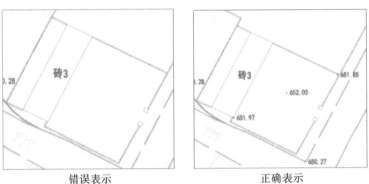

图 3-36 居民区高程点注记

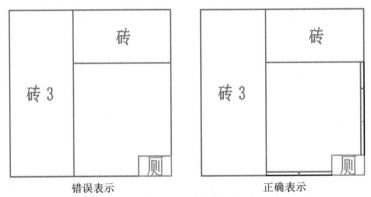

图 3-37 居民区围墙表示

4. 交通

(1) 现状为国道,错误使用高速公路符号(见图 3-38)。

(2) 道路缺少路名、材质注记(见图 3-39)。

(3) 应虚实线表示道路,而未虚实表示(见图 3-40)。

5. 管线

(1) 现状为 10 kV 电压线,为地面上输电线,错误使用配电线符号(见图 3-41)。

(2) 现状为给水检修井,图上表示为雨水检修井(见图 3-42)。

第 3 章 数字地形测量学实习

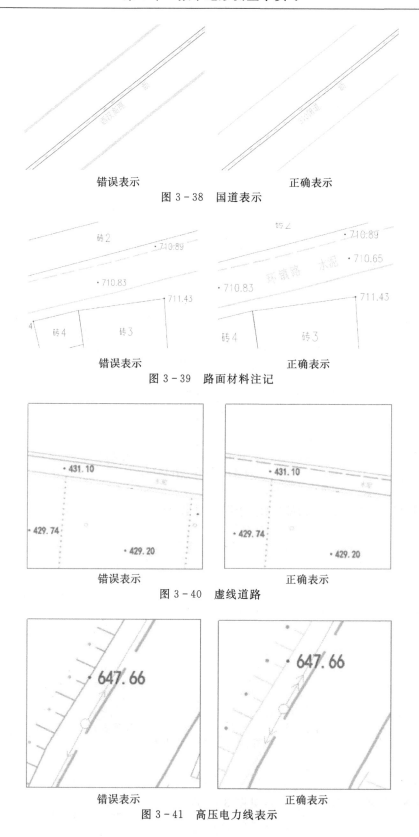

错误表示　　　　　　　　　正确表示
图 3-38　国道表示

错误表示　　　　　　　　　正确表示
图 3-39　路面材料注记

错误表示　　　　　　　　　正确表示
图 3-40　虚线道路

错误表示　　　　　　　　　正确表示
图 3-41　高压电力线表示

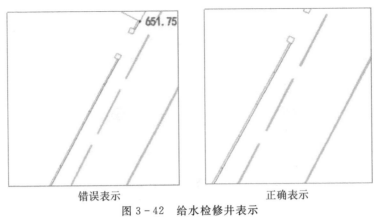

图 3-42　给水检修井表示

(3)管线缺少属性注记(见图 3-43)。

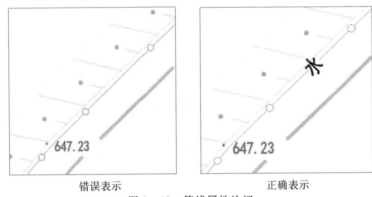

图 3-43　管线属性注记

(4)接进房屋的电力线应为配电线,错误使用输电线(见图 3-44)。

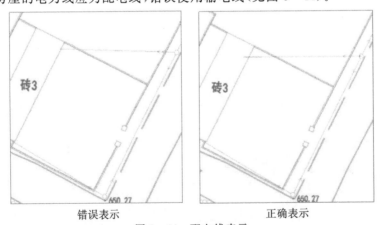

图 3-44　配电线表示

6.境界

现状为村界,错误使用镇界符号(见图 3-45)。

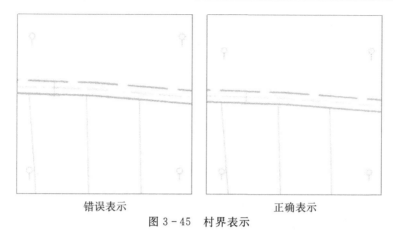

错误表示　　　　　　　正确表示

图 3-45　村界表示

7. 地貌

(1) 等高线穿过房屋、坡坎、河流等(见图 3-46)。

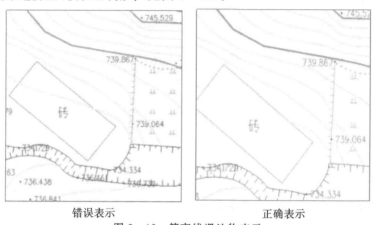

错误表示　　　　　　　正确表示

图 3-46　等高线遇地物表示

(2) 等高线不连续(见图 3-47)。

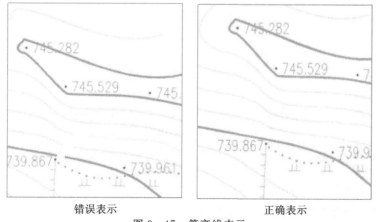

错误表示　　　　　　　正确表示

图 3-47　等高线表示

(3)沟底高程点密度不够,导致等高线分离形成鞍部(见图3-48)。

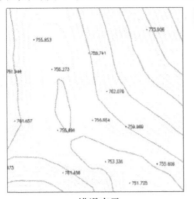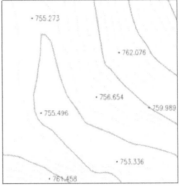

错误表示　　　　　　　　正确表示

图3-48　等高线分离形成鞍部

(4)高程点注记与等高线高程矛盾(见图3-49)。

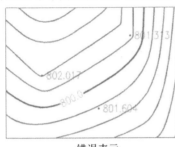

错误表示　　　　　　　　正确表示

图3-49　等高线与高程注记矛盾

(5)陡坎与梯田坎未标注比高(见图3-50)。

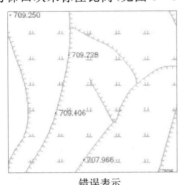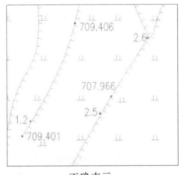

错误表示　　　　　　　　正确表示

图3-50　陡坎、梯田注记比高

8.植被与土质

(1)植被符号填充不完整(见图3-51)。

(2)植被符号填充未标注属性(见图3-52)。

(3)植被填充符号间距不一致(见图3-53)。

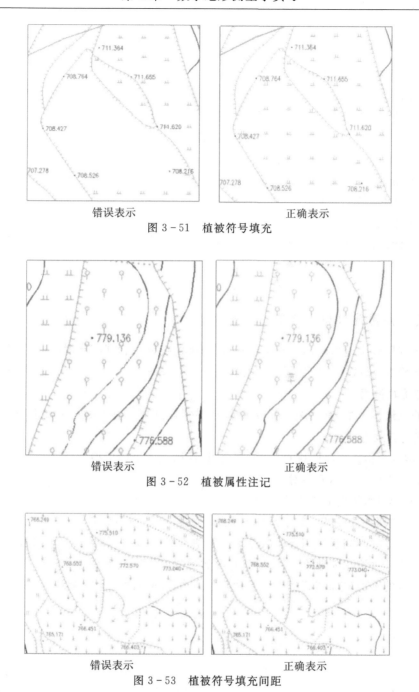

错误表示　　　　　　　正确表示

图 3-51　植被符号填充

错误表示　　　　　　　正确表示

图 3-52　植被属性注记

错误表示　　　　　　　正确表示

图 3-53　植被符号填充间距

3.6　成果整理和检查验收

大比例尺数字地形图测绘结束后,实习的每个小组和个人都应进行成果整理,提交资料进行检查验收。

一、数字测图成果整理

1. 实习小组应整理的成果资料
(1) 仪器检验报告；
(2) 图根控制测量点展点图及观测记录手簿、点之记；
(3) 地形图数据文件和符合整饰要求的地形图；
(4) 数字测图实习成果检查表；
(5) 地形图平面和高程精度检查表；
(6) 产品检查报告、验收报告、技术总结报告。

2. 个人应整理的成果资料
(1) 大比例尺数字地形图技术方案设计书；
(2) 图根控制测量点平差计算成果表；
(3) 实习报告。

二、数字测图成果检查验收

对大比例尺数字地形图的检查验收实行"两级检查，一级验收"制度，两级检查指的是过程检查和最终检查，验收工作应经最终检查合格后进行。

1. 检查验收依据

有关的测绘任务书、有关法规和技术标准、技术设计书和有关的技术规定等。

2. 检查内容及方法

(1) 数学基础检查。将图廓点、公里网交点、控制点的坐标按检索条件在屏幕上显示，并与理论值和控制点已知坐标值核对。

(2) 平面和高程精度的检查。

① 检测方法和一般规定：数字地形图平面检测点应是均匀分布、随机选取的明显地物点。检测点的平面坐标和高程采用外业散点法按测站点精度施测，每幅图一般选取 20~50 个点。用钢尺或测距仪量测相邻地物点间距离，量测边数每幅图一般不少于 20 处。

② 检测点的平面坐标和高程中误差计算。地物点的平面坐标中误差按下式计算：

$$M_X = \pm \sqrt{\frac{\sum_{i=1}^{n}(X_i' - X_i)^2}{n-1}} \tag{3-1}$$

$$M_Y = \pm \sqrt{\frac{\sum_{i=1}^{n}(Y_i' - Y_i)^2}{n-1}} \tag{3-2}$$

$$M_{检} = \pm \sqrt{M_X^2 + M_Y^2} \tag{3-3}$$

式(3-1)中，M_X 为坐标 X 的中误差；X_i' 为坐标 X 的检测值；X_i 为坐标 X 的原测值。式(3-2)中，M_Y 为坐标 Y 的中误差；Y_i' 为坐标 Y 的检测值；Y_i 为坐标 Y 的原测值。n 为检测点个数。式(3-3)中，$M_{检}$ 为检测地物点的点位中误差。

相邻地物点之间间距中误差按下式计算：

$$M_S = \pm \sqrt{\frac{\sum_{i=1}^{n} \Delta S_i^2}{n-1}} \tag{3-4}$$

式(3-4)中，ΔS_i 为相邻地物点实测边长与图上同名边长较差，n 为量测边条数。

高程中误差按下式计算：

$$M_H = \pm \sqrt{\frac{\sum_{i=1}^{n} (H_i' - H_i)^2}{n-1}} \tag{3-5}$$

式(3-5)中，H_i' 为检测点的实测高程；H_i 为数字地形图上相应内插点高程；n 为高程检测点个数。

(3) 接边精度的检查。通过量取两相邻图幅接边处要素端点的距离是否等于 0 来检查接边精度，未连接的要素记录其偏离值，检查接边要素几何上自然连接情况，避免生硬，检查面域属性、线划属性的一致性，记录属性不一致的要素实体个数。

(4) 属性精度的检查。检查各个层的名称是否正确、是否有漏层，并逐层检查各属性表中的属性项是否正确、有无遗漏，同时检查公共边的属性值是否正确。

(5) 逻辑一致性检查。

①检查各图层是否有重复的要素。

②检查有向符号、有向线状要素的方向是否正确。

③检查各要素的关系表示是否正确，有无地理适应性矛盾，是否能正确反映各要素的分布特点和密度特征。

④检查水系、道路等要素是否连接。

(6) 整饰质量检查。

①检查各要素是否正确，尺寸是否符合图式规定。

②检查图形线划是否连续光滑、清晰，粗细是否符合规定。

③检查要素关系是否合理，是否有重叠、压盖现象。

④检查高程注记点密度是否满足每 100 cm² 内 8~20 个的要求。

⑤检查各名称注记是否正确，位置是否合理，指向是否明确，字体、字号、字符方向是否符合规定。

⑥检查注记是否压盖重要地物或点状符号。

⑦检查图面配置、图廓内外整饰是否符合规定。

(7) 检查验收报告。质量检查工作结束后，编制检查验收报告，其主要内容包括：

①任务概要；

②检查工作概况（包括仪器设备和人员组成情况）；

③检查的技术依据；

④主要技术问题及处理情况；

⑤质量统计和检查结论。

第 4 章 数字地形测量数据处理程序设计

在测绘工作与科学研究中,很多情况下都可以使用计算机,尤其是测绘类专业所涉及的数据计算、绘图、数据分析等,都可以使用计算机来完成,相对于手工计算,测量程序计算的主要特点是计算速度快、精度高、数据处理自动化,从而把人从繁重的计算工作中解放出来,本章主要围绕数字地形测量实际工作中所采集的角度、距离、坐标等数据及导线近似平差、交会测量计算、高程近似平差、多边形面积计算等数据处理模块,以相应的案例阐述程序设计算法思想,提升学生的数据处理能力。

4.1 角度制与弧度制的相互转化

一、转化思路

在 C、C++、VB 等程序语言中,涉及角度的运算都是以先转化成弧度制为单位后再进行计算,而在测量以及具体工作中,通常习惯以角度制为单位。这样,在测量数据处理中,经常需要在角度制与弧度制之间进行相互转化。在角度制与弧度制的转化中,涉及如图 4-1 所示的两个环节。

图 4-1 角度制与弧度制相互转化图

根据角度与弧度之间的比例关系,则两者转化的基本方法如下:

$$DEG = RAD \times \frac{180}{\pi} \tag{4-1}$$

$$RAD = DEG \times \frac{\pi}{180} \tag{4-2}$$

在式(4-1)和式(4-2)中,DEG 为角度,RAD 为弧度。若角度给出的度分秒,则需先转化为以度为单位的数值后再进行弧度的计算。

$$DEG = Deg + Min/60 + Sec/3600 \tag{4-3}$$

式中,Deg 为整度数;Min 为整分数;Sec 为整秒数。

二、数据读取

编写程序分别读取"度分秒数据.txt"和"弧度数据.txt"两个文件,数据内容如图 4-2 和图 4-3 所示。其中图 4-2 中的度分秒数据之间均用英文逗号隔开。

第 4 章 数字地形测量数据处理程序设计

度,	分,	秒
0,	00,	00
30,	00,	00
60,	00,	00
90,	00,	00
120,	00,	00
150,	00,	00

图 4-2 度分秒数据

弧度
0.0000
0.523598776
1.047197551
1.570796327
2.094395102
2.617993878

图 4-3 弧度数据

三、计算结果报告

通过上述转换算法分别对两种数据进行计算,得到度分秒转换成弧度、弧度转换成度分秒的各自结果,如图 4-4 和图 4-5 所示,设计的菜单程序界面如图 4-6 所示。

```
***转化为弧度的结果***
        0
0.523598775598299
1.0471975511966
1.5707963267949
2.0943951023932
2.61799387799149
```

图 4-4 弧度计算结果

```
***转化为度分秒的结果***
  0,     0,     0
 30,     0,     0
 60,     0,     0
 90,     0,     0
120,     0,     0
150,     0,     0
```

图 4-5 角度计算结果

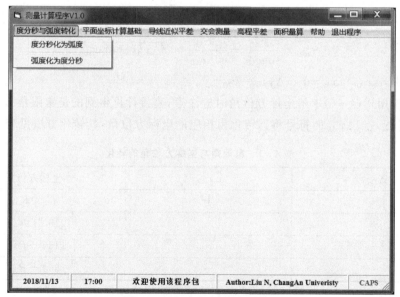

图 4-6 角度与弧度转换菜单

4.2 坐标正算与反算

一、坐标正、反算模型

1. 坐标正算模型

如图 4-7 所示，设 A 为已知点，B 为未知点，当 A 点坐标 $(x_A、y_A)$、A 点至 B 点的水平距离 S_{AB} 和坐标方位角 α_{AB} 均为已知时，则可求得 B 点坐标 $(x_B、y_B)$，称之为坐标正算问题。由图 4-7 可知：

$$\left. \begin{array}{l} x_B = x_A + \Delta x_{AB} \\ y_B = y_B + \Delta y_{AB} \end{array} \right\} \quad (4-4)$$

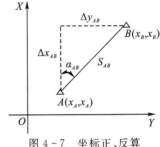

图 4-7 坐标正、反算

式中

$$\left. \begin{array}{l} \Delta x_{AB} = S_{AB} \cdot \cos\alpha_{AB} \\ \Delta y_{AB} = S_{AB} \cdot \sin\alpha_{AB} \end{array} \right\} \quad (4-5)$$

式中，Δx_{AB} 和 Δy_{AB} 为坐标增量。

2. 坐标反算模型

直线的坐标方位角和水平距离可根据两端点的已知坐标进行反算，这称之为坐标反算问题。同样如图 4-7 所示，设 $A、B$ 两已知点的坐标分别为 (x_A, y_A) 和 (x_B, y_B)，则直线 AB 的坐标方位角 α_{AB} 和水平距离 S_{AB} 分别为

$$\alpha_{AB} = \arctan \frac{\Delta y_{AB}}{\Delta x_{AB}} \quad (4-6)$$

$$S_{AB} = \frac{\Delta y_{AB}}{\sin\alpha_{AB}} = \frac{\Delta x_{AB}}{\cos\alpha_{AB}} = \sqrt{\Delta x_{AB}^2 + \Delta y_{AB}^2} \quad (4-7)$$

上两式中，$\Delta x_{AB} = x_B - x_A$；$\Delta y_{AB} = y_B - y_A$。

这里在应用式 (4-6) 求解坐标方位角时应注意，直接计算得到的是象限角 R_{AB}，而不是方位角，应根据 $\Delta y_{AB}、\Delta x_{AB}$ 的符号将其转化为相应的坐标方位角，其转化方法见表 4-1。

表 4-1 象限角与坐标方位角的转化

Δy_{AB}	Δx_{AB}	坐标方位角
+	+	$\alpha_{AB} = R_{AB}$
+	−	$180° - R_{AB}$
−	−	$180° + R_{AB}$
−	+	$360° - R_{AB}$

二、数据读取

编写菜单程序"坐标正算"，读取"坐标正算数据.txt"文件，部分数据内容如图 4-8 所示。

数据中的第一行为数据的说明项,即已知点坐标(包括 X,Y)、坐标方位角(以度分秒形式表示)和两点间的水平距离,第二行及后续行分别表示相应的数据,数据之间用英文逗号隔开。

A点坐标(XY),	AB边坐标方位角(度分秒),	AB两点间水平距离
1000, 1000,	35, 17, 36.5,	200.416
3712232.528, 523620.436,	242, 09, 29.4,	9.995
435.56, 658.82,	80, 36, 54,	135.62

图 4-8 坐标正算数据

同样编写菜单程序"坐标反算",读取"坐标反算数据.txt"文件,数据内容如图 4-9 所示。数据中的第一行为数据的说明项,即已知点坐标(包括 X,Y),第二行及后续行分别表示相应的已知点坐标数据,数据之间用英文逗号隔开。

A点坐标(XY),	B点坐标(XY)
1000, 1000,	1163.5802, 1115.7933
3712232.528, 523620.436,	3712227.860, 523611.598
342.99, 814.29,	304.50, 525.72

图 4-9 坐标反算数据

三、计算结果报告

通过坐标正、反算原理设计菜单,如图 4-10 所示;分别对两种文件数据进行计算,得到坐标正算、坐标反算的各自结果,如图 4-11 和图 4-12 所示。

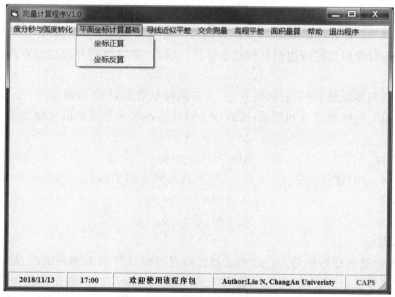

图 4-10 坐标正、反算计算菜单

坐标正算的结果	
X坐标	Y坐标
1163.5802,	1115.7933
3712227.8600,	523611.5980
457.6752,	792.6247

图 4-11 坐标正算结果

坐标反算的结果	
水平距离	坐标方位角(度,分,秒)
200.4160,	35, 17, 36.5
9.9950,	242, 09, 29.4
291.1256,	262, 24, 9.5

图 4-12 坐标反算结果

4.3 导线近似平差

一、支导线近似平差

1. 支导线计算

以图 4-13 为例,设直线 MA 的坐标方位角为 α_{MA}、A 点坐标 (x_A,y_A)、$\beta_i(i=1,2,\cdots,)$ 为观测的转折角,S_{ij} 为观测的导线边长。为了计算待定点的坐标,按以下步骤进行:

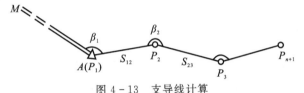

图 4-13 支导线计算

(1) 按式(4-8)计算各导线边的坐标方位角。这里需注意:当定向边 MA 的坐标方位角未直接给出时,需先通过定向边两已知点坐标进行反算,求出已知导线边的方位角。

$$\alpha_i = \alpha_{i-1} \pm \beta_i \mp 180° \tag{4-8}$$

式中,β_i 为左角时取正值,180°前取负号;β_i 为右角时取负值,180°前取正号。

(2) 由各边的坐标方位角和边长,按式(4-9)计算各相邻导线点的坐标增量。

$$\left.\begin{aligned}\Delta x_{ij} &= S_{ij} \cdot \cos\alpha_i \\ \Delta y_{ij} &= S_{ij} \cdot \sin\alpha_i\end{aligned}\right\} \tag{4-9}$$

(3) 按式(4-10)依次推算 P_2、P_3、$\cdots$、P_{n+1} 各导线点的坐标。

$$\left.\begin{aligned}x_{i+1} &= x_i + \Delta x_{ij} \\ y_{i+1} &= y_i + \Delta y_{ij}\end{aligned}\right\} \tag{4-10}$$

2. 数据读取

考虑定向边的坐标方位角为已知和通过已知点坐标反算求解两种情况,故编写子菜单程序"已知定向边方位角",读取"支导线数据(已知方位角).txt"文件,数据内容如图 4-14 所示。数据中的第 1 行为数据的说明项,即点名、观测角(以度分秒形式表示),第 2 行至第 4 行分别表示相应的数据;第 5 行为边长名、水平距离数据的说明项,第 6 行至第 8 行分别表示相应的数据;第 9 行为定向边名、坐标方位角数据的说明项,第 10 行表示相应的数据;第 11 行为已知点、坐标(X,Y)数据的说明项,第 12 行表示相应的数据;各数据之间用英文逗号隔开。

同时编写子菜单程序"已知定向边两点坐标",读取"支导线数据(已知坐标).txt"文件,数据内容如图 4-15 所示。该文件的数据说明项与"支导线数据(已知方位角).txt"文件基本相同,不同的是不再直接给出定向边的坐标方位角,而是从第 7 行开始,给出定向边两已知点的坐标。

点名,	观测角
A,	99, 01, 08
P2,	167, 45, 36
P3,	123, 11, 24
边长名,	水平距离
A-P2,	225.853
P2-P3,	139.032
P3-P4,	172.571
定向边名,	坐标方位角
M-A,	237, 59, 30
已知点,	坐标(X, Y)
A,	2507.693, 1215.632

图 4-14 支导线数据(已知方位角)

点名,	观测角
A,	212, 00, 10
P2,	162, 15, 30
边长名,	水平距离
A-P2,	297.26
P2-P3,	187.82
已知点,	坐标(X, Y)
M,	664.20, 213.30
A,	864.22, 413.35

图 4-15 支导线数据(已知坐标)

3.计算结果报告

根据计算步骤设计子菜单程序,如图 4-16 所示。分别对两种不同数据文件进行计算,得到计算结果,输出结果中包含"各边坐标方位角计算结果""各边坐标增量计算结果"及"各待定点坐标计算结果",如图 4-17 所示。

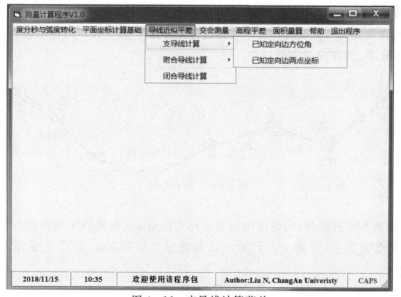

图 4-16 支导线计算菜单

支导线计算结果信息如下：
****
各边坐标方位角计算结果

度	分	秒
157	0	38
144	46	14
87	57	38

****
各边坐标增量计算结果

X增量	Y增量
-207.915036959661	88.2094950391551
-113.568089054595	80.2009112946205
6.14137122679566	172.461687340855

****
各待定点坐标计算结果

X坐标	Y坐标
2299.77796304034	1303.84149503916
2186.20987398574	1384.04240633378
2192.35124521254	1556.50409367463

图 4-17 支导线近似平差计算结果（已知方位角数据）

二、附合导线近似平差

1. 附合导线计算

如图 4-18 所示为一附合导线，A、B 为已知点，P_2、P_3、$\cdots$、P_n 为待定点，$\beta_i(i=1,2,\cdots,n+1)$ 为转折角，S_{ij} 为导线的边长。

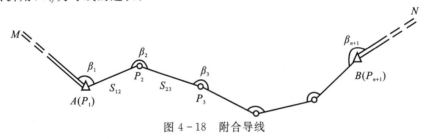

图 4-18 附合导线

由于 B 点观测了连接角，因此可由已知坐标方位角 α_{MA} 推求 BN 的坐标方位角 α'_{BN}，由于各转折角存在观测误差，使得 α'_{BN} 不等于已知坐标方位角 α_{BN}，而产生坐标方位角闭合差 f_β，即

$$f_\beta = \alpha'_{BN} - \alpha_{BN} \tag{4-11}$$

由于各转折角都是按等精度观测的，所以坐标方位角闭合差 f_β 可平均分配到每个角度上，即每个角度应加上改正数 $v_{\beta i}$，β_i 为左角时，其改正数为

$$v_{\beta i} = \frac{-f_\beta}{n+1} \tag{4-12}$$

β_i 为右角时,其改正数为

$$v_{\beta_i} = \frac{f_\beta}{n+1} \qquad (4-13)$$

利用计算的角度改正数对转折角进行改正计算,即

$$\hat{\beta}_i = \beta_i + v_{\beta_i} \qquad (4-14)$$

然后再利用式(4-8)重新计算各导线边的坐标方位角。

与此同时,由于最后一点为已知点 B 且坐标已知,故利用式(4-10)求得的坐标 x'_B 和 y'_B 由于观测角度和边长存在误差,必然与已知的坐标 x_B 和 y_B 不相同,它将产生坐标闭合差 f_x、f_y,即

$$\left.\begin{array}{l} f_x = x'_B - x_B \\ f_y = y'_B - y_B \end{array}\right\} \qquad (4-15)$$

对于坐标闭合差最简便的处理方法为按各导线边的长度成比例地改正它们的坐标增量,其改正数为

$$\left.\begin{array}{l} v_{\Delta x_{ij}} = \dfrac{-f_x}{\sum S} \cdot S_{ij} \\[2mm] v_{\Delta y_{ij}} = \dfrac{-f_y}{\sum S} \cdot S_{ij} \end{array}\right\} \qquad (4-16)$$

改正后的坐标增量为

$$\left.\begin{array}{l} \Delta x_{ij} = \Delta x'_{ij} + v_{\Delta x_{ij}} \\ \Delta y_{ij} = \Delta y'_{ij} + v_{\Delta y_{ij}} \end{array}\right\} \qquad (4-17)$$

求得改正后的坐标增量后,即可按式(4-10)依次推算 P_2、P_3、$\cdots$、$B(P_{n+1})$ 各导线点的坐标,此时 B 点的坐标应等于已知值。

附合导线的精度可用坐标方位角闭合差和导线全长相对闭合差来评定,在图根导线测量中,通常以坐标方位角闭合差不应超过其限值来控制其测角精度。坐标方位角闭合差的限值,一般应为相应等级测角中误差先验值 m_β 的 $2\sqrt{n}$ 倍(n 为观测转折角的个数),即

$$f_{\beta容} = 2m_\beta \sqrt{n} \qquad (4-18)$$

导线全长相对闭合差是评定导线精度的重要指标,它是全长绝对闭合差 f_S 与其导线全长 $\sum S$ 的比值,通常用 k 表示,即

$$k = \frac{1}{\dfrac{\sum S}{f_S}} \qquad (4-19)$$

式中,$f_S = \sqrt{f_x^2 + f_y^2}$。

通过以上可以总结出附合导线的近似平差计算步骤:

(1)根据已知点坐标反算出起始、终止边的坐标方位角(这些方位角也可直接给出)。
(2)求出坐标方位角闭合差并检核。
(3)求出转折角改正数及转折角平差值。
(4)根据方位角的传递公式利用转折角平差值求各导线边的坐标方位角。
(5)根据坐标正算依次求出各导线边的坐标增量。

(6)计算出坐标闭合差并检核。
(7)求出坐标增量改正数及坐标增量平差值。
(8)依次求出导线中各待定点的坐标。
(9)计算导线全长相对闭合差,评定导线的精度。

2.数据读取

考虑起始边、终止边的坐标方位角为已知和通过已知点坐标反算求解两种情况,故编写子菜单程序"已知定向边方位角",读取"附合导线数据(已知方位角).txt"文件,并编写子菜单程序"已知定向边的点坐标",读取"附合导线数据(已知坐标).txt"文件,数据格式与前述支导线的数据格式基本相同,部分数据内容如图4-19所示。

```
点名,           观测角
A,              99, 01, 08
P2,             167, 45, 36
P3,             123, 11, 24
边长名,          水平距离
A-P2,           225.853
P2-P3,          139.032
P3-P4,          172.571
定向边名,        坐标方位角
M-A,            237, 59, 30
已知点,          坐标(X, Y)
A,              2507.693,1215.632
```

图4-19 附合导线数据

3.计算结果报告

根据计算步骤设计子菜单程序,如图4-20所示。读取相应数据得到计算结果,输出结果

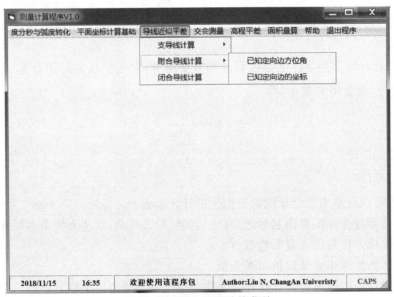

图4-20 附合导线计算菜单

中包含"各边坐标方位角计算结果""各待定点坐标计算结果""各边坐标增量计算结果""坐标方位角闭合差分配结果"及"坐标闭合差分配结果",如图4-21所示。

```
        具有两个连接角的附合导线计算结果信息如下:
****************************************************
              *******各边坐标方位角计算结果*******
         度              分              秒
         157             0               37
         144             46              20
         87              57              51
         97              18              34
         97              17              59
         46              45              30
              *******各待定点坐标计算结果*******
         X坐标                         Y坐标
         2299.81873663841             1303.80482962554
         2186.27493147211             1383.98004490979
         2192.43640767523             1556.41475714672
         2179.72267308888             1655.65624963333
         2166.72                      1757.29
              *******坐标方位角闭合差分配结果*******
                         7
                         7
                         7
                         7
                         7
                         7
              *******坐标闭合差分配结果*******
         X方向                        Y方向
         -207.871263361585            88.1748296255372
         -113.543805166308            80.1752152842489
         6.16147620312792             172.434712236933
         -12.713734586357             99.2414924866091
         -13.0026730888776            101.633750366672
```

图4-21 附合导线计算结果

三、闭合导线近似平差

1. 闭合导线计算

如图4-22所示为闭合导线,闭合导线的计算步骤与调整原理与附合导线相同,也要满足角度闭合和坐标闭合条件。

同样由于角度观测值存在误差,使得多边形内角和的计算值不等于其理论值,而产生角度闭合差,首先进行角度闭合差的计算与调整,即

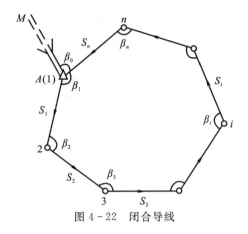

图 4-22 闭合导线

$$f_\beta = [\beta_内]_1^n - (n-2) \times 180° \qquad (4-20)$$

其角度观测值改正数 $v_{\beta i}$ 可按下式计算：

$$v_{\beta i} = \frac{-f_\beta}{n} \qquad (4-21)$$

其次进行坐标闭合差的计算与调整。在计算坐标闭合差时，采用下式计算：

$$\left.\begin{array}{l} f_x = [\Delta x]_1^n \\ f_y = [\Delta y]_1^n \end{array}\right\} \qquad (4-22)$$

式中，Δx_i、Δy_i 分别为各导线边的坐标增量。

坐标闭合差的调整与附合导线一致，最后以此按式(4-17)、式(4-10)计算待定点的坐标。

2. 数据读取

编写子菜单程序"闭合导线计算"，读取"闭合导线数据(已知方位角).txt 文件"，数据格式与前述附合导线的数据格式基本相同，数据内容如图 4-23 所示。

点名,	观测角
1,	108, 27, 18
2,	84, 10, 18
3,	135, 49, 11
4,	90, 07, 01
5,	121, 27, 02
边长名,	距离
1-2,	201.60
2-3,	263.40
3-4,	241.00
4-5,	200.40
5-1,	231.40
定向边名,	坐标方位角
B-1,	335, 24, 00
点号(左侧),	已知点坐标
1,	500.00, 500.00

图 4-23 闭合导线数据

3. 计算结果报告

根据计算步骤设计菜单程序,如图 4-24 所示。读取相应数据得到计算结果,输出结果中包含"各边坐标方位角计算结果""各待定点坐标计算结果""各边坐标增量计算结果""坐标方位角闭合差分配结果""坐标闭合差分配结果",如图 4-25 所示。

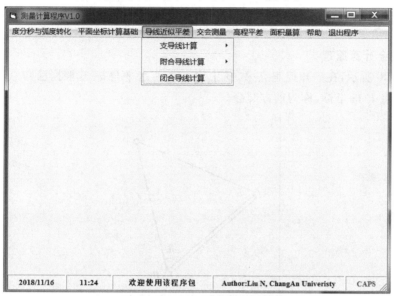

图 4-24 闭合导线计算菜单

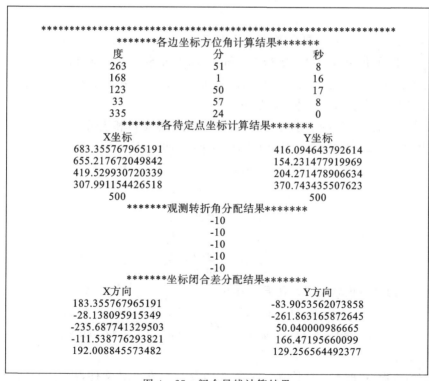

图 4-25 闭合导线计算结果

4.4 交会测量计算

一、前方交会

1. 前方交会计算原理

如图 4-26 所示,在已知控制点 A、B 上设站观测水平角 α、β,根据已知点坐标和观测角值,计算待定点 P 的坐标,称为前方交会。

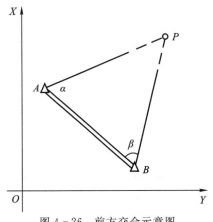

图 4-26 前方交会示意图

要计算交会点 P 的坐标,可根据已知点 A 的坐标 (x_A, y_A) 和 B 的坐标 (x_B, y_B),通过平面直角坐标反算,可获得 AB 边的坐标方位角 α_{AB} 和边长 S_{AB},由坐标方位角 α_{AB} 和观测角 α 可推算出坐标方位角 α_{AP},由正弦定理可得 AP 的边长 S_{AP}。最后根据平面直角坐标正算公式,即可求得待定点 P 的坐标。具体步骤如下:

(1) 利用平面坐标反算模型求解已知边 AB 的坐标方位角和边长。

(2) 利用式(4-23)和式(4-24)推算 AP 或 BP 边的坐标方位角和边长。

$$\begin{cases} \alpha_{AP} = \alpha_{AB} - \alpha \\ \alpha_{BP} = \alpha_{BA} + \beta \end{cases} \tag{4-23}$$

$$\begin{cases} D_{AP} = \dfrac{D_{AB} \sin\beta}{\sin(\alpha + \beta)} \\ D_{BP} = \dfrac{D_{AB} \sin\alpha}{\sin(\alpha + \beta)} \end{cases} \tag{4-24}$$

(3) 利用平面坐标正算模型计算 P 点坐标。

$$\begin{cases} X_P = X_A + D_{AP} \cos\alpha_{AP} \\ Y_P = Y_A + D_{AP} \sin\alpha_{AP} \end{cases} \text{或} \begin{cases} X_P = X_B + D_{BP} \cos\alpha_{BP} \\ Y_P = Y_B + D_{BP} \sin\alpha_{BP} \end{cases} \tag{4-25}$$

2. 数据读取

编写子菜单程序"前方交会计算",读取"前方交会数据.txt"文件,数据内容如图 4-27 所示。数据中的第 1 行为数据的说明项,即点名、观测角值(以度分秒形式表示)和已知点坐标,第 2 行至第 3 行分别表示第一组相应的数据;第 5 行至第 6 行分别表示第二组相应的数据;各组数据之间用英文逗号分别隔开。

```
点名,        观测角值,         已知点坐标
A,          53, 07, 44,      4992.54, 29674.50
B,          56, 06, 07,      5681.04, 29850.00
点名,        观测角值,         已知点坐标
A,          72, 06, 12,      52845.150, 86244.670
B,          69, 01, 00,      52874.730, 85918.350
```

图 4-27　前方交会数据

3.计算结果报告

根据计算步骤设计菜单程序,如图 4-28 所示。读取多组数据得到计算结果,输出结果中包含"组别""X 坐标"和"Y 坐标",如图 4-29 所示。

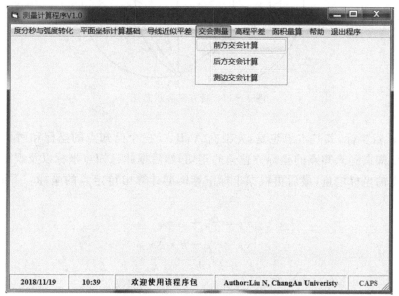

图 4-28　前方交会计算菜单

```
            前方交会计算交会点坐标信息如下:
*****************************************************************
     组别        X坐标              Y坐标
     第1组      5479.12173019595    29282.8780275022
     第2组      52396.7607881085    86053.6357672032
```

图 4-29　前方交会计算结果

二、后方交会

1. 后方交会计算原理

后方交会示意图如图 4-30 所示,在待定点 P 设站,向三个已知控制点观测两个水平夹角 α、β,从而计算待定点的坐标,称为后方交会。图中 A、B、C 为已知控制点,P 为待定点。如果观测了 PA 和 PC 之间的夹角,以及 PB 和 PC 之间的夹角,这样 P 点同时位于△PAC 和△PBC 的两个外接圆上,必定是两个外接圆的两个交点之一。由于 C 点也是两个交点之一,则 P 点便唯一确定。后方交会的前提是待定点 P 不能位于由已知点 A、B、C 所决定的外接圆(称为危险圆)的圆周上,否则 P 点将不能唯一确定。

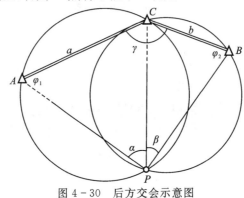

图 4-30 后方交会示意图

要计算 P 点坐标,其基本思想是,先根据 A、B、C 三个已知点的坐标和两个观测角值,计算出某一个已知点到未知点的坐标方位角的正切;然后据此已知点坐标以及观测角值,求出已知点至未知点的坐标增量;最后再根据坐标正算模型计算出待定点的坐标。下面给出相应的计算公式:

$$\begin{cases} x_P = x_B + \Delta x_{BP} \\ y_P = y_B + k \cdot \Delta x_{BP} \end{cases} \quad (4-26)$$

$$\Delta x_{BP} = \frac{k_1 + k \cdot k_2}{1 + k^2} = -\frac{k_3 + k \cdot k_4}{1 + k^2} \quad (4-27)$$

其中

$$\left.\begin{aligned} k_1 &= (x_A - x_B) - (y_A - y_B)\cot\alpha \\ k_2 &= (y_A - y_B) + (x_A - x_B)\cot\alpha \\ k_3 &= (x_B - x_C) + (y_B - y_C)\cot\beta \\ k_4 &= (y_B - y_C) - (x_B - x_C)\cot\beta \\ k &= -(k_1 + k_3)/(k_2 + k_4) \end{aligned}\right\} \quad (4-28)$$

2. 数据读取

编写子菜单程序"后方交会计算",读取"后方交会数据.txt"文件,数据内容如图 4-31 所示。数据中的第 1 行为数据的说明项,即已知点坐标和观测角值(以度分秒形式表示),第 2 行至第 5 行分别表示第一组相应的数据;第 9 行至第 10 行分别表示第二组相应的数据;各组数据之间用英文逗号隔开。

```
          已知点坐标和观测角值(第一组)
     XA, 4374.871,         YA, 6564.140
     XB, 5144.960,         YB, 6083.071
     XC, 4512.970,         YC, 5541.710
     alpha, 118, 58, 18,    beita, 106, 14, 22
          已知点坐标和观测角值(第二组)
     XA, 19802.485,        YA, 8785.893
     XB, 22714.984,        YC, 7575.591
     XC, 20752.058,        YB, 5995.401
     alpha, 122, 59, 06,    beita, 106, 18, 44
```

图 4-31 后方交会数据

3.计算结果报告

根据后方交会计算式编写程序和菜单,如图 4-32 所示。读取多组数据得到计算结果,输出结果中包含"组别""X 坐标"和"Y 坐标",如图 4-33 所示。

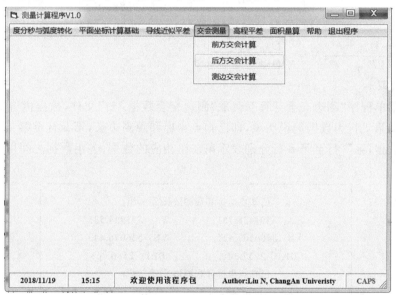

图 4-32 后方交会计算

```
              后方交会计算交会点坐标信息如下:
***********************************************************
     组别         X坐标              Y坐标
     第1组       4657.73613417061   6074.28865511427
     第2组       20982.2689480413   7369.03067176195
```

图 4-33 后方交会计算结果

三、测边交会

1.测边交会计算原理

如图 4-34 所示，A、B 为已知点，P 为待定点，a、b 分别为边长 AP、BP 的观测值。

图 4-34 测边交会示意图

在 $\triangle ABP$ 中，可由已知点 A、B 反算 AB 边的边长，再由三边计算待定点 P 的坐标，下面直接给出相应的计算式。

$$x_P = x_A + M(x_B - x_A) + N(y_B - y_A)$$
$$y_P = y_A + M(y_B - y_A) - N(x_B - x_A) \quad (4-29)$$

式中，$M = \dfrac{a^2 + D_{AB}^2 - b^2}{2D_{AB}^2}$；$N = \sqrt{\dfrac{D_{AP}^2}{D_{AB}^2} - M^2}$。

2.数据读取

编写子菜单程序"测边交会计算"，读取"测边交会数据.txt"文件，数据内容如图 4-35 所示。数据中的第 1 行为数据的说明项，即已知点坐标和观测边长，第 2 行至第 4 行分别表示第一组相应的数据；第 6 行至第 8 行分别表示第二组相应的数据；各组数据之间用英文逗号分别隔开。

已知点坐标和观测边长(第一组)	
XA, 3401438.751,	YA, 533934.583
XB, 3400367.421,	YB, 536076.443
DAP, 2957.301,	DBP, 2586.863
已知点坐标和观测边长(第二组)	
XA, 1630.744,	YA, 834.562
XB, 1278.331,	YB, 1408.885
DAP, 360.080,	DBP, 518.624

图 4-35 测边交会数据

3.计算结果报告

根据测边交会计算式编写程序和菜单，如图 4-36 所示。读取多组数据得到计算结果，输出结果中包含"组别""X 坐标"和"Y 坐标"，如图 4-37 所示。

第 4 章　数字地形测量数据处理程序设计

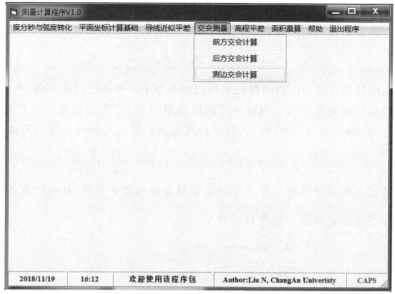

图 4-36　测边交会计算

```
           测边交会计算交会点坐标信息如下：
************************************************************
    组别           X坐标              Y坐标
    第1组        3402920.3672461    536493.966227242
    第2组        1742.20590460547   1176.95629057991
```

图 4-37　测边交会计算结果

4.5　高程平差计算

一、附合水准路线平差

1. 单一附合水准路线平差原理

如图 4-38 所示为一附合水准路线。A、B 为高程已知的水准点，点 $1,2,3,\cdots,n-1$ 为待定高程的水准点，经观测和概算后的各测段高差为 $h_i(i=1,2,3,\cdots,n)$。平差计算步骤如下。

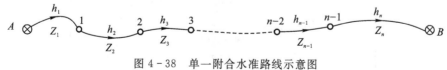

图 4-38　单一附合水准路线示意图

(1) 计算高差闭合差。由于存在测量误差，观测高差之和不等于 A、B 两点间的高差，其差值称为路线的高程闭合差 f_h，即

$$f_h = H_A + h_1 + h_2 + h_3 + \cdots + h_n - H_B = [h] - (H_B - H_A) \quad (4-30)$$

（2）定权。根据水准测量的定权公式,可知各测段观测高差之权为

$$P_i = \frac{C}{L_i} \quad \text{或} \quad P_i = \frac{C}{n_i} \quad (4-31)$$

式中,C 为定权的任意常数;L_i 为测段的水准路线长度;n_i 为测段的测站数。

（3）计算各测段高差改正数。由最小二乘原理可导出:各测段高差改正数的大小,应与其权倒数成正比。再结合式(4-30)可知,各测段高差改正数应与路线长度或测站数成正比,即

$$v_i = -\frac{f_h}{[L]} \cdot L_i \quad \text{或} \quad v_i = -\frac{f_h}{[n]} \cdot n_i \quad (4-32)$$

（4）计算待定点最或然高程。求出各测段观测高差的改正数后,即可计算各测段观测高差的平差值 $\bar{h}_i$ 和各待定点高程平差值 H_i,即

$$\left.\begin{array}{l} \bar{h}_i = h_i + v_i \\ H_i = H_A + \bar{h}_1 + \bar{h}_2 + \cdots + \bar{h}_i \end{array}\right\} \quad (4-33)$$

（5）精度评定。单位权中误差为

$$\mu = \sqrt{\frac{[Pvv]}{N-t}} \quad (4-34)$$

式中,N 为测段数;t 为待定水准点的个数。

任一点高程中误差为

$$m_i = \pm \frac{\mu}{\sqrt{P_i}} \quad (4-35)$$

式中,$P_i = \dfrac{C}{[L]_1^i} + \dfrac{C}{[L]_{i+1}^n}$。

2. 数据读取

考虑单一附合水准路线观测时的两种情况:①按测段的水准路线长度;②按测段的测站数;故编写子菜单程序"按测段的水准路线长度计算",读取"单一附合水准路线数据(按测段的水准路线长度).txt"文件,数据内容如图4-39所示。数据中的第1行为数据的说明项,即测段、观测高差和距离,第2行至第5行分别表示相应的数据;第6行为已知点高程的说明项,第7行至第8行分别表示相应的数据,各组数据之间用英文逗号分别隔开。

测段,	观测高差,	测站数
A-1,	1.575,	1.0
1-2,	2.036,	1.2
2-3,	-1.742,	1.4
3-B,	1.446,	2.2
已知点高程		
A,	65.376	
B,	68.623	

图4-39 按测段的水准路线长度观测的附合水准路线数据

同时编写子菜单程序"按测段的测站数计算",读取"单一附合水准路线数据(按测段的测站数).txt"文件,数据内容如图4-40所示。数据格式与图4-39的数据格式类似,仅数据说明项由原来的"距离"变成了"测站数"。

```
测段,          观测高差,      测站数
A-1,           1.575,         8
1-2,           2.036,         12
2-3,           -1.742,        14
3-B,           1.446,         16
             已知点高程
A,    65.376
B,    68.623
```

图4-40 按测段的测站数观测的附合水准路线数据

3.计算结果报告

根据单一附合水准路线的平差计算步骤编写程序和菜单,如图4-41所示。读取相应数据得到计算结果,输出结果中包含"各待定点高程最或然值""单位权中误差"和"各待定点高程中误差",如图4-42所示。

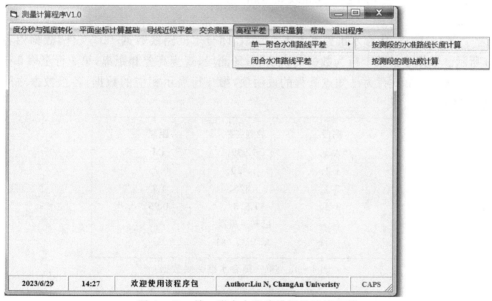

图4-41 单一附合水准路线平差计算菜单

二、闭合水准路线平差

1.单一闭合水准路线平差原理

单一闭合水准路线可以看作首尾相连的附合水准路线。因此,闭合水准路线的平差计算与附合水准路线相同,只是高差闭合差的计算公式略有不同。在式(4-30)中,若$H_A = H_B$,则可得到闭合水准路线的高差闭合差计算式:

```
           单一附合水准路线平差计算信息如下：
     ************************************************
                      各待定点高程最或然值
              1                66.939275862069
              2                68.9612068965517
              3                67.2027931034483
              4                68.623
     ************************************************
                      精度评定信息如下
         单位权中误差：        2.82354631502707E-02
                      各待定点高程中误差
              1                2.56862992485173E-02
              2                3.29946487932396E-02
              3                3.29946487932396E-02
```

图 4-42 单一附合水准路线的平差结果

$$f_h = h_1 + h_2 + \cdots + h_n = [h] \tag{4-36}$$

其他计算步骤与单一附合水准路线完全相同。

2. 数据读取

编写子菜单程序"闭合水准路线平差"，读取"闭合水准路线数据.txt"文件，数据内容如图 4-43 所示。数据中的第 1 行为数据的说明项，即测段、观测高差和距离，第 2 行至第 5 行分别表示相应的数据；第 6 行为已知点高程的说明项，第 7 行表示相应的数据，各组数据之间用英文逗号","隔开。

```
        测段,       观测高差,     距离
        A-1,       -1.999,      1.1
        1-2,       -1.420,      0.75
        2-3,        1.825,      1.2
        3-A,        1.638,      0.95
                  已知点高程
              A,    37.141
```

图 4-43 单一闭合水准路线数据

3. 计算结果报告

根据单一闭合水准路线的平差原理编写程序和菜单，如图 4-44 所示。读取相应数据得到计算结果，输出结果中包含"各待定点高程最或然值""单位权中误差"和"各待定点高程中误差"，如图 4-45 所示。

第4章 数字地形测量数据处理程序设计

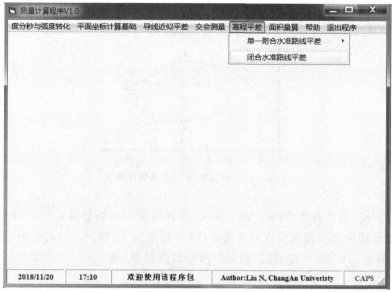

图4-45 单一闭合水准路线平差计算菜单

图4-45 单一闭合水准路线计算结果

4.6 多边形面积计算

一、坐标法面积量算

对于折线多边形的图斑，可用坐标格网内插出多边形各顶点之间平面直角坐标，然后再按这些坐标值来计算图斑的面积，称为坐标法。

如图 4-46 所示，设 $ABC\cdots N$ 为任意多边形，$ABC\cdots N$ 按顺时针方向排列，在测量坐标系中，其顶点坐标分别为 $(x_1,y_1),(x_2,y_2),\cdots,(x_n,y_n)$。

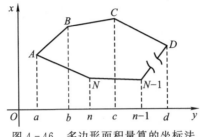

图 4-46　多边形面积量算的坐标法

由图可以看出，若从各角点向 y 轴作垂线，则将构成一系列的梯形（如 $ABba$、$aANn$、$\cdots$）其上底和下底分别为过相邻两角点的两条垂线（其长度为 x_i 和 x_{i+1}），其高为后一点与前一点的 y 坐标差，即 $y_{i+1}-y_i$，于是可知，第 i 个梯形的面积 P_i 为

$$P_i=\frac{1}{2}(x_{i+1}+x_i)(y_{i+1}-y_i) \qquad (4-37)$$

按上式计算各梯形面积时，当 i 号点位于 $i+1$ 号点之左方时，其面积值为正；相反时，则为负。故 n 边形的面积 P 为

$$P=\frac{1}{2}(x_1+x_2)(y_2-y_1)+\frac{1}{2}(x_2+x_3)(y_3-y_2)+\frac{1}{2}(x_3+x_4)(y_4-y_3)+\cdots+$$
$$\frac{1}{2}(x_n+x_1)(y_1-y_n) \qquad (4-38)$$

化简得

$$P=\frac{1}{2}\sum_{i=1}^{n}(x_i+x_{i+1})(y_{i+1}-y_i) \text{ 或 } P=\frac{1}{2}\sum_{i=1}^{n}(x_iy_{i+1}-x_{i+1}y_i) \qquad (4-39)$$

式中，n 为多边形顶点个数，$x_{n+1}=x_1$，$y_{n+1}=y_1$。

二、数据读取

根据坐标法面积计算式编写程序，读取"面积量算数据.txt"文件，数据内容如图 4-47 所示。数据中的第 1 行为数据的说明项，即点号、坐标值(X,Y)，第 2 行至第 6 行分别表示相应的数据；各组数据之间用英文逗号","隔开。

点号,	坐标值(X,Y)
A,	380.093, 51.529
B,	712.366, 94.930
C,	827.939, 430.559
D,	628.575, 702.535
E,	336.753, 633.090

图 4-47　面积量算数据

三、计算结果报告

如图4-48所示为面积量算的计算菜单。读取相应数据得到计算结果,输出结果为多边形面积,如图4-49所示。

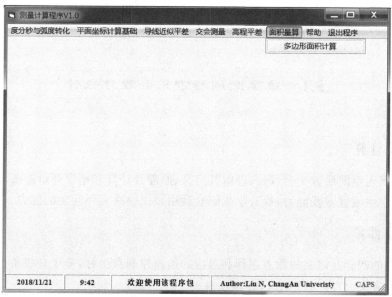

图4-48 面积量算菜单

多边形面积计算结果为：349937.6720175

图4-49 多边形面积计算结果

主程序代码

第 5 章   数字摄影测量编程实验

5.1   单像空间后方交会程序设计

一、实验目的

(1)编程实现空间后方交会,深入理解其定义、原理及计算和精度评价方法。
(2)增强学生编程实践能力,提升学生综合运用知识解决实际问题的能力。

二、实验内容

根据提供的四套及以上的像点坐标和对应的地面控制点坐标,基于共线条件方程,编程实现单像空间后方交会,具体内容如下:
(1)输出像片的外方位元素。
(2)像片的外方位元素精度评定并输出结果。

三、仪器设备

安装有 Visual Studio、Python 等开发环境的计算机。

四、实验方法及步骤

(1)读取已知数据:像片的内方位元素,像点坐标和其对应的物方坐标。
(2)确定像片的外方位元素这六个未知数的初始值。
(3)计算旋转矩阵 R:利用外方位元素角元素的近似值计算方向余弦,并组成旋转矩阵 R。
(4)逐点计算像点坐标的近似值:利用未知数的近似值,按共线条件方程计算像控点坐标的近似值。
(5)逐点计算误差方程式的系数和常数项,组成误差方程式。
(6)计算法方程的系数阵 A^TA 和常数阵 A^TL,组成法方程。
(7)解求外方位元素:根据法方程,解求外方位元素的改正数,并与相应的近似值求和,得到外方位元素新的近似值。
(8)检查计算是否收敛。将所求得的外方位元素改正数与规定的限差比较,当满足收敛条件时,迭代结束。否则用新的近似值重新迭代。
(9)输出像片的外方位元素,并评定精度。

五、实验结果处理

(1)输出像片的 6 个外方位元素值。
(2)列出 6 个外方位元素值的精度评价结果(用中误差表示)。

六、实验注意事项

(1)要求绘制单像空间后方交会的程序设计流程框图。
(2)采用 Visual Studio 或者 Python 语言实现,并将其封装为函数。
(3)独立撰写实验报告。

七、预习与思考题

(1)回顾 C++语言相关知识,预习 Visual Studio 开发环境。
(2)思考影响外方位元素解算精度的因素有哪些。

5.2 数字影像匹配程序设计

一、实验目的

(1)编程实现 SIFT 特征点检测及特征匹配的算法,深入理解立体像对特征匹配中特征检测、同名特征点获取的原理和方法。
(2)编程实现 RANSAC 算法剔除错误匹配点的算法功能,深入理解特征匹配过程中错误匹配点剔除的原理和方法。
(3)增强学生编程实践能力,提升学生综合运用知识解决实际工程问题中子问题的能力。

二、实验内容

(1)输出 SIFT 特征提取结果,并在图像上标记出特征点位置。
(2)输出特征点匹配结果,并在左右图像上标记出特征点对应关系。
(3)输出 RANSAC 错误匹配点剔除后的结果。

三、仪器设备

安装有 Visual Studio 开发环境及 OpenCV 库的计算机。

四、实验方法及步骤

1.读取已知数据
读取左右影像,并设置相关参数。
2.SIFT 特征检测
(1)分别对左右图像进行 SIFT 特征点检测。
(2)画出每个关键点位。

(3)输出每个特征点的描述子,提取特征点的特征向量(128 维)。

3. SIFT 特征匹配

(1)匹配特征点,主要计算两个特征点特征向量的欧式距离。对左、右图像上的每个特征点采用暴力匹配方式进行匹配,并存储匹配的对应点的索引和距离(指两个特征向量间的欧式距离以表明两个特征的差异),值越小表明两个特征点越接近,计算匹配结果中距离的最大和最小值。

(2)距离小于某个阈值则认为是匹配点,否则不是匹配点。根据匹配结果中距离值与最大距离值的比值大小超过一定的阈值这一准则,筛选出较好的匹配点,并画出匹配结果(红色连接的是匹配的特征点对,绿色是未匹配的特征点)。

4. RANSAC 消除误匹配特征点

对 SIFT 匹配的特征点对,再使用 RANSAC 算法删除错误匹配点对。具体过程如下:
(1)将特征点对齐,将坐标转换为 float 类型。
(2)计算基础矩阵 F,输出各点对的状态值(0 为错误匹配点对,1 为正确匹配点对)。
(3)根据各点对的状态值,将误匹配的点删除。
(4)输出并在左、右图像上显示消除误匹配点后的特征点对。

五、实验结果处理

(1)提交左右图像中 SIFT 检测的特征点坐标并在图像上标记出特征点的位置。
(2)提交立体像对中 SIFT 特征匹配点对坐标并在图像上表示其对应关系。
(3)提交剔除错误匹配点对后的匹配点对坐标。

六、实验注意事项

(1)要求绘制 SIFT 特征点检测、特征匹配及 RANSAC 错误匹配点剔除的程序设计流程框图。
(2)采用 Visual Studio 或者 Python 语言实现,并将其封装为函数。
(3)独立撰写实验报告,不得抄袭他人成果。

七、预习与思考题

(1)预习 Visual Studio 或者 Python 编程语言及开发环境。
(2)思考影响 SIFT 特征检测、特征匹配点对质量的因素有哪些。

5.3 立体像对相对定向程序设计

一、实验目的

(1)编程实现连续像对相对定向,深入理解其定义、原理及计算和精度评价方法。
(2)理解相对定向在摄影测量定位定向中的重要作用。
(3)学会分析影响相对方位元素解算精度的因素。

(4)增强学生编程实践能力,提升学生综合运用知识解决实际问题的能力。

二、实验内容

根据提供的同名像点坐标,基于共面条件方程,编程实现连续像对相对定向,具体内容如下:
(1)输出相对定向方位元素。
(2)评定输出结果精度。
(3)计算立体模型点坐标。

三、仪器设备

安装有 Visual Studio 或者 Python 语言开发环境的计算机。

四、实验方法及步骤

(1)读取像片的内方位元素等已知数据。
(2)量测并输入左右像片的同名像点坐标(x_1,y_1),(x_2,y_2)。
(3)确定未知数的初始值 $\varphi_2=0$、$\omega_2=0$、$\kappa_2=0$、$\tau=0$、$\nu=0$。
(4)计算左片、右片的方向余弦,分别组成旋转矩阵 $\boldsymbol{R}_1$ 和 $\boldsymbol{R}_2$。
(5)计算左右同名像点的像空间辅助坐标(X_1,Y_1,Z_1)、(X_2,Y_2,Z_2)。
(6)计算基线分量 B_x、B_y、B_z,以及各像点的左右投影系数和上下视差 N_1、N_2。
(7)逐一计算每个定向点的误差方程式的系数及常数项,法化,形成法方程。
(8)解法方程,求第 i 次迭代中各定向元素的改正数($\mathrm{d}\varphi_2^i$, $\mathrm{d}\omega_2^i$, $\mathrm{d}\kappa_2^i$, $\mathrm{d}\tau^i$, $\mathrm{d}\nu^i$),并求未知数的新值(φ_2^i, ω_2^i, κ_2^i, τ^i, ν^i);

$$\begin{bmatrix}\varphi^i\\\omega^i\\\kappa^i\\\tau^i\\\nu^i\end{bmatrix}=\begin{bmatrix}\varphi^{i-1}\\\omega^{i-1}\\\kappa^{i-1}\\\tau^{i-1}\\\nu^{i-1}\end{bmatrix}+\begin{bmatrix}\mathrm{d}\varphi^i\\\mathrm{d}\omega^i\\\mathrm{d}\kappa^i\\\mathrm{d}\tau^i\\\mathrm{d}\nu^i\end{bmatrix}$$

(9)检查计算是否收敛。将所求得的相对定向元素与规定的限差比较,当满足收敛条件时,迭代结束。否则用新值重新迭代。
(10)输出最终的相对定向元素值,并评定精度。
(11)利用前方交会法计算各点在像空间辅助坐标系中的模型点坐标。

五、实验结果处理

(1)输出一个立体像对五个相对方位元素值。
(2)输出相对方位元素的精度评价(用中误差表示)。
(3)输出 3 个以上立体模型点坐标。

六、实验注意事项

(1)要求绘制连续像对相对定向程序设计流程框图。

(2)采用 Visual Studio 或者 Python 语言实现,并将其封装为函数。
(3)独立撰写实验报告,不得抄袭他人成果。

七、预习与思考题

(1)预习 Visual Studio 或者 Python 编程语言及开发环境。
(2)思考影响相对方位元素解算精度的因素有哪些。

第6章 三维激光扫描测量实验

6.1 三维激光点云配准实验

一、实验目的与要求

(1)理解迭代最邻近点(ICP)等常见的三维激光点云数据配准算法原理。

(2)掌握 CloudCompare 等常用的点云数据处理软件中点云配准实验操作,以 2~3 人一组利用 CloudCompare 完成不同视角点云数据的配准。

(3)掌握点云配准质量评价方法。

(4)完成实验后,每人提交一份实验报告(包括配准后点云成果及质量分析报告等)。

二、实验准备

(1)在实验前每位同学认真阅读实验有关资料。

(2)每组一套三维激光点云数据,包括待配准的两组三维激光点云数据。

(3)每组一套 CloudCompare 点云数据处理软件。

三、实验内容及步骤

点云配准是指输入不同视角获取的具有重叠区域的两组点云数据(一组作为参考点云,另一组作为待配准点云),输出一个变换矩阵 T 使得变换后的待配准点云和参考点云的重合程度尽可能高。常用的有 NDT(normal distribution transform)、ICP(iterative closest point)算法及其各种变体。下面以 ICP 算法为例,开展点云配准实验。其算法流程通常包括:粗配准和精配准两部分。

下面以 64 位 Windows 操作系统下的 CloudCompare2.12 软件为例,以无人机载 LiDAR 设备采集的相邻两条航带的点云数据配准作为实验数据,阐述 ICP 点云配准实验内容及步骤。

1.打开软件

运行 CloudCompare(后面简称为 CC)软件,输入待配准的两组三维激光点云数据,并分别用红色、绿色显示,如图 6-1 所示。

2.点云粗配准

ICP 算法依赖于好的初始值,因此,需要先进行点云粗配准,可使用 Tools→Registration→Align 工具进行粗配准。

(1)选择一组点云数据为参考(红色),另一组为待配准数据(绿色),如图 6-2 所示。

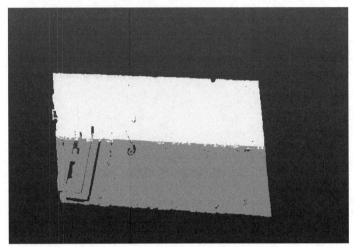

图 6-1 不同颜色表示的两组点云数据

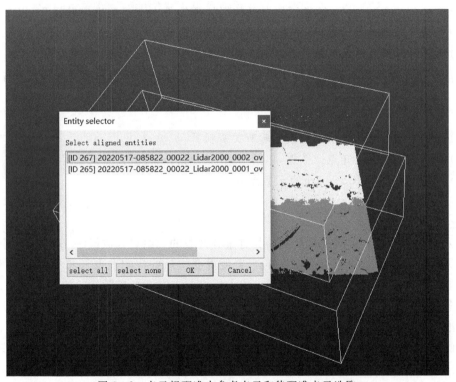

图 6-2 点云粗配准中参考点云和待配准点云选取

(2)在两组点云数据上选择至少 3 对特征点对。使用 Tools→Registration→Align(point pairs picking)工具手动选取一一对应的特征点对。特征点的添加直接用鼠标进行点击即可,如图 6-3 所示。

(3)选择了至少 3 对或更多对同名特征点对,单击 align 按钮,单击对号(√),即可显示配准后点云,输出变换矩阵以及误差分析报告,如图 6-4、图 6-5、图 6-6、图 6-7 所示。

第6章 三维激光扫描测量实验

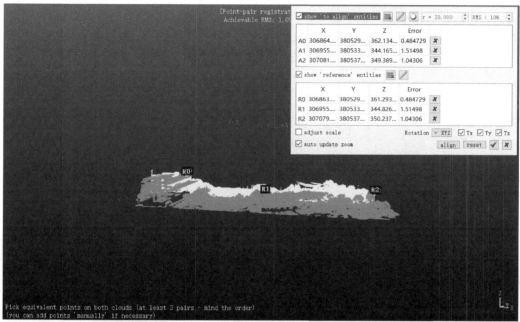

图6-3 点云粗配准中特征点对的选取

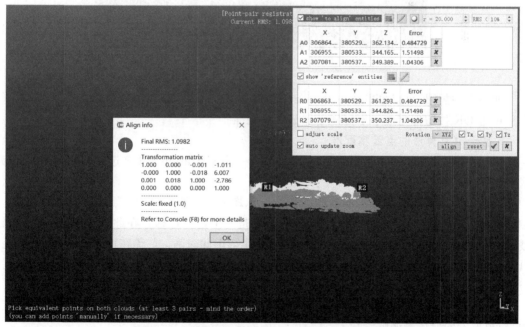

图6-4 点云粗配准后变换矩阵输出及误差分析

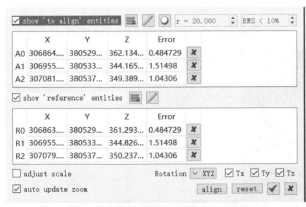
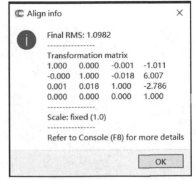

图 6-5 点云变换后特征点上误差　　　　图 6-6 点云粗配准后输出的变换矩阵信息

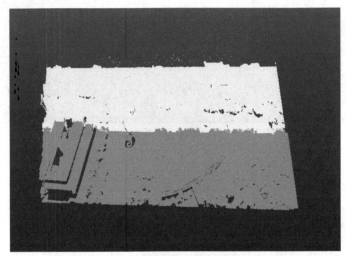

图 6-7 粗配准后的两组点云

如果误差超限,可以单击旁边的 reset(重置)按钮。

单击 OK 按钮即完成了不同视角点云的粗配准。

3. 基于 ICP 算法的点云精配准

(1)加载粗配准后的点云数据,并选择 Tools→Registration→ICP 选项,选择 ICP 配准方式,如图 6-8 所示。

按自己的需求设置主要配准参数,如图 6-9、图 6-10 所示。

Number of iterations/RMS difference:ICP 是一个迭代过程。在此过程中,配准误差(缓慢)减少。我们可以告诉 CC 在最大迭代次数后停止此过程,或者在两次迭代之间的误差(RMS)低于给定阈值时停止此过程。该阈值越小,收敛所需的时间越长,但结果应该越精细(注意:由于 CC 使用 32 位浮点值,$1e^{-8}$ 阈值已经接近计算精度极限,因此不必再降低)。

Final overlap:设置待配准点云之间的重叠度。本实验中设置重叠度为 10%,在实际应用中,应根据不同的场景调整参数。

Adjust scale:如果待配准的两个点云尺寸不一致,可通过该功能调整两个点集之间的比例因子。

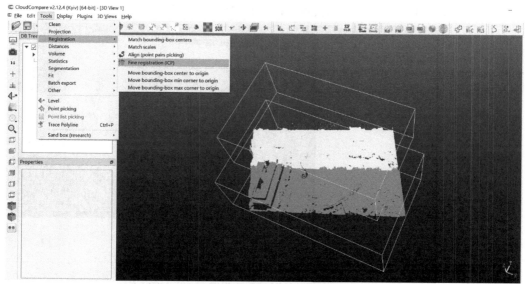

图 6-8　ICP 精配准功能菜单

图 6-9　ICP 精配准参数设置

图 6-10　ICP 精配准更多参数设置

其他更多参数设置如图 6-10 所示。

Random sampling limit：为了大幅度提高计算速度，CC 在每次迭代时对点云数据进行随机子采样。此参数是子采样点的最大数量，根据点云数据量大小来设置该值，默认值设为 50000。

Rotation：增加指定轴（X、Y 或 Z）旋转约束。

Translation：增加平移方向的约束。

Enable farthest point removal：剔除距离较远的点，对于噪声点有一定的抑制性。

Use displayed model/data scalar field as weights：此选项应允许用户使用标量值作为权重（主要用于点云与模型的配准，不建议用于两个点云的配准）。

(2)单击 OK 按钮即可完成点云配准,并生成变换矩阵及精度报告,如图 6-11 所示。

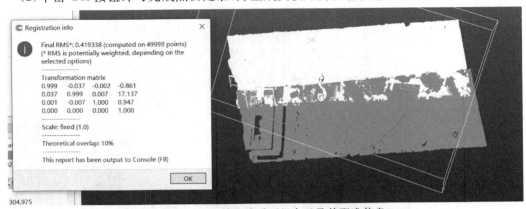

图 6-11　ICP 精配准后两组点云及其配准信息

4. 配准后点云后处理

(1)点云合并。对于不同视角、不同测站扫描采集的点云,配准之后往往需要将不同视角的点云合并为一个整体,选择 Edit→Merge 选项即可将两组点云合并,如图 6-12 所示。

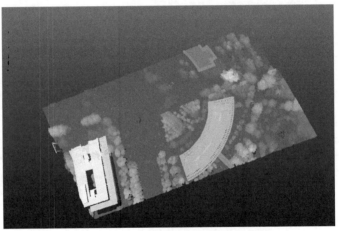

图 6-12　点云合并后的两组点云

(2)去除重叠点。由于配准后的点云具有重叠区域,重叠区域的点云密度会比较大,也可能由于配准误差的存在导致融合后的点云存在重影现象,影响三维建模的效果。需要去除重叠的点,或进行等密度抽稀。选择 Tools→Other→Remove dumplicate points 选项,在弹出的窗口选择滤掉的力度参数,去重叠后的点云如图 6-13 所示。

5. 配准结果输出及精度评定

点云配准精度常用的指标有均方根误差 RMSE 和重叠度。其中均方根误差计算如式(6-1),其值越小表示配准精度越高。重叠度即计算最近邻点对占所有点的比例,重叠度越大表示配准效果越好。

手动选取的精确选取一定数量的同名点对,该软件会自动计算出对应点之间的距离,进而,利用计算这些点的均方根误差值(RMSE),进行配准精度的评定。

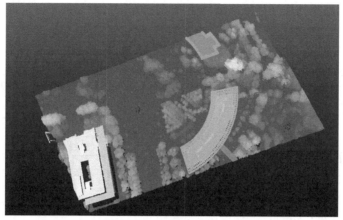

图 6-13　去重叠后的点云

$$\text{RMSE} = \frac{1}{N}\sqrt{D_i^2} \tag{6-1}$$

式中，D_i 表示第 i 对同名点的距离；N 表示同名点对总数。它反映了配准后的点云的配准精度。

最后，选择 File→Save 选项，即可保存后处理的配准后点云数据。

6.2　无人机激光点云数据处理实验

一、实验目的与要求

(1) 理解无人机三维激光点云数据处理的内容及原理和方法。
(2) 熟悉常用的无人机三维激光点云数据处理的软件。
(3) 以 2～3 人为实验小组，小组每人独立对采集的无人机三维激光点云数据进行处理。
(4) 完成实验后，提交数字高程模型 DEM，并撰写实验报告。

二、实验准备

(1) 外业数据采集的数据。
(2) Inertial Explorer 点云轨迹解算软件，以及无人机管家、CloudCompare 等三维激光点云数据处理软件。
(3) 阅读相关实验资料。

三、实验内容及步骤

下面以飞马 D2000 飞行平台上搭载四旋翼 D-LiDAR2000 激光雷达扫描设备配套的无人机管家为例开展无人机激光点云数据处理实验，主要内容如下：原始点云数据预处理，生成标准格式的点云数据；点云数据处理，包括云噪、滤波及分类；数字高程模型 DEM 构建及精度检查。各项内容的具体步骤如下。

1.原始点云数据预处理及标准点云的生成

可利用 Inertial Explorer 点云轨迹解算软件或无人机管家软件进行原始点云数据预处理,进行 GNSS 与 IMU 数据的紧耦合差分解算、生成飞行轨迹文件、生成标准点云数据,预处理流程如图 6-14 所示。

1)无人机飞行航迹解算

(1)数据准备。飞行完毕后,D-LiDAR2000 激光雷达扫描设备可以下载原始数据,包含如下数据文件:

- 飞行日志文件(.bin);
- 机载 pos 数据文件(.fpos);
- 云台数据文件(.gim);
- RTK 轨迹文件(.gsof);
- 高精度惯性导航数据文件(.imr);
- 机载 GNSS 观测数据(.compb);
- 基站 GNSS 观测数据(.compb;.GNS);
- LiDAR 原始点云数据(.lvx);
- 激光载荷检校文件(.xml)。

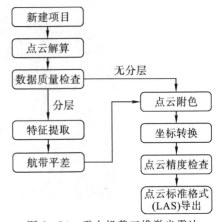

图 6-14　无人机载三维激光雷达数据预处理流程

(2)IE POS 轨迹解算。

①启动 Inertial Explorer 软件,选择 File→New Project→Empty Project 选项,开始新建工程。

②数据格式转换。如图 6-15 所示,选择 File→Convert→Raw GNSS to GPB 选项,单击 Get Folder,找到在 Inertial Explorer 文件夹下存放的"基站.o 文件"和"机载.o 文件",选择文件,单击 Add 按钮,两个文件就会添加到右侧的列表中,单击 Convert 按钮,将数据".o 文件"转换为 GPB 格式。

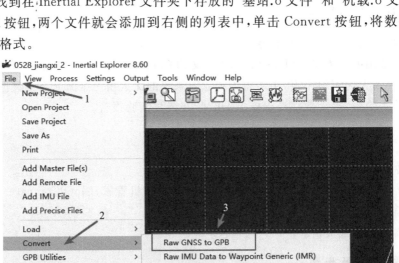

图 6-15　原始 GNSS 数据格式转换界面

转换后的基站 GNSS 数据文件设置:选择 File→Add Master File(s)选项,添加转换成 GPB 格式的基站 GNSS 数据文件、机载 GNSS 数据文件及 IMU 数据文件,如图 6-16 所示。

第 6 章 三维激光扫描测量实验

选择 File→Add Master File(s)选项,选择转换后的 GNSS 基站文件,弹出对话框,可查看点号、基站坐标,天线高等 GNSS 基站信息(见图 6-17),检查无误后单击"确定"按钮(注:若为 CORS 采集的已知点,则天线高设为 0;若采用地面控制点,请输入基站坐标和天线高)。

选择 File→Add Remote File 选项后,选择转换后的机载 GNSS 文件,弹出对话框,可查看测量天线高(见图 6-18),检查无误后单击"确定"按钮。

图 6-16 添加待转换的数据文件操作界面

图 6-17 GNSS 基站数据界面

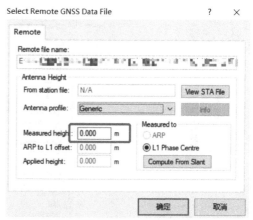

图 6-18 机载 GNSS 数据界面

(3)GNSS 与 IMU 数据的紧耦合差分解算。在主界面,选择 Process→Process Tightly Coupled 选项,进行紧耦合解算功能。进而,进行 Process Tightly Coupled 参数设置(见图 6-19),在 Processing Settings 列表框中的 Profile 下拉列表中,选择 SPAN Airborne(STIM300)选项,并直接输入 Lever Arm Offset 参数,保存上述参数设置,单击 Process 按钮进行解算,若没有错误信息,可继续单击 Continue 按钮进行解算。至此,利用 Inertial Explorer 软件完成了差分 POS 数据的解算。

(4)质量检查及轨迹文件生成。在软件主界面选择 Output→Plot Result 选项,以图表形式查看各种结果,需要注意的是,要选择 Select Plot 标签下的 Estimated Position Accuracy 和 Estimated Attitude Accuracy 功能菜单来检查生成的 POS 数据的质量,如图 6-20 所示。本实验中要求当位置精度值小于 0.02,姿态精度值小于 3 时满足精度。更多的质量检查要求请参考《机载激光雷达数据获取技术规范》(CH/T 8024—2011)。

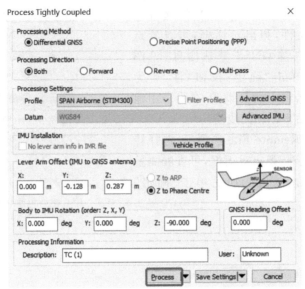

图 6-19　GNSS 与 IMU 数据的紧耦合差分解算参数设置界面

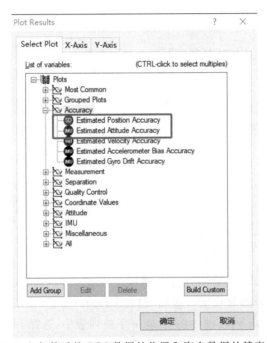

图 6-20　解算后的 POS 数据的位置和姿态数据的精度检查

若精度满足要求,则选择 File→Output-Export to SBET 选项导出解算结果,至此,可输出无人机飞行轨迹文件。

2)点云坐标解算及标准点云生成

可利用飞马无人机管家中的智激光模块,用上一步解算好的轨迹文件(即 POS 数据)对航飞获取的激光数据进行点云坐标的解算,生成标准的 las 格式的点云数据,其流程及步骤如下。

(1)新建工程。用已有账号登录无人机管家(需接入 Internet 网),单击"智激光"模块中的

"新建项目"项,输入"工程名称、工程路径、激光系统",已知激光系统可直接进行选择,未知激光系统选择新建,单击"云端下载"按钮,输入设备ID号直接下载激光校正文件,其操作界面如图6-21所示。

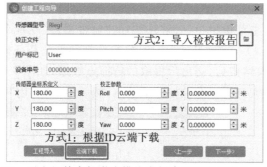

图6-21　无人机管家智激光模块中创建工程中的参数设置界面

单击"下一步"按钮,添加"激光数据"和"轨迹数据",如图6-22所示。

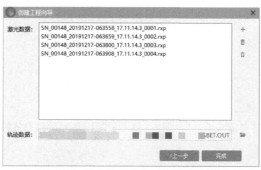

图6-22　无人机管家智激光模块中创建工程中的输入文件设置界面

(2)标准点云坐标解算。新建工程后,单击主菜单"点云解算"中的"点云解算"功能,标签选择合适的视场角度,单击"开始"按钮,开始点云坐标解算。

(3)数据质量检查。单击主菜单"系统工具"中的"质量检查"功能标签,生成检查报告,并查看生成后质量报告误差是否符合精度要求。具体方法如下。

单击主界面的"剖面"按钮,在主视图的两条航带重叠区域做一个剖面,观察剖面视图,如图6-23所示,检查是否存在明显的分层情况。

图6-23　标准点云坐标解算结果质量检查

如果无分层情况表明生成的标准点云质量合格,如果有分层情况,则需要开展后续的"特征提取"与"航带平差"工作。

(4)特征提取。单击主菜单栏"点云解算"中的"特征提取"功能菜单,按照默认参数,单击"开始"按钮。

(5)航带平差。单击主菜单栏"点云解算"中的"航带平差"功能菜单,单击"计算"按钮,并进行参数设置(见图 6-24),单击"开始"按钮,执行航带网平差特征提取过程。

航带网平差特征提取结束后,会显示提取的特征点数据,如图 6-25 所示。分析各特征点的偏差值,删除偏差值较大且无连续性偏差值的点,然后单击"应用"按钮。

图 6-24 航带网平差特征提取参数设置界面

图 6-25 航带网平差后提取的特征点数据显示界面

(6)坐标转换。单击主菜单栏"点云解算"中的"投影管理"功能菜单,从数据库中"添加"源坐标系与目标坐标系到常用投影列表中,如图 6-26 所示。

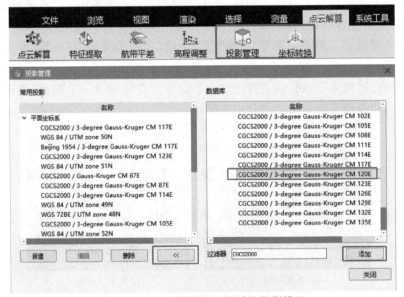

图 6-26 点云数据的坐标系及投影设置

(7) 点云精度检查。单击"点云解算"→"坐标转换"项,单击"新建"进行测区的坐标转换参数配置,然后单击确定。

(8) 点云标准格式(LAS)导出。单击"文件"→"导出数据"项,设置文件类型、点云格式及输出路径,单击"导出"按钮,如图 6-27 所示。

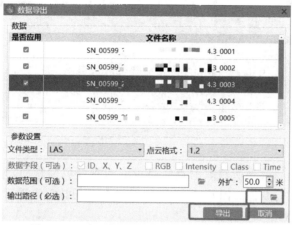

图 6-27 点云标准格式(LAS)导出界面设置

2. 点云数据处理

点云后处理主要是在获取的标准激光点云数据基础上进行数据分块、噪点去除、分类,以用于 DEM、DSM 及 DLG 和等高线等成果的生产。下面利用无人机管家这一软件阐述点云去噪、赋色、滤波及分类等点云数据处理的技术流程及操作方法。

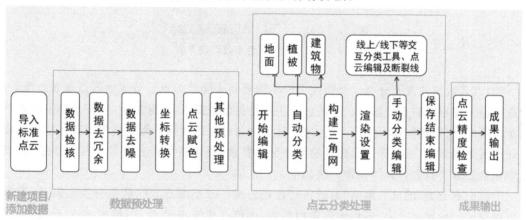

图 6-28 点云数据处理的技术流程

其操作方法如下。

(1) 点云去噪。受到仪器、周围环境、被扫描目标本身的特性影响,点云数据中无法避免地存在一些噪声。噪声的来源有很多,比如超过扫描设定范围的点;由于受到周围的风、周围物体的震动等影响产生的点;或者是空气中水汽的影响等。产生的噪声点,不仅会增加点云的数据量,还会影响建模、信息提取的精度等,需要进行去除。具体操作如下。

单击"文件"→"去噪"→"是否应用"选择需要去噪的 las 文件,"参数设置"按常规默认即可,"输出位置"指定去噪后点云输出位置,如图 6-29 所示。

图 6-29 去噪后的点云

(2)点云赋色。普通激光所获取的点云是没有地物颜色信息的,为了后期便于操作和使用,我们需要对点云进行赋色。因此,通常需要事前生成正射影像进行赋色,赋色后的点云看起来更加直观。具体操作如下。

单击"数据处理"→"点云赋色"项,输出要应用的原始影像或正射校正后的正射影像,输入相机参数、空三后的 POS 数据及操作范围参数,对点云进行赋色,如图 6-30 所示。

图 6-30 点云赋色参数设置界面

(3)点云数据滤波及分类。要构建 DEM,需要将去噪后的点云分成地面点和非地面点(地物点),这一过程也叫点云滤波。滤波过程主要是保留地面点,去除房屋、树等地物上的点。进一步将房屋、树等地物点再进行分类,用于后续的目标三维建模。无人机管家专业软件可提供自动点云滤波算法、植被提取及建筑物滤波分类算法;提供各种点云分类交互编辑工具,支持精细化点云分类处理。具体操作方法如下。

①地面点分类(滤波):单击"编辑"→"自动分类"→"地面点"项,数据分类层默认,参数设置可根据地形设置。其中,各种地形常用参数:山地-(建筑物尺寸 10,坡度 88)、丘陵地-建筑物尺寸 15、坡度 65、平地建筑物尺寸 30,坡度 45。操作界面如图 6-31 所示。

对于自动滤波未滤掉的点,进行手动分类,对于 DEM 效果不好的 DEM 进行特征线的添加及点云的编辑。

②植被点分类:单击"编辑"→"自动分类"→"植被点"项,数据分类层默认,参数设置可根据地形设置。进入植被点分类的"参数设置"界面,各项参数设置及操作方法如图 6-32 所示。

(a)分别选择要处理的点云数据的源类别(分类前的类别)和相对数据类别(通常设置为 2-地面)。

(b)设置植被类型、植被最大、最小高度这三个参数,植被类型通常分成三类:低植被

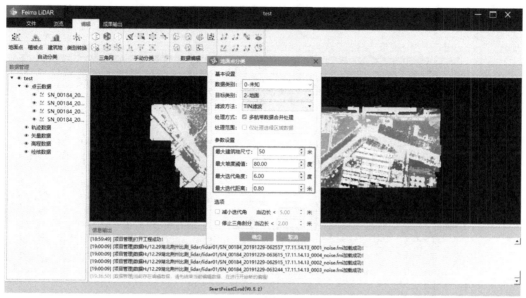

图 6-31 地面点自动分类界面

(0.5~1 m)、中植被(1~3 m)、高植被(3 m 以上)。若将待分类点分成低植被点,则选择"3－低植被点"项,相应地,最大高度参数设为 1,最小高度设为 0.5。

(c)处理方式设置中默认值勾选"合并航带数据处理",即对所有航带点云数据进行分类处理。

(d)处理范围:设置待分类的点云数据范围,若不勾选,则对导入的所有点云数据进行处理。

图 6-32 植被点自动分类界面

③建筑物点分类:单击"编辑"→"自动分类"→"建筑物"项,数据分类层默认,参数设置可根据地形设置。其中,各种地形常用参数:最小点数设为 120,操作界面如图 6-33 所示。

④构建三角网:单击"编辑"→"三角网"→"构建三角网"项,选择"2-地面"点层进行三角

图 6-33 建筑物点自动分类界面

网构建。

⑤点云编辑：无人机管家具有点云编辑工具，修改点云的操作，如剖面加点、剖面删除点、高程修改、框选删除。因此，对于自动分类中未滤掉的点或错分的点，可以再进行手动分类；对于 DEM 效果不好的 DEM 可以利用无人机管家的断裂线工具对河流、岛屿、山谷、山脊等特殊区域进行 DEM 编辑处理。编辑完成后，保存编辑好的点云数据，并结束编辑状态。

3. 成果输出

查看三角网和点云精度无问题，即可输出成果。无人机管家软件的智点云模块能输出的成果有 DEM、等高线、类别提取。具体操作如下。

(1) 类别提取：单击"成果输出"→"类别提取"项，从整个点云数据中单独提取一个类别或几个类别点云。

(2) DEM 输出：单击"成果输出"→"DEM"项，利用地面点构建并输出 DEM，并设置输出 DEM 的类型、分辨率，DEM 的输出路径及 DEM 的文件名，单击"确定"按钮输出 DEM。最后，加载并在主界面中显示出高程渲染的 DEM。对平坦城区的点云数据[见图 6-34(a)]滤波后点云数据构建的 DEM 如图 6-34(b)所示。

(3) 等高线输出：单击"成果输出"→"等高线"项，设置等高距和等高线格式，给定输出路径，输出等高线格式为 DXF 和 SHP，单击"确定"按钮输出，便可基于 DEM 生成等高线，最后加载并在主界面中显示出等高线。

4. DEM 产品质量检查

对生成的 DEM 等成果需要按相应比例尺的测绘产品规范进行产品质量的检查，常用的方法是利用野外实测高程点计算得出 DEM 成果高程中误差来检验 DEM 成果精度，看是否满足规范中相应比例尺及地形条件下中误差的限差要求。以 1∶500 比例尺的数字高程模型成果为例，其应满足以下规范：

第 6 章　三维激光扫描测量实验

(a) 滤波前

(b) 滤波后

图 6-34　平坦城区点云数据

- 《机载激光雷达数据获取技术规范》(CH/T 8024—2011)；
- 《机载激光雷达点云数据质量评价指标及计算方法》(GB/T 36100—2018)；
- 《机载激光雷达数据处理技术规范》(CH/T 8023—2011)；
- 《测绘成果质量检查与验收》(GB/T 24356—2009)；

- 《基础地理信息数字成果 1∶500 1∶1000 1∶2000 数字高程模型》(CH/T 9008. 2—2010)。

如果不满足相应规范要求，则需要从数据处理的各个步骤及中间结果进行分析，查找原因，并对数据进行修改或再编辑。

上述操作的更多细节参见《无人机管家官方版使用说明书》。

6.3 三维激光点云数据配准程序设计

一、实验目的与要求

(1)理解迭代最邻近点(ICP)等常见的三维激光点云数据配准算法原理。
(2)掌握三维激光点云数据配准精度评价指标。
(3)以 2~3 人为一组，利用 C++/Python 语言完成 ICP 配准及精度评价的算法的程序设计及编程实验。
(4)完成实验后，每人提交一份配准算法程序源代码，配准后的点云成果及精度报告。
(5)撰写实验报告。

二、实验准备

(1)每组一套三维激光点云数据以及实测的控制点数据。
(2)安装 Open3D/PCL 点云数据处理开源库，并配置 C++/Python 开发环境。
(3)每人一套实验指导书及实习记录本。

三、ICP 配准算法执行步骤

(1)输入待配准的两个视角的点云数据集。
(2)点云粗配准。为 ICP 配准的变换参数(包括：旋转矩阵 $\boldsymbol{R}$ 和平移矩阵 $\boldsymbol{T}$)赋初值。具体方法：先选取一个数据集为参考数据，另一个数据集为待配准的数据集，获得待配准点云数据与参考点数据之间刚体变换参数(包括：旋转矩阵 $\boldsymbol{R}$ 和平移矩阵 $\boldsymbol{T}$)的初值。
(3)设置算法迭代终止条件，如最大迭代次数或者匹配点平均距离阈值。
(4)开始进行 ICP 精配准。具体步骤如下：

①寻找对应点。利用粗配准后的初始的旋转平移参数矩阵对待配准点集 P 中每一个点 P_i 进行变换，得到变换后的点 P'_i。从参考点集 Q 中寻找距离点 P'_i 最近的点 Q_i(距离小于一定阈值的点)，形成对应点对 (P_i, Q_i)，从而形成对应点对的集合 $\{P_i, Q_i\} i=1, N$(N 为最邻近点对个数)。

②确定目标函数，求解配准参数，并寻找最邻近点对。以所有对应点之间的欧式距离的平方和作为目标函数，依据该目标函数 $F(\boldsymbol{R}, \boldsymbol{T})$ 值最小准则，采用最小二乘等方法求解最优的参数 R 和平移参数 T，并获得最优的最邻近点对。

$$F(\boldsymbol{R}, \boldsymbol{T}) = \frac{1}{N} \sum_{i=1}^{N} \| Q_i - (\boldsymbol{R}P_i + \boldsymbol{T}) \|^2 = \min \qquad (6-1)$$

式中，P_i 是待配准点云；Q_i 是参考点云数据中对应 P_i 的最邻近点；N 是最邻近点对个数；R 是 3×3 旋转矩阵；T 是 3×1 平移矢量。

③旋转参数 R 和平移参数 T 的优化。目标函数的最小化过程会使参数 R 与 T 不断更新，相应地，最邻近点对得到了优化。优化思想与 K 均值聚类的优化思想非常相似。

④依次反复迭代进行，直到满足一些迭代终止条件或算法收敛，如 R、T 的变化量小于一定值，或者上述目标函数的变化小于一定值，或者邻近点对不再变化等条件，最近获得变换后的点云数据集。

⑤精度评定，输出并显示配准后的点集。

四、ICP 算法编程实现步骤

1）编程软件安装及环境配置

在 Python 及官网安装 64 位 Windows7/10 操作系统下的 Python 3.X 版本软件，其次，安装 PyCharm 教育版开发工具，最后，运行 Python 3.X 的软件安装程序。联网状态下，键入命令：pip install Open3D 来安装 Open3D。当安装完成后测试安装是否成功。

2）代码编写

样例代码如下

```
import copy
import open3d as o3d
# = = = = = = = = = = = = =输入数据并设置初值= = = = = = = = = = = = =
source = o3d.io.read_point_cloud("1.pcd") #读取参考点云数据
target = o3d.io.read_point_cloud("2.pcd") # =读取待配准点云数据
trans_init = o3d.np.asarray([[1.0,0.0,0.0,0.0],[0.0,1.0,0.0,0.0],[0.0,0.0,1.0,0],[0.0,0.0,0.0,1.0]]) #输入粗配准后的变换矩阵初值。
# = = = = = = = = = = = =设置算法迭代终止条件= = = = = = = = = = = =
threshold = 0.2 #设置距离阈值
max_iteration = 30 #设置最大迭代次数
# = = = = = = = = = = = =可视化点云初始位置= = = = = = = = = = = =
o3d.visualization.draw_geometries([source,target],width = 600,height = 600) #可视化点云初始位置
print("Initial alignment")
evaluation = o3d.registration.evaluate_registration(source, target, threshold, trans_init)
print(evaluation) #输出点云初始位置的重叠度 fitness 和均方 RMSE 值
# = = = = = = = = = = = = = = =ICP 配准= = = = = = = = = = = = = = =
print("Apply point - to - point ICP")
icp_p2p = o3d.registration.registration_icp(source, target, threshold, trans_init,o3d.registration.TransformationEstimationPointToPoint())
#执行点对点的 ICP 算法，TransformationEstimationPointToPoint 是计算点对点 ICP 目标函数的残差和雅可比矩阵的函数
```

```
o3d.registration.ICPConvergenceCriteria(max_iteration))#设置最大迭代次数
    evaluation = o3d.registration.evaluate_registration(source, target, threshold,
trans_init) #计算输出配准后的两组点云的 fitness 和 RMSE,以评价配准精度
    print(evaluation)
    #===========输出配准后变换矩阵等相关信息============
    print(icp_p2p)#输出 ICP 相关信息
    print("Transformation is:")
    print(icp_p2p.transformation)#输出配准后变换矩阵
    #=============可视化配准结果================
    defdraw_registration_result(source,target,transformation):source_temp = copy.
deepcopy(source)
    target_temp = copy.deepcopy(target) #由于函数 transformand paint_uniform_color
会更改点云,因此调用 copy.deepcoy 进行复制并保护原始两组点云
    source_temp.paint_uniform_color([1,0,0])#给参考点云着色
    target_temp.paint_uniform_color([0,1,0]) #给目标点云着色
    source_temp.transform(transformation)
    o3d.io.write_point_cloud("trans_of_source.pcd", source_temp)#保存点云
    o3d.visualization.draw_geometries([source_temp,target_temp],width = 600,height
= 600)
    draw_registration_result(source, target, icp_p2p.transformation)
    3)调试、运行代码
    4)保存输出结果
```

五、提交实验结果

(1)提交配准后的点云数据等相关输出结果。

(2)提交实验报告。

第 7 章　数字摄影测量实习

7.1　概　述

一、学习目标及要求

"数字摄影测量实习"是"数字摄影测量学"理论课程的后续实践性课程。它旨在培养学生综合运用数学、物理知识、GNSS 技术以及数字摄影测量学相关理论与方法，并考虑社会、安全、健康、法律、文化及环境等方面的因素，进行大比例尺数字地形图测绘的基本技能，通过学习达到以下要求：

(1) 践行"热爱祖国、忠诚事业、艰苦奋斗、无私奉献"的测绘精神。

(2) 能够根据测图比例尺和实际地形条件，通过测区踏勘、考虑社会、安全、健康、法律、文化及环境和工程需求，设计大比例尺无人机航测技术方案。

(3) 能够使用无人机航测数据采集仪器设备依据测绘相关的行业规范进行无人机影像数据采集、像控点测量，并对影像数据的质量进行检查。

(4) 能够使用无人机航测数据处理仪器设备，运用数字摄影测量相关理论，使用无人机航测软件，依据有关标准进行无人机影像数据处理，并依据有关标准进行大比例尺的 4D 产品生产。

(5) 具有一定的团队协作精神和组织管理能力，能够与其他成员有效沟通、合作共事，能够在团队中独立或合作开展工作，能够组织、协调和指挥团队开展工作。

(6) 具备一定的沟通和交流能力，能够就测绘复杂工程问题，与业界同行及社会公众进行有效沟通和交流，包括撰写报告和设计文稿、陈述发言、清晰表达或回应指令。

二、组织形式

数字摄影测量实习由实习队组织完成，实习队成员包括实习指导教师和实习学生，实习队长由指导教师担任，实习队以教学班为单位组建若干实习小组，每个小组 5~6 人，设组长和安全员各 1 人，组长负总责，做到合理安排进度，做到轮流操作，全面锻炼，不要片面追求实习进度；安全员负责仪器设备安全和组员实习安全，包括仪器设备准备和检查验收、人身安全提醒等。每班配备指导教师 1~2 人，各作业小组在指导教师的指导下独立完成规定的实习任务。

数字摄影测量实习在实习基地集中进行，时间 3 周为宜。教学组织形式包括集中授课、现场操作示范、集中实训和小组答辩等。因外业实习受天气变化及不确定因素影响较大，指导教师和实习小组在制定实习计划时考虑要全面、各实习环节要准备预案，确保按时完成实习任务。

三、实习内容及时间安排

实习内容及时间见表 7-1。

表 7-1 实习内容及时间安排

序号	工作阶段	工作内容	计划时间
1	准备工作	(1)实习动员 (2)仪器、工具领取及检查 (3)前往实习基地	1 天
2	无人机航测技术方案设计	(1)测区踏勘 (2)仪器检验 (3)无人机航测技术方案	2 天
3	像控点测量及无人机影像数据采集	(1)像控点布设及施测 (2)无人机影像数据采集	5 天
4	4D 产品（DEM、DOM、DSM、DLG)生产及调绘	(1)4D 产品生产 (2)外业调绘及补绘	5 天
5	成果整理与质量检查	(1)像控点测量成果整理 (2)无人机影像数据整理 (3)4D 产品成果整理 (4)调绘成果整理 (5)实习报告编写	2 天
6	考核及总结	(1)考核 (2)总结	2 天

四、成果整理与上交

实习结束，每名学生应按要求对测量成果及实习资料进行整理、装订，以小组为单位装入资料袋上交。

小组上交的成果包括：
(1)无人机航测技术方案设计。
(2)像控点测量成果。

个人上交的成果包括：
(1)无人机影像数据成果。
(2)4D 产品(DEM、DSM、DOM、DLG)及产品质量分析报告。
(3)实习日志。
(4)实习报告。

五、实习考核及成绩评定

1)实习课的考核方式：考查

2) 实习课成绩的评定

(1) 指导教师根据学生在实习期间的平时表现、实习操作、观测资料、成果资料及实习报告，对学生进行综合评价。实习成绩评定标准按表 7-2 进行。

表 7-2 实习成绩评定标准

考核方面	成绩占比
平时表现与实习操作	25%
外业采集的数据与内业成果资料	35%
技术设计实习报告	40%

(2) 实习成绩按优秀（90～100 分）、良好（80～89 分）、中等（70～79 分）、及格（60～69 分）、不及格（0～59 分）五级或百分制进行评分。

7.2 无人机航测技术设计

一、实习目的及要求

(1) 了解测绘技术设计的作用和过程，技术设计的主要内容和设计书的撰写方法。
(2) 能够初步完成大比例尺无人机航测成图的技术设计。
(3) 每人结合指定的测区按要求撰写技术设计书。

二、实习准备

(1) 按照实习队要求划定作业区，指定像片重叠度、地面分辨率等无人机航测数据采集参数，测图比例尺、DOM、DEM 分辨率，以及 DLG 中包含的地物要素等参数，尽可能丰富齐全，每组测区面积约 500 m×500 m 地物要素等。
(2) 指导教师提供测区范围数据，测区内已知控制点（或者提供测区周边的千寻 CORS 账号）、航测数据处理软件等。

三、实习过程

为保证 4D 产品生产工作的安排合理、实施正确及各工序之间的配合密切，使成果、测图符合技术标准，在经济上节省人力、物力，有计划、有步骤地开展工作，在项目实施以前首先要编写技术设计书，拟定作业计划，以保证测量工作在技术上合理、可行。

1. 测区踏勘和资料收集

以小组为单位，在指导教师的指导和协助下，实地踏勘和调查，收集测区自然地理概况、已有影像地图和控制数据等资料，主要内容如下。

(1) 作业区的地形概况、地貌特征，如居民地、水系、道路、管线、植被等要素的分布和特征，以及地形类别、困难程度、海拔高度和相对高差等。
(2) 作业区的气候情况，如气候特征和风雨季情况。

(3)作业区的行政区划、经济水平、治安情况,居民的风俗习惯、语言等。

(4)作业区的已有资料,包括已有影像地图、测区及周边已知控制点或 CORS 网络等,对其数量、质量等情况进行了解分析。

(5)应收集并遵循的规范,包括《低空数字航空摄影测量外业规范》(CH/Z 3004—2021)、《低空数字航空摄影测量内业规范》(CH/Z 3003—2021)、《数字航空摄影测量 空中三角测量规范》(GB/T 23236)、《国家基本比例尺地图图式 第一部分:1∶500 1∶1000 1∶2000 地形图图式》(GB/T 20257.1—2017)、《基础地理信息数字成果 1∶500 1∶1000 1∶2000 数字高程模型》(CH/T 9008.2—2010)、《基础地理信息数字成果 1∶500 1∶1000 1∶2000 数字正射影像》(CH/T 9008.3—2010)、《基础地理信息数字成果 1∶500 1∶1000 1∶2000 数字线划图》(CH/T 9008.1—2010)。

2.编写技术设计书

技术设计书包括任务概述、测区地理概况和已有资料情况、作业依据、主要技术指标、设计方案、质量检查、进度安排及安全环保措施等。

(1)任务概述。主要说明任务来源、测区范围、地理位置、行政隶属、测区面积、成图比例尺、任务量、实施时间等基本情况。

示例

一、任务概述

为了培养学生应用数学、物理知识和数字摄影测量的理论与方法,考虑社会、安全、健康、法律、文化及环境等方面因素,进行大比例尺地面数字地形图测绘的能力,根据学校教育教学要求,进行本次无人机测绘,测区为长安大学鲍旗寨实习基地,位于陕西省西安市蓝田县,面积 0.25 km²,测图比例尺为 1∶500,作业时间 3 周。测绘成果也可供太白县建设服务。

(2)测区地理概况和已有资料情况。测区概况应重点介绍测区社会、自然、地理、经济和人文等方面的基本情况,主要包括:海拔高程、相对高差、地形地貌类别;居民地、道路、水系、植被等要素的分布与主要特征;气候、风雨季节、交通情况及生活条件、风土人情等。

设计书中应说明已有资料的全部情况,包括控制测量成果的等级、精度,现有图的比例尺、等高距、施测单位和年代,采用的图式规范,平面和高程系统等。对其主要质量进行分析评价,并提出可利用的可能性和利用方案。

示例

二、测区地理概况和已有资料情况

1.测区概况

长安大学蓝田鲍旗寨实习基地测区位于陕西省西安市蓝田焦岱镇,沿焦岱镇街道、村道可到测区,测区与 S107 和 G65、G70 相连,交通十分便利、快捷。作业范围西至鲍旗寨居民地巷道拐角处,向东 500 m 到涵洞,向北 500 m 到机耕路,向南 500 m 到鲍旗寨村路口,面积 0.25 km²。测区属于山前丘陵地带,海拔约 610 m,梯田、沟壑较多,地貌测绘较为困难,地物要素较为简单,测区内主要地物类型有居民地、道路、管线、河流、池塘等,植被以旱地为主,兼有苗圃,部分区域树林茂密,通视条件较差。测区常年雨量适中,气候宜人。通信条件较好,手机、网络能正常使用。优美秀丽的山区赋予这里的人们善良、质朴、勤劳、有爱的性格,淳厚、热情、好客的居民为实习顺利进行创造了良好的人文环境。

2.已有资料情况

收集到测区谷歌影像图,经分析可作为工作用图。

给定测区及周边若干个 GPS 地面控制点,作为测区的像控测量的基础控制使用,这些控制点具有 CGCS2000 坐标系及 1985 国家高程基准。

(3)作业依据。说明专业技术设计书中引用的标准、规范和其他技术文件。包括国家及部门颁布的有关技术规范、规程及图式,经上级部门批准的有关部门制定的适合本地区的一些技术规定。

示例

三、作业依据

(1)《低空数字航空摄影测量外业规范》(CH/Z 3004—2021)。

(2)《低空数字航空摄影测量内业规范》(CH/Z 3003—2021)。

(3)《低空数字航摄与数据处理规范》(GB/T 39612—2020)。

(4)《数字航空摄影测量 空中三角测量规范》(GB/T 23236)。

(5)《国家基本比例尺地图图式 第一部分:1∶500 1∶1000 1∶2000 地形图图式》(GB/T20257.1—2017)。

(6)《基础地理信息数字成果 1∶500 1∶1000 1∶2000 数字高程模型》(CH/T 9008.2—2010)。

(7)《基础地理信息数字成果 1∶500 1∶1000 1∶2000 数字正射影像》(CH/T 9008.3—2010)。

(8)《基础地理信息数字成果 1∶500 1∶1000 1∶2000 数字线划图》(CH/T 9008.1—2010)。

(9)《数字摄影测量实习指导书》。

(4)成果规格和主要技术指标。说明数字地形图测绘的比例尺、平面坐标系统和高程基准、投影方式、基本等高距、成图方法、数据精度和格式,以及其他技术指标。

示例

四、成果规格和主要技术指标

(1)采用 CGCS2000 国家大地坐标系,3°带高斯投影,中央子午线为东经 108°,高程系统采用 1985 国家高程基准,基本等高距为 1 m。

(2)测图比例尺为 1∶500,航测数据处理软件根据情况选定。

(3)图幅规格为 50 cm×50 cm,分幅采用矩形分幅,编号采用西南角坐标公里数编号。

(5)设计方案。

- 像控点测量:说明像控点测量的流程、方法及技术要求,包括像控点布设、标志的设置、像控点测量方法及作业流程和相关技术要求等。
- 外业数据采集:说明无人机航测数据采集作业模式、采集方法、要求和注意事项等。
- 内业数据处理及 4D 产品生产:说明无人机航测数据内业处理,4D 产品生产的流程、方法以及成果输出的方法及要求等。
- 仪器设备配置:说明采用的仪器设备型号、数量、精度指标、检验要求,软件的硬软件配置等。

示例

五、设计方案

(一)像控点数据采集

1.像控点布设

(1)点位选择应视野开阔、通视良好,易于长期保存、稳固,方便架设仪器及观测、交通便利,尽可能选在道路边沿、田间地头,以免损害农民利益。

(2)点位一般用白石粉、油漆涂画标志或用木桩标识。在硬化地面通常采用白石粉、油漆涂画"十"字、"L"形等简单易识别的图形来标识控制点位,其大小应根据影像的 GSD 大小来定;在松软地面通常采用木桩标识控制点,桩面露出地面 1~2 cm 为宜,桩面上应钉入小钉作为标记。点位标定好后,应在点位附近合适位置用红漆表明点名。点位选择及标记时应考虑他人的安全和利益,以及环境和生态保护。

2.RTK 像控点测量

像控点测量采用 RTK 方法测量方法。在周边有 CORS 基站的条件下,连接千寻网络进行 RTK 测量;如果周边没有 CORS 基站,则在本测区内自设基站进行 RTK 方法测量。

(二)无人机航测数据采集

1.关键参数的确定

(1)根据 1∶500 比例尺的测图任务要求,以及测区的地形地貌、地表类型,确定地面采样间隔(GSD)约为 4 cm、航向重叠度一般设置为 80%,旁向重叠度一般设置为 60%;在地形有起伏的情况下,采用变高飞行方式,相对飞行高度通常为等参数。

(2)并预测当时的天气状况,设置相机曝光度等参数。

2.规划航线

根据设计的关键参数进行输入,利用提供的航线规划软件,在给定的测区范围内进行无人机飞行航线的规划。

(三)内业数据处理与产品生产

1.空三平差

以外业采集的影像、POS 数据以及控制点数据作为软件,利用提供的内业数据处理软件,开始影像数据的空三平差处理,输出测区内每张像片的内外方位元素以及特征点的物方坐标,并利用检查点对空三精度进行精度分析,输出空三平差报告,检查精度是否满足相应的规范要求。

2.DEM 和 DOM 生产

根据 1∶500 的测图比例尺,确定 DEM 和 DOM 的格网间距参数。再利用给定的软件进行 DEM 制作,进而生成 DOM。

3. DLG 地物要素采集

地形要素采集包括地形要素的位置信息、属性信息及其空间分布,采用的方法包括极坐标法、距离交会法、方向交会法等。

(1)各类建筑物、构筑物及其附属设施应准确测绘实地外围轮廓。房屋轮廓以墙基外角为准测绘,并调查建筑材料和性质、楼房层数,房屋应逐个表示,临时性房屋可酌情取舍。

(2)河流、沟渠、池塘、水库、井、泉及其水利设施,均应准确测绘,有名称的应调查其名称。

(3)公路应准确测绘,路中、交叉处(十字、丁字路口)、桥面等应测注高程,有名称的公路应调查其名称。

(4)永久性的电力线、通信线均应准确测绘,电杆、铁塔位置实测,其他管线位于地表的均应实测,并调查物资输送类型,地表以下的管线仅测定检修井位置,并调查输送物资类型,如水、热、污、油、气等。

……

4. 像片调绘

像片调绘成果的质量元素

(1) 地理精度:地物、地貌调绘的全面性、正确性;各种注记的正确性、合理性。

(2) 属性精度:各类地物、地貌性质说明、数字注记。

(3) 整饰质量。

(4) 附件质量。

(6)质量检查及验收。检查验收应包括:数字地形图的检测方法、实地检测工作量与要求、中间工序检查的方法与要求,自检、互检、组检方法与要求。

示例

六、质量检查

内业图形绘制完成后,由作业小组完成成果检查,主要内容、方法及要求如下:

(1)起始资料的正确性。

(2)原始记录及摘抄数据的正确性。

(3)空三平差的精度。

(4)4D 产品的精度。

……

(7)组织实施及进度安排。说明组织机构及人员安排,工作进度安排,同时考虑社会、安全、健康、法律、文化及环境等方面因素,进行方案执行说明。

四、成果

每人提交一份无人机航空摄影测量技术方案设计书。

7.3 无人机影像数据采集

一、实习目的与要求

(1)认识无人机影像数据采集设备的基本结构及各部件功能。
(2)掌握无人机飞行航线规划方案的设计方法。
(3)掌握无人机摄影测量数据采集的操作流程及步骤。
(4)正确进行数据采集并进行数据的记录。
(5)每小组 5~6 人,团队协作完成测区的数据采集任务,并轮换练习。

二、实习准备

(1)无人机影像数据采集设备一套[包括遥控器、平板(内装航线规划、飞控、飞行状态实时监测等软件)、存储卡、电池等]。
(2)每人一套实习指导书及实习记录本。
实习场地由指导教师事先选定。

三、实习内容及步骤

给定无人机航测设备,按前期方案设计中的飞行方案及航线规划方案,开展以下实习内容。

1.飞行准备

飞行前的准备内容包括:
(1)准备无人机航测设备,并保证其能正常使用。
(2)无人机航拍快门选择。拍摄前调试使用最合适的快门、光圈、ISO 值。
(3)建立无线电台和地面站。无线电链路用于地面站和无人机之间的通信。目前,大多数测绘无人机使用无线电链路在无人机与地面站之间进行数据交换。
(4)保持每天的工作日志。记录当天风速、天气、起降坐标等信息,并保存数据供日后参考和分析。
其中,航线规划的主要方法如下。
(1)创建航线工程。打开"无人机管家",启动"智航线"模块,创建新工程,定位至测区范围内,如图 7-1 所示。
(2)划定飞行区域。单击"多边形"工具按钮,可在图中直接划定实习范围。由于各班实习范围已经规定,因此可不用划定实习范围,直接选择或者导入"本班实习范围文件 *.kml/kmz"。
(3)自动生成航线,并设置起飞、降落点。单击自动生成航线按钮。选择正常的飞机类型,如选择"自动生成航线 4 Pro",其结果如图 7-2 所示。
在图 7-2 中左侧"航线参数"分页内,可动态修改航线参数。比如,按照 1∶500 比例尺航摄时,其 GSD 可设置为 1.5~5 cm,本次实习建议 GSD 设置为 2 cm,同时航向重叠度设置为 80%,旁向重叠度设置为 60%。此时航线会根据新修改的参数实时生成。"任务类型"为"正摄","相机朝向"为"垂直于主航线"。

图7-1　测区概况

图7-2　自动生成航线图

④修改"相对飞行高度"。当等高航线 GSD 无法满足 2 cm 时,可将航线设置为"变高航线"。PC 机上规划变高航线,现场实时加载航线。要实时监控飞机飞行状态。

依次完成以上步骤后,单击保存工程,至此航线规划任务完成。当现场作业时,在无人机管家 IPad 版上登录自己的"无人机管家"账户,即可同步显示自己设计的航线,无须现场规划航线。

无人机影像数据采集的技术及规范要求参见《低空数字摄影测量外业规范》(CH/Z 3004—2021)。

2. 执行航飞过程

根据制定的分区航摄计划,寻找合适的起飞点,对每块区域进行拍摄,采集照片。

在设备检查完毕,并确认起飞区域安全后,将无人机解锁起飞。

起飞时飞手通过遥控器实时控制飞机,地面站飞控人员通过飞机传输回来的参数观察飞机状态。

飞机到达安全高度后由飞手通过遥控器收起起落架,将飞行模式切换为自动任务飞行模式。

同时,飞手需通过目视无人机时刻关注飞机的动态,地面站飞控人员留意飞控软件中电池状况、飞行速度、飞行高度、飞行姿态、航线完成情况等,以此保证飞行安全。

3. 飞行结束

无人机完成飞行任务后,降落时应确保降落地点安全,避免路人靠近。

完成降落后检查相机中的影像数据、飞控系统中的数据是否完整。

4. 无人机航拍影像数据质量检查

数据获取完成后,需对获取的影像进行质量检查,对不合格或缺失区域进行补飞,直到获取的影像质量满足要求。无人机航拍影像质量检查内容及方法如下:

(1)检查数据资料的齐全性、完整性。检查影像数据、POS 数据是否齐全和完整。

(2)检查人机航拍影像是否存在曝光过度或曝光不足现象。

影像的曝光过度或不足、影像的重影、散焦与噪点,将严重影响三维建模的质量。为了避免这类曝光问题、在外出航拍时尽量提前看天气预报,在多云的天气拍摄比大晴天更好,如果必须在晴天拍,最好选择中午左右使阴影区域最小化。

(3)检查是否存在航摄漏洞。如果存在航摄漏洞,对缺失区域进行补飞。

5. 成果整理

将质量合格的无人机影像、POS 数据航线规划参数等数据整理,作为一套完整的外业成果输出。

7.4 像控点数据采集

一、实习目的与要求

(1)掌握无人机摄影测量中像片控制点(以下简称像控点)数据采集方案的设计。

(2)掌握无人机摄影测量中像控点数据采集的实施流程。

(3)掌握无人机摄影测量中像控点的布设、选点及测量方法。

(4)正确进行像控点数据采集并制作点之记。

(5)每小组 5～6 人,分工协作,完成所有像控点的测量任务,并保存控制点坐标数据及点之记文件。

二、实习准备

(1)GNSS 接收机 1 套(包括接收机、天线、手簿、脚架、电台、手簿通信电缆一套,量高尺一把)。

(2)控制点点位标记工具(木桩、油漆、白石灰粉等)。

(3)手机等拍照工具,用于像控点位方位信息的拍摄。

(4)每人一套实习指导书及实习记录本。

三、实习内容及步骤

1. 像控点布设

像控点即测区范围内,按照一定规律均匀分布在像片及地面上一定数量的地面控制点。

如果无人机硬件设备不支持差分 GNSS 定位模式,需要一定数量的像控点用于航测数据的处理或者对测量成果进行精度检验。

目前,无人机摄影测量的外业像控布设方案主要依据《无人机低空数码航测外业规范》中关于 1∶500、1∶1000、1∶2000 等大比例尺无人机航空摄影测量外业规范中关于像控点布设的准则。原则上,外业测量的像控点在满足精度需求的前提下,越少越好。图 7-3 为一典型无人机航测的像控布设方案示意图。图中,直线表示飞行航线,其中三角形所在位置表示像控点位。

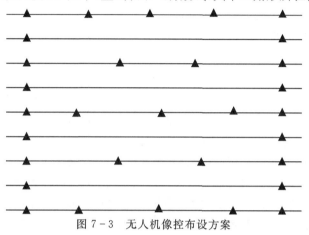

图 7-3 无人机像控布设方案

如果硬件设备支持差分 GNSS 定位模式,则像控点布设数量可大大减少[通常仅在测区四周稀疏布点即可,对于本实验为约 0.5 km^2 的测区,像控点(包含检查点)总数为 20 个左右]。

2.布设像控点地面标志

像控点地面标志是指人工制作,或实地选取的地面永久或半永久图标,该图标可在原始影像上准确识别。图 7-4 为其中的两种常用像控点地标影像,可供参考。

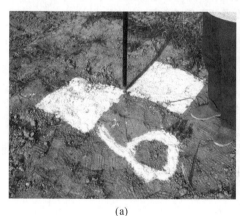
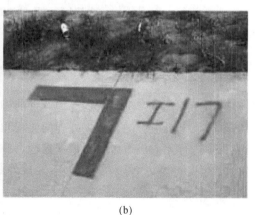

(a)　　　　　　　　　　　　　　　(b)

图 7-4 两种常用像控点地标影像

布设像控点需注意的事项:

原则上以不污损地面为原则。能够借助地面标志(路口、道线)时,不要在地面涂绘地标。

像控点地标一般在实际飞行作业前 1~2 天布设,布设同时可测定其控制点坐标,也可飞行结束后测定其坐标。

像控点地标长度一般不少于 0.5 m,宽度一般为实际 GSD 的 2~3 倍为宜。

3. 像控点点位实地选取

当测区实际情况复杂,不宜布设人工地标时,可结合实地情况选择实际地物作为地标。选择实际地物作为地标时,应满足以下准则:

(1)像控点周围通视情况良好;

(2)像控点位置固定,为永久地物;

(3)像控点质地坚硬,坐标量测准确;

(4)像控点在原始影像上可准确识别;

(5)不到万不得已不得选择墙角作为像控点(强烈不建议选取),如果选取墙角则应测量墙角顶端的坐标。

4. 像控点坐标测量

实际作业过程中,控制点的测量方法与测区大小、测区状况等情况相关。其主要测量方法有以下几种:GNSS 静态测量、RTK、CORS 网络。其中,GNSS 静态测量适合大范围的首级控制网布设、RTK 技术适合小区域的像控点布设、而 CORS 网络会受到测区内及其周边 CORS 站分布的影响,其核心技术与 RTK 相似。本实验主要针对测区大小为 0.5 km^2 左右的比例尺为 1∶500 的测绘任务,因此,主要采用 GNSS 动态测量技术(RTK),测量方法见 2.3 节。

如果测区有可用的 CORS 网络,使用 RTK 接收机连接 CORS 网络,其中控制点投影坐标可采用 CGCS2000 坐标系、高程系统采用大地高基准(CGCS 椭球高)或 1985 高程基准(需要 3~4 个点算出高程异常,转换成 85 高程基准)。如果无人机硬件设备支持差分 GNSS 定位模式,且测区有可用的 CORS 网络,则可以开展基于 CORS 网络的像控点测量。

像控点布设及测量的技术及规范要求参见《低空数字摄影测量外业规范》(CH/Z 3004—2021)。

7.5 航测数据处理及三维模型生成

一、实习目的与要求

(1)熟悉无人机摄影测量数据处理软件的操作。

(2)掌握无人机摄影测量数据处理的流程和作业方法。

(3)正确进行无人机摄影测量数据处理,完成数字高程模型、数字线画图等地形图的制作。

(4)每小组 5~6 人,每人独立操作,完成外业采集数据的处理及地形测量任务。

二、实习准备

(1)Pix4D、Photoscan、ContextCapture 等专业软件。

(2)电脑一台(对显卡及内存、CPU 有一定的要求)。

(3)每人一套实习指导书及实习记录本。

三、实习内容及步骤

下面以 ContextCapture V10.18 软件为例,阐述多视角航测设备倾斜摄影获取的影像数据制作数字表面模型 DSM、数字正射影像 DOM 以及数字线划图 DLG 的步骤。

1. 空三平差

(1)启动软件。在 64 位 Windows 操作系统下安装运行 ContextCapture 软件(至少需要 8 GB RAM 和 NVIDIA 或 AMD 显卡,或与 OpenGL 3.2 兼容的 Intel 集成图形处理器和至少 1 GB 专用内存)。

安装成功后,运行 ContextCapture 软件首先启动 Engine 模块处理模块,并在 Master 模块创建工程,开始空三平差计算过程。

(2)自由网空三平差。自由网空三是指无控制点参与的空三平差处理。在 ContextCapture Master 软件中,依次选择 aerotriangulation→submit areotriangulation 项,提交自由网空三任务,如图 7-5 所示。

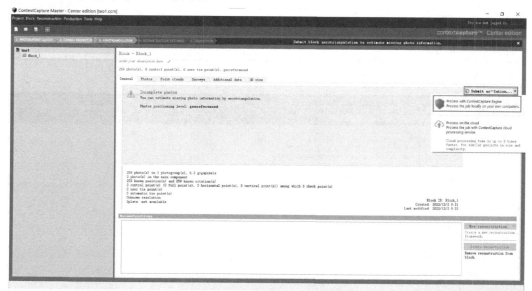

图 7-5 自由网空三界面

(3)刺像控点。在空三绝对平差之前,需要得到各个控制点在像片上的位置数据,即控制点"刺点"。具体操作如下。

对照像控点数据采集得到的"点之记"文件,找到控制点在像片上的位置,右键单击,在弹出的快捷菜单中选择对应的控制点名称,放大图片,移动黄色十字丝精确调整控制点位置,确定后单击下方的 accept position 按钮,即可完成当前控制点对应像点坐标的量测。

(4)绝对定向平差及精度检查。量测完控制点对应的像点坐标后,通过带控制点的空三平差可完成自由网的绝对定向。此外,在空三平差对话框中,需要选中 Control Points 选项。

平差结束后,可单击 view quality report 查看空三报告,分析控制点、检查点精度,如图 7-6 所示。对于 1∶500 大比例尺测图,要求控制点和检查点平面定位残差小于 0.1 m,高程小于 0.15 m。参考相应规范:《数字航空摄影测量空中三角测量规范》(GB/T 23236)中的精度要求,若空三报告精度无法满足要求,需分析原因,并重新进行上述空三过程,直至满足规定比例尺的测图精度要求。

2. DSM、DOM、DEM 产品生产

(1)数字表面模型 DSM 制作。空三平差结束后,单击图 7-7 中右下方新建(New recon-

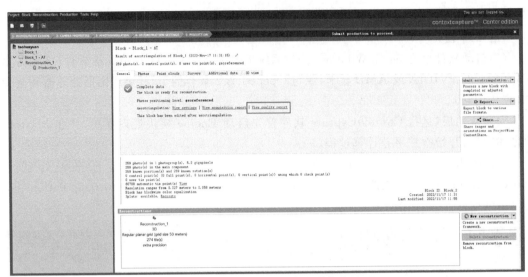

图 7-6 绝对定向平差结束输出信息界面

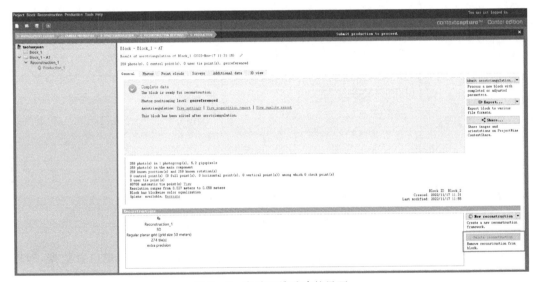

图 7-7 启动三维重建的界面

struction)按钮,开始构建三维 Mesh 模型、DSM 实景三维模型。

如图 7-8 所示,打开 Spatial framework 选项卡,进行分块设置,不分块很难运行成功。

打开 General 选项卡,单击 Submit New Production 按钮,开始启动三维产品生产过程。

设置产品名称:如命名为"Production_1",单击 Next 按钮,将选择产品类型,包括 3D mesh(三维网格)、3D point cloud(三维点云)、Orthophoto/DSM(正射影像/数字表面模型)等,如图 7-9 所示。

DSM 模型类型选择:在输出的产品类型选项中选择 3D mesh,然后单击 Next 按钮。

若输出 3D mesh 模型产品格式的选择,单击 Format/option 标签,选择相应的三维 mesh 模型格式(常用的格式包括 3MX、S3C、OSGB、OBJ、FBX 和 KML 等),本实验中选择默认的 3MX 格式(也可以根据具体的任务需求,选择其他格式),如图 7-10 所示。

如果要输出带有纹理的三维 mesh 模型,则选中 Include texture maps,否则仅输出无纹理

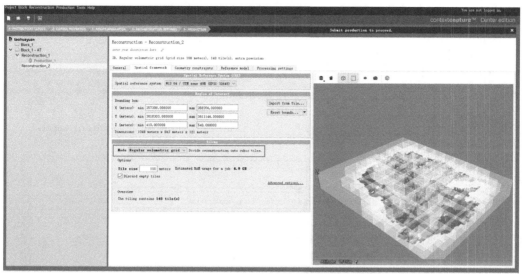

图 7-8 三维重建前空间坐标系统设置界面

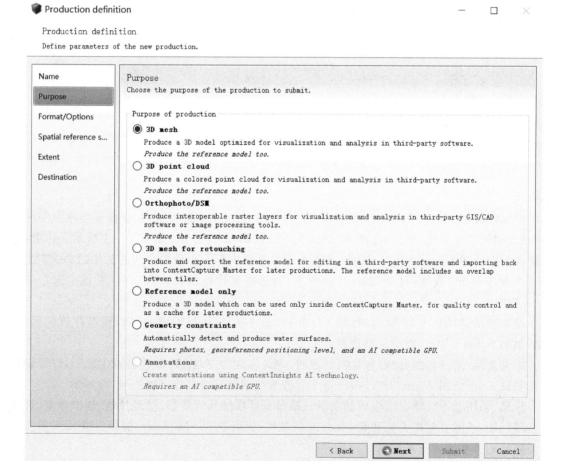

图 7-9 三维产品类型选择界面

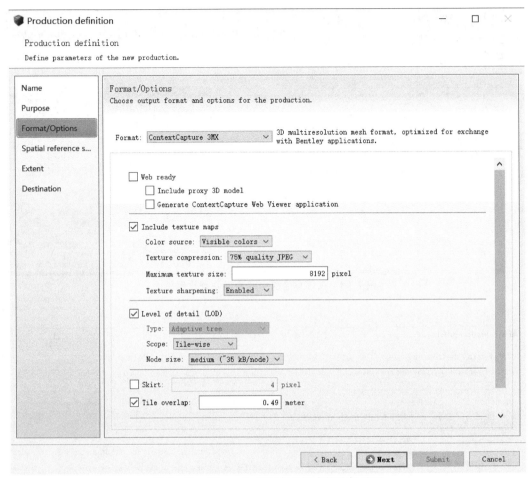

图 7-10 3D mesh 模型产品格式的选择界面

的白模。

空间参考(Spatial reference)设置：打开 Spatial reference 选项卡，根据任务需求及测区位置，设置空间参考系统，例如，选择 WGS84/UTM 投影，49N 分区，如图 7-11 所示。注意：通常影像数据处理需要分块进行，因此，需要根据计算机内存大小设置合适的瓦片(Tile)参数。

范围(Extent)设置：打开 Extent 选项卡，勾选需要建模的瓦片大小后(默认全选)，单击 Next 按钮。

结果输出：如图 7-12 所示，打开 Destination 选项卡，选择输出的三维模型存放的目录，然后单击 Submit 按钮，提交三维建模任务。

结果显示：运行完成后，带有真实纹理的 3MX 格式的三维 Mesh 模型就生成了，打开设置的成果目录，可使用 Acute3D Viewer 等工具查看生成的三维模型，如图 7-13 所示。

但是，采用上述自动方法生成的实景三维模型存在的几何变形、纹理拉花、模型浮空、部件丢失等问题，还需要使用大势智慧 ModelFun 软件、天际航 DP-Modeler、清华三维 EPS 等实景三维模型处理系统进行修复编辑。

(2)数字正射影像 DOM 制作。上述步骤生成完三维模型后，可以在此基础上生成正射影像等。操作方法：

第 7 章 数字摄影测量实习

图 7-11 空间参考设置界面

图 7-12 输出参数设置界面

图 7-13 测区 3D mesh 模型输出界面

打开 General/Purpose 选项卡,选择 Orthophoto/DSM 产品,单击 Submit 按钮,命名后单击 Next 按钮,如图 7-14 所示。

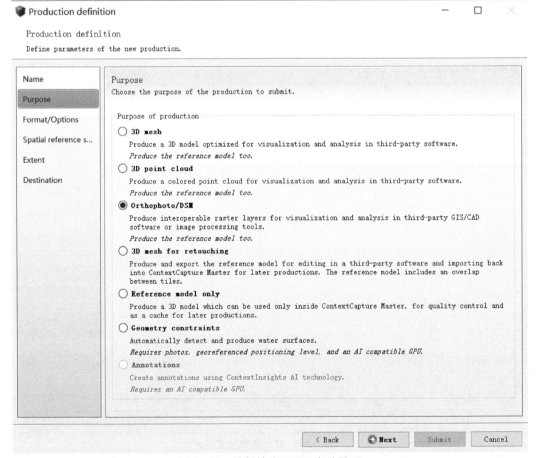

图 7-14 选择输出 DOM 产品界面

DOM 产品参数设置：如图 7-15 所示，在"Format/Options"中根据产品要求设置 DOM 生产的参数，其中，Sampling distance(meters)为 DOM 的采样间隔。通常，设置 DOM 输出的格式为 TIFF/GeoTIFF。

若测区较大，或者计算机内存太小，可将测区分块，并根据实际情况设置块的大小，分别进行 DOM 生产。

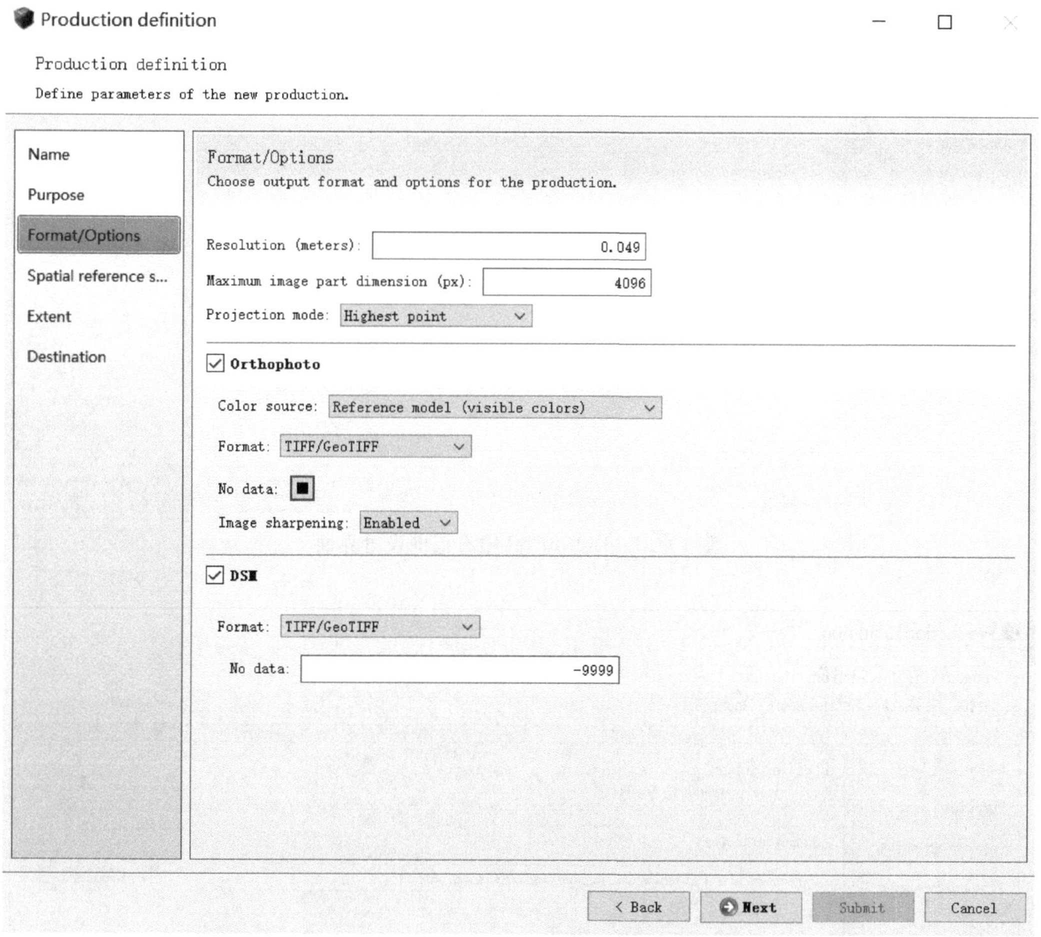

图 7-15 DOM 产品参数设置界面

设置空间参考系统：选择与地面控制点相同的投影坐标系统，通常选择 WGS84/UTM zone 49N(EPSG:32649)投影，如图 7-11 所示。打开 Extent 选项卡，选择输出 Orthophoto/DSM 产品的范围（默认是生成全部范围），如图 7-16 所示。

DOM 输出的路径设置：如图 7-17 所示，打开 Destination 选项卡，设置 DOM 输出的路径。

执行 DOM 生产：参数设置完成后，单击 Submit 按钮，开始 DOM 生产。执行完毕后，需要将所有分块 DOM/DSM 合并，如图 7-18 所示，单击界面中的 merge Orthophoto parts 和 merge DSM parts，可以将分块的正射影像和 DSM 拼接成单一文件，融合后的 DOM 及 DSM 供后续流程使用。

(3) DEM 生产。

首先，在产品生产界面选择输出 3D point cloud 产品类型，如图 7-19 所示。

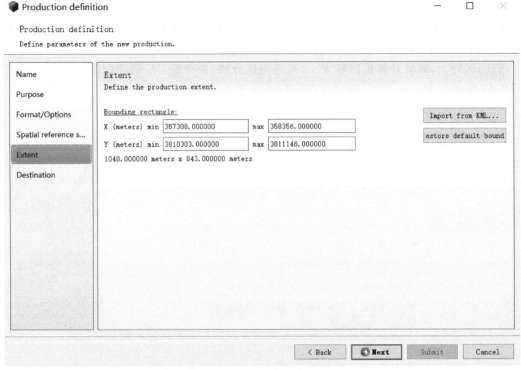

图 7-16　DOM 产品输出范围设置界面

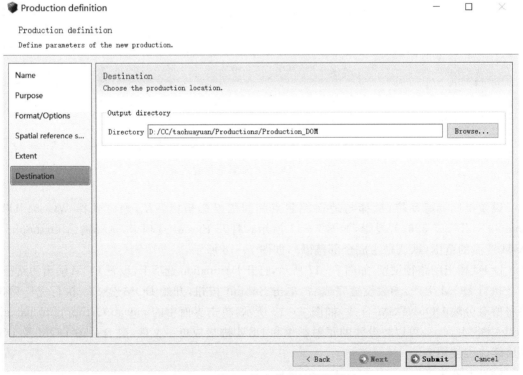

图 7-17　DOM 输出的路径设置界面

第 7 章　数字摄影测量实习

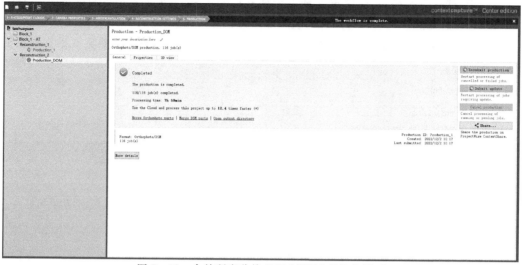

图 7-18　合并所有分块 DOM/DSM 的操作界面

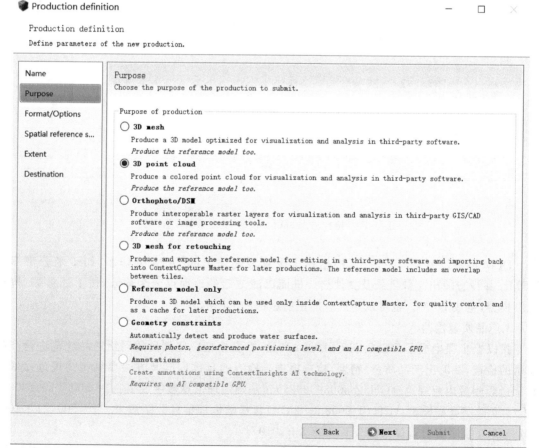

图 7-19　选择输出 3D point cloud 产品界面

下一步,选择点云格式,建议选标准点云格式(.las),并设置点采样间隔等参数,如图7-20所示,便可生成密集匹配后的点云。但需要注意的是,构建 DEM 只需要地面点云。因此,需要借助于 Cloud Compare 等专业软件进行非地面点的去除,操作方法参见 6.2 节中点云数据滤波的内容。

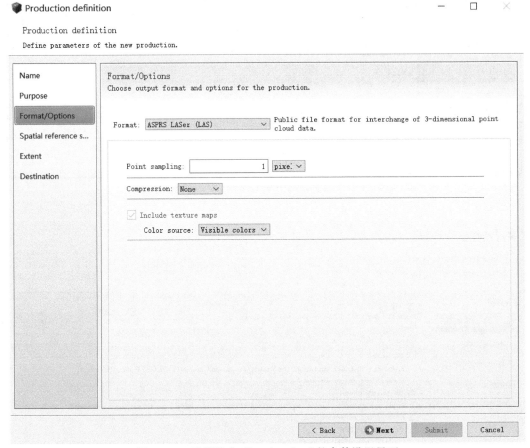

图 7-20　选择输出 3D point cloud 的参数设置界面

DEM 参数设置及产品输出:根据要求设置最终输出的 DEM 分辨率,如 1 米分辨率的 DEM。并设置输出文件目录及文件名。进而以滤波后的地面点云为输入,按上述参数,构建三维模型,生成 DEM。也可以生成叠加正射影像的 DEM。

3. 产品质量检验

按以上步骤生成了 DEM、DLG、DOM 产品,需要按相应比例尺的测绘产品规范进行产品质量的检查,并输出产品质量(精度)检查报告。检查的具体内容及方法参见相关规范:《低空数字摄影测量内业规范》(CH/Z 3003—2021)、《基础地理信息数字成果　1∶500　1∶1000　1∶2000 数字高程模型》(CH/T 9008.2—2010)、《基础地理信息数字成果　1∶500　1∶1000　1∶2000 数字正射影像》(CH/T 9008.3—2010)。

如果不满足相应规范要求,则需对数据处理的各个步骤及中间结果进行分析,查找原因,并复测。

7.6 基于三维模型的 DLG 立体测图

一、实习目的与要求

(1)CASS_3D、清华三维 EPS 等专业立体测图软件(对版本号有要求)。
(2)电脑(硬件配置需满足软件安装运行要求,提前安装好给定的软件),立体眼镜。
(3)每人一套实习指导书、相应的作业规范及实习记录本。
(4)每小组 5~6 人,相互协作,完成 DLG 制作及质量检查。

二、实习准备

(1)CASS_3D、清华三维等专业立体测图(EPS)软件(建议版本 2.0 及以上)。
(2)电脑(对显卡及内存、CPU 有一定的要求,并提前安装 EPS 软件),立体眼镜。
(3)每人一套实习指导书、相应的作业规范及实习记录本。

三、实习内容

(1)运用 CASS3D、EPS 等专业软件进行主要地物地形要素的采集。
(2)外业调绘及补测。
(3)DLG 地物和地形要素的编辑修改。
(4)DLG 成果整理及检查。

四、实习步骤

EPS 软件可以对实景三维模型进行裸眼 3D 立体测图,也可以基于 DOM 和 DEM 形成的垂直摄影模型以及三维点云等数据进行二三维一体化 DLG 制作。下面以 EPS(清华三维)为例,阐述基于前期生成的垂直摄影三维模型(基于 DOM 和 2.5 维的 DSM)或实景三维模型进行立体测图制作 DLG 的主要步骤和方法,其技术流程如图 7-21 所示。

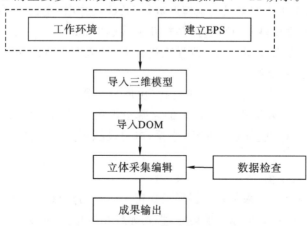

图 7-21 EPS 立体采集工作流程

具体步骤如下。
1. 新建工程及数据加载
（1）新建工程：打开 EPS 软件，选择"三维测图"→"新建"选项，选择合适的处理模板，并单击"确定"按钮。

（2）模型格式转换：在加载 EPS 要求的三维模型时，需要将用 Context Capture 等软件生成的三维模型格式转换成 EPS 要求的.dsm 格式。

如果基于垂直摄影模型进行 DLG 制作，需要在弹出的"生成垂直摄影模型"对话框中分别选择前面已生成的 DOM、DSM 的文件，确定后会在目标文件夹生成 DOM 套合 DSM 生成的垂直模型（一个.dsm 格式的三维模型文件）。

如果基于倾斜影像生成的实景三维模型进行 DLG 制作时，单击"三维测图"→"数据转换"，在弹出的对话框中选择前期生成的".3MX"格式的三维模型，单击确定进行转换。转换后会生成一个格式为".dsm"的三维模型文件。

（3）加载（打开）"*.dsm"格式的三维模型文件。在 EPS 软件三维测图模块中"加载垂直摄影模型"，如图 7-22 所示，然后加载 DOM 影像，加载完成后，可进行 DOM 辅助下的垂直摄影模型的 DLG 数据采集操作。

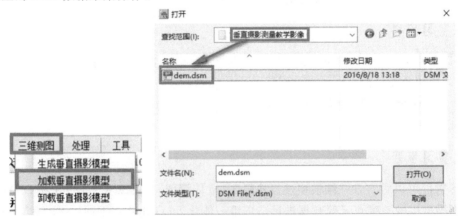

图 7-22 "加载垂直摄影模型"界面

如果基于倾斜影像生成的实景三维模型进行 DLG 制作时，单击"三维测图"→"加载网络倾斜模型"或"加载本地倾斜模型"，选择并打开生成的".dsm"文件，加载完成后，如图 7-23所示。这样，即可开始基于倾斜实景三维模型进行 DLG 数据采集的操作。

2. 基本地物要素采集及绘图
本次实习主要采集以下几类地物：建筑物（房屋），采用一般建筑物；道路，路面小于 2 m 采用单线路，大于 2 m 采用双线路，建设中的路基也需要表示；耕地（农田），对于同一类型农田需要合并、农田内包含的陡坎也要采集；水系；电力设施，包含电线杆、变压器、线路、信号塔；高程注记。

1）建筑物（房屋）的绘制

房屋（采房角）采集模式：采集好的图形只保留了房子的角点，扩展属性，图形特征（房子高度），每个点都有空间 x,y,z 坐标。采集时，将光标放在房角处，依次采集房屋的各个角点，二维、三维哪个窗口清晰就测哪边。垂直摄影为单镜头无人机拍摄，获取不到侧面层数信息及结

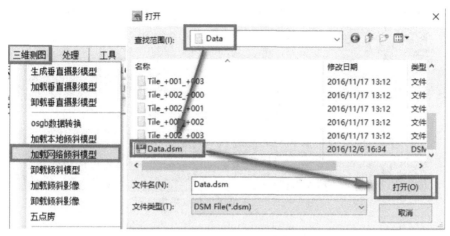

图 7-23 加载倾斜实景三维模型界面

构,因此采集房屋要素时,操作如下:

(1)选择房屋编码"3103013 建成房屋";
(2)快捷键启动:按 Ctrl+A 组合键,弹出图 7-24 所示对话框,锁定房屋高程;

图 7-24 房屋要素采集时房屋高程锁定界面

(3)依次顺序方向或逆序方向采集房屋的各个角点;
(4)采集完角点后按快捷键 C 闭合,如图 7-25 所示。
2)道路(多义线)

绘制道路,一个对象含多种线型(直线、圆弧与曲线),直线与圆弧曲线是一个整体,采集编辑过程二三维都支持强大的快捷键。快捷键使用:"1""2""3",操作方法:

(1)选择道路编码"4305034 支路边线";
(2)绘制道路,绘制过程中可以用快捷键绘制:1(直线)、2(曲线)、3(圆弧)绘制多义线线型,如图 7-26 所示。

3)道路(平行线)

测量道路,先沿着道路一边采集,采集结束后,在光标位置自动生成平行线。功能勾选,加线状态选中,结束生成平行线操作方法:

图 7-25　二三维房屋角点采集界面

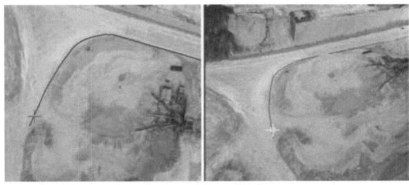

图 7-26　绘制多义线道路界面

(1)选择道路编码"4305034 支路边线";
(2)绘制道路,绘制结束后选中"结束生成平行线"复选框,如图 7-27 所示;

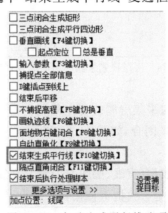

图 7-27　勾选生成平行线选项

(3)鼠标放置到道路另一条边线单击右键,自动在鼠标位置生成道路平行线,如图 7-28 所示。

4)植被(旱地)

先采集植被边界,边界勾绘完成后,进行植被构面,系统自动生成二三维植被符号,植被数据与实景模型相吻合。具体操作如下：

(1)鼠标放在闭合区域，使用快捷键 Shift＋G，在弹出窗口中设置填充面编码"8103023 旱地"，如图 7－29 所示。

(2)鼠标可以依次放置到闭合区域，使用快捷键 G 设置填充面编码"8103023 旱地"，如图 7－30 所示。

图 7－28　结束生成平行线道路

图 7－29　设置填充编码

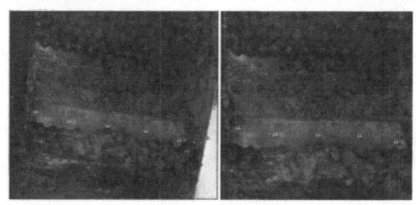

图 7－30　旱地填充

3.基本地形要素采集及绘图

1)高程点的采集

自动提取垂直三维模型上高程点的方法：选择"三维测图"→"等高线高程点"→"提取高程点"选项，弹出如图 7－31 所示对话框。

"高程下降"文本框主要以树木遮挡且已知树高的状态下，提取高程点直接降高程使用。

操作方法如下。

(1)点选方式：以单击处为圆心，在圆心处增加高程点。方法如下：点选→启动功能，输入高程点编码"7201001 高程点"，单击需要高程点的位置，自动提取高程点，并标出高程标注，如图 7－32 所示。

(2)线选方式：在等高线间距有效时，沿所划线方向每相隔输入间距值增加高程点，单击右键结束。方法如下：线选→启动功能，输入高程点的编码、高程点的间距，便可自动生成高程点，如图 7－33 所示。

图 7-31 提取高程点选项界面

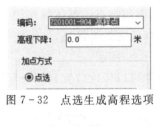

图 7-32 点选生成高程选项

图 7-33 线选生成高程选项

(3)面选方式:按给定网格间距在所选范围内生成的网格中心位置增加高程点,单击右键结束。等高线编码:此项不为空时,并且等高线限差(m)有效,高程点距等高线小于该限差时不生成。方法如下:

面选→启动功能,输入高程点编码"7201001 高程点"、输入等高线编码"7101012 首曲线""7101012 计曲线"等高线限差 0.5(限差:与等高线的距离 0.5 的位置不提取高程点,避免点线矛盾),手动绘制范围,提取高程点或选择闭合的面地物,直接提取出高程点,如图 7-34 所示。

图 7-34 面选生成高程选项

2)等高线的采集(根据高程点采集)

等高线的采集有以下三种方式:手绘、根据高程点采集和 DEM 生成。

(1)通过采集高程点生成等高线的操作方法。

①根据已有的高程点,选择"地模处理"→"生成三角网"选项,弹出如图 7-35 所示对话框。

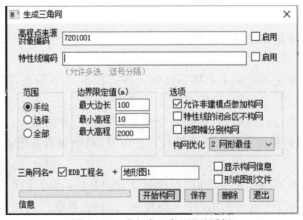

图 7-35 "生成三角网"对话框

生成的不规则三角网如图 7-36 所示。

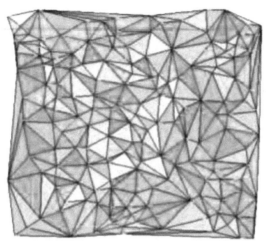

图 7-36 不规则三角网

②高程点来源对象编码：生成三角网时高程点来源，编码有多个时用英文逗号隔开，如不勾选，启用"系统默认高程点来源于图面高程点"。

③特性线编码：为了使数字地面模型更真实地表示实际地形，在建模时还必须考虑地形的特性线（注：填写了特性线编码必须勾选"启用"）。特性线一般为地性线（山脊线或山谷线）；断裂线（陡坎、房屋等）任何线状地物。特性线控制了三角网和等高线的生成形状，从而使生成的三角网更符合实际地形。

④构网范围：如果选择"绘制范围线"，用鼠标在目标区域画一个多边形范围线（鼠标右键闭合）；如果选择"已有范围线"，用鼠标在目标区域选择一个闭合地物（线或面对象）；如果选择"全部数据"，则当前内存中所有建模点都将参加构网。

⑤最大边长：生成三角网时所允许的大三角形边长，通过设置大边长，可以有效控制狭长三角形的生成。

⑥大小高程：小于小值或大于大值的高程点，在生成三角网时将被忽略。可使一些错误的高程点不参加构网。

⑦特性线的闭合区不构网：闭合特性线的闭合区域内不生成三角网。

⑧生成三角网：点击开始构网，系统将收集指定区域内的全部可参加建模的高程点自动构网。

(2)通过 DEM 生成等高线的方法。

菜单启动：选择"三维测图"→"等高线高程点"→"DEM 生成等高线"选项，操作方法如下。

①启动 DEM 生成等高线功能。

②设置等高线 1 m。

③设置高程范围（平地、丘陵、山地）区域不同，设置的高程范围也不同。

④设置，计曲线编码"7101022"；首曲线编码"7101022"，编码根据模板中定义的设置。

⑤选择"DEM 文件"。

⑥单击"生成"按钮，自动生成等高线，如图 7-37 所示。

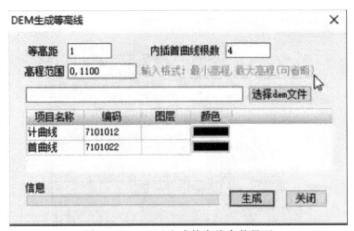

图 7-37 DEM生成等高线参数界面

3)斜坡的绘制

采集时先采集坡顶,再采集坡底,系统自动生成二三维斜坡符号,斜坡数据与实景模型相吻合。操作方法如下。

①选择斜坡编码"7601013 未加固斜坡范围面"。

②鼠标左键点击绘制坡顶线,坡顶结束的位置使用快捷键J。

③继续绘制坡的宽度,再绘制坡底线,使用快捷键C。

④斜坡符号绘制完成后也可再使用快捷键J。

⑤调整斜坡美观,保证坡上线和坡下线都有节点,在节点位置可以使用快捷键K,如图7-38所示。

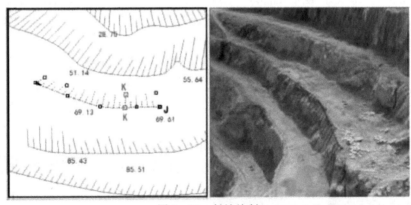

图 7-38 斜坡绘制

操作过程中注意事项:按模型进行全要素采集,做到不变形、不移位、无错漏。采集依比例及用符号表示的地物时,应以测标中心切准轮廓线或拐点连接,采集不依比例尺表示地物时,就以测标中心切准基点、结点、定位线。对模型不清楚,无法准确定位时,务必在相应位置做标记,以便外业调绘补测。

4.其他工作

(1)绘制注记的启动方式:选择"工具条"→"加注记"选项,弹出如图 7-39 所示面板。

(2)地物及地形要素的几何编辑。EPS软件的地物及地形要素的几何编辑功能基本与CAD、南方CASS软件相同,具体相关操作可借鉴以前所学CASS软件知识、同时结合自行查找相关资料方式进行解决。

以上基于垂直摄影三维模型、倾斜摄影实景三维模型的两种DLG制作的更多细节参见《EPS三维测图系统(倾斜摄影)快速入门手册》。其中,地物、地貌要素按《国家基本比例尺地图图式第1部分:1∶500 1∶1000 1∶2000地形图图式》(GB/T 20257.1—2007)表示。

图7-39 线型注记

5. 外业调绘补测

外业人员按规范、图式、设计书的要求,对内业测绘的地形地物要素进行野外检查、调绘及补测。因此,外业调绘补测也是确保地形图数学精度和地理精度的重要环节。

外业调绘一般作业流程:资料准备、外业检查、调绘补测、内业编辑、成果输出。

外业调绘主要工作内容:

(1)调注各种地理名称、房檐改正数据、房屋层数结构等。

(2)补测原图上没有的地物、地貌要素。

(3)测注建成区铺装路面高程注记点。

(4)检查纠正内业错绘的地物、地貌;实地检测地物、地貌的绝对精度和地物的相对精度。

调绘作业中需注意以下方面:

(1)调绘补测工作要认真细致,对原图上的每一条线、每一个符号都要仔细判读,并将所调绘的内容及相关量测的数据用红笔标注在图纸上,做到图面整洁、易读,字迹清晰不乱,数据交代明确,综合取舍合理。

(2)为确保图幅的地理精度,对图内所有的地物地貌元素应逐一进行量注、定性、取舍,准确真实反映地物地貌。

(3)对航内的差、错、漏,外业调绘能处理的一定要处理清楚。对新增地物、地貌要实地补测。

(4)一般补测内容直接清绘在线划图上,各类补测要素要有足够的定位数据,能准确进行内业数据图形编辑。

(5)大面积补测的内容应在外业形成图形数据并编辑后提供给内业。

(6)在清绘或编辑时要遵循线状要素连通、面状要素封闭的数据要求。

6. 成果整理

(1)数据编辑。在采集原图的基础上根据调绘的内容,遵循《技术设计书》"图式"的要求执行编辑。完成后要进行接边检查,使要素的层、颜色、线型、属性保持一致。

图面表示合理、图式运用适当。图面整洁,线条美观,曲线光滑、无变形。文字注记要按所指示的地物能明确判读,一般字头名朝北,道路、河流名称可随线状弯曲的方向排列。编辑中通常遵循以下原则:

①准确性原则:编辑时应以外业调绘为准,数据编辑前后,几何精度无损。

②合理性原则:地形图要素之间关系表示完整、合理、清晰。

③一致性原则:要素数据连接、编码、层、色、线型、线宽、字体必须保持与编码方案一致。

(2)数据输出。EPS平台软件可以根据需要输出国家相关标准的DWG图形文件、SHP地理信息文件以及制图文件。

7.产品质量检查

按以上步骤生成了 DLG 产品，需要按 1∶500 的 DLG 产品规范进行产品质量的检查，并输出产品质量（精度）检查报告。检查的具体内容及方法参见相关规范：《基础地理信息数字成果 1∶500 1∶1000 1∶2000 数字线划图》(CH/T 9008.1—2010)、《国家基本比例尺地图图式第一部分：1∶500 1∶1000 1∶2000 地形图图式》(GB/T 20257.1—2017)。

7.7 实景三维模型的单体化

一、实习目的与要求

(1)理解基于实景三维模型单体化的目的和意义。
(2)掌握基于实景三维模型单体化及模型修饰的作业步骤及方法。
(3)每小组 5~6 人，相互协作，完成给定实景模型的单体化成果和质量检查。

二、实习准备

(1)大势智慧模方(ModelFun)(4.0 及以上)、天际航 DP-Modeler、清华三维 EPS、PIE-Model 等专业软件。
(2)电脑(硬件配置需满足软件安装运行要求，提前安装好给定的软件)。
(3)实习指导书、相应的作业规范及实习记录本。

三、实习内容

(1)运用给定专业软件完成实景模型的单体化。
(2)单体化模型的编辑修改。
(3)成果质量检查。

四、实习步骤

实景三维模型单体化是将生成的实景三维模型进行处理，将其拆分成多个单体化模型，使得每个单体化模型都可独立进行编辑和处理，能够独立表达、挂接属性以及查询统计与分析等。单体化过程通常包括以下几个步骤。

(1)对实景倾斜摄影模型进行分割：将建筑物、道路、桥梁等建筑物进行分割，得到多个子模型。
(2)对每个子模型进行精细化编辑：对每个子模型进行进一步的编辑和处理，包括删除冗余信息、修复缺陷、调整纹理等。
(3)对子模型进行贴合和拼接：将多个子模型进行拼接和贴合，生成一个完整的三维模型。
(4)对整体模型进行优化：对整体模型进行优化，包括优化模型的细节、压缩模型大小、提高模型渲染速度等。

实景三维模型的单体化软件较多，其中，航天宏图自主研发的 PIE-Model 软件是一款集精细化单体建模及 Mesh 网格模型修饰于一体的软件。本书以 PIE-Model 软件为例，阐述了实景三维建模单体化及 Mesh 网格模型修饰的操作步骤，具体见第 10 章。

第8章 测绘技能竞赛

测绘类专业是实践性很强的专业，实践教学是测绘类专业的重要组成部分，举办大学生测绘技能竞赛，可以提高学生的测绘综合技能，培养学生的团队协作意识和不怕苦、不怕累的优秀品质，同时，还能激发学生的实践创新热情，发挥第二课堂的积极带动作用，强化学生自主学习的能力，对于提高测绘类专业实践教学质量，具有很重要的意义。

8.1 概　述

"全国大学生测绘技能大赛"是由教育部高等学校测绘类专业教学指导委员会、中国测绘学会教育委员会和自然资源部职业技能鉴定中心联合发起并主办的，是全国高等学校测绘专业类的重要赛事，迄今为止共举办了七届，大赛由最初的30多所学校参赛的三个基本赛项（导线测量、水准测量、数字化测图），发展到2018年113所大学114支代表队参赛的四个赛项（新增测绘程序设计），2020年起增加了大学生创新创业内容，参赛学校更是达到了空前的规模，几乎包含了所有开设测绘类专业的学校，以及土木、建筑、地矿等相关专业的学校，2022年参赛高校达到240多所，线上参赛选手超过4500人，创造了历史之最。2023年更名为全国大学生测绘学科创新创业智能大赛，并列入《2023全国普通高校大学生竞赛分析报告》竞赛目录。

一、举办竞赛的目的

测绘科学在新技术革命的浪潮中迎来了前所未有的机遇和挑战，测绘高等教育也面临着新思维、新使命、新挑战。举办全国大学生测绘技能竞赛，有助于进一步提升大学生专业实践能力和团队协作精神，促进各高校测绘专业师生之间的互动交流，不断更新和完善人才培养理念、目标和模式，积极推动全国测绘教育教学改革。举办竞赛主要有以下意义。

（1）检验实践教学的效果，检验学生的实践能力和基础知识的掌握水平，培养学生的外业数据采集以及内业数据处理等方面的实践能力，提高大学生解决生产实践问题的综合能力。通过竞技提升学生相互间的学习竞争意识，调动学生努力实践、勇于实践的积极性。

（2）增强校际学生之间、教师之间的交流，交流各高校开展实践教学方面的经验与成果。为在校学生提供一个充分展示技术水平和操作能力的竞技舞台，开展全国各高校测绘学科大学生之间的实践技能交流，培养学生的团队协作意识和认真细致的良好业务作风，进而提高实践教学质量。

二、竞赛内容与竞赛形式

1.竞赛内容

由教育部高等学校测绘类专业教学指导委员会、中国测绘学会教育委员会联合主办的前五届"全国大学生测绘技能大赛"的竞赛内容是四等水准测量、二等水准测量、一级电磁波测距导线测量、1∶500数字测图、测绘程序设计,从第六届全国高校大学生测绘技能竞赛开始,综合考虑各种因素,引入虚拟仿真系统,竞赛内容调整为1∶500虚拟仿真数字测图、测绘程序设计、无人机航测虚拟仿真,这些项目都是参赛选手团体协作、共同完成的集体项目。

2. 竞赛形式

以2022年全国高校大学生测绘技能竞赛为例,阐述竞赛形式及要求。

(1) 凡开设测绘类专业的本科院校均可组队报名参赛。每个学校(学院)组建一支参赛队,每支队必须参加全部三项比赛,其中虚拟仿真数字测图竞赛模块限报3组,测绘程序设计竞赛模块限报1组,无人机航测虚拟仿真模块限报3组,不得跨校组合,每组由2名选手和1名指导教师组成,参赛选手必须是在校本科生且不可兼项,各学校(学院)必须同时参加竞赛的三项内容,凡不在规定时间内提交预报名表的学校(学院)不得参赛;凡预报名后无故不参赛的学校(学院)不得参加下次比赛。

(2) 虚拟仿真数字测图和无人机航测虚拟仿真比赛分预赛和决赛。预赛由各高校自行组织,由南方测绘派技术人员到现场进行比赛指导,预赛结束后,按照两个赛项分别择优推荐3组参加国赛决赛。

(3) 测绘程序设计比赛分预赛和决赛。预赛由各高校在正式报名前自行组织,并择优推荐1组报名并参加决赛。

(4) 综合各种因素,决赛采用选手线上、评委线下的模式进行。

三、成绩评定

以2022年全国高校大学生测绘技能竞赛为例,竞赛成绩评定规则如下:

(1) 虚拟仿真数字测图和无人机航测虚拟仿真比赛的预赛成绩由"南方测绘竞赛计算机自动评分系统"自动评判,决赛成绩由南方测绘计算机自动评分系统和专家评判相结合方式评定,测绘程序设计比赛决赛成绩由专家评定。

(2) 虚拟仿真数字测图比赛、测绘程序设计比赛和无人机航测虚拟仿真比赛的单项成绩为决赛参赛队的实际得分;单项成绩评定按比赛规程执行,满分均为100分。

(3) 团体总成绩计算方法:三项比赛都有单项成绩才有资格参加团体总成绩的计算,团体总成绩按参赛队三个单项比赛中的得分加权求和计算,其中"虚拟仿真数字测图""测绘程序设计""无人机航测虚拟仿真"的权重分别为0.4、0.3和0.3。

8.2 水准测量竞赛

在前四届的全国高校大学生测绘技能竞赛中,其中关于水准测量单项竞赛分四等水准测量和二等水准测量两种。无论是二等水准测量还是四等水准测量,竞赛通常都是单程测量,因此,竞赛路线可以是闭合路线或附合路线,路线总长度在2 km左右,分成4个测段,每个测段的设站数以4~6站为宜,必须在规定的时间内完成竞赛任务,水准测量竞赛时间规定为70分钟。

一、水准测量竞赛总则

(1)水准测量竞赛开始前,参赛队首先抽签出场顺序,然后抽签起点、闭点和待定点,这些抽签所得点组合成本队的竞赛路线。

(2)可以不使用标尺撑杆,但必须使用尺垫,二等水准测量应按照竞赛委员会规定,使用规定的尺垫。

(3)连续测站安置水准仪脚架时,应使其中两个脚与水准路线的方向平行,第三只脚轮换置于前进方向的左侧或右侧。

(4)除路线转弯处,每个测站上仪器与前、后视标尺应尽量接近于直线。

(5)手簿记录一律使用铅笔填写,记录完整,记录的数字与文字力求清晰、整洁。

(6)因测站观测误差超限,在本站检查发现后可立即变换仪器高重测,若迁站后才发现,应从上一个点(起点、闭点或者待定点)开始重测。

(7)水准路线各测段的测站数必须为偶数。

(8)每测站的记录和计算全部完成后方可迁站。

(9)测量员、记录员、扶尺员必须轮换,每人观测1测段、记录1测段。

(10)现场完成高程误差配赋工作,不允许使用非竞赛委员会提供的计算器。

(11)竞赛结束,参赛队上交成果的同时,应将仪器装箱、脚架收好,方可结束计时。

二、四等水准测量竞赛技术细则

四等水准测量竞赛通常采用带有附合水准器的DS3光学水准仪、3 m或2 m的木质双面水准标尺及其配套尺垫。测量及计算必须遵守以下要求:

(1)观测采用中丝读数法单程观测,视线长度、前后视距差、黑红面读数之差和黑红面所测高差较差要求如表8-1所示。

表8-1 四等水准测量基本技术要求

视线长度/m	前后视距差/m	前后视累积差/m	黑红面读数之差/mm	黑红面所测高差较差/mm	路线高差闭合差/mm
≤100	≤3.0	≤10.0	≤3.0	≤5.0	≤$20\sqrt{L}$

注:L为水准路线总长度(km)。

(2)观测时,前、后视距离必须根据上、下丝读数计算,上、下丝读数应记录在竞赛专用手簿中,观测顺序为后—后—前—前或后—前—前—后。

(3)测量的任何原始记录不得擦去或涂改,错误的成果(仅限于米位、分米位读数)与文字应单线正规划去,在其上方写上正确的数字与文字,并在备注栏中注明"测错"或者"记错"。

(4)错误成果应当单线正规划去,并在备注栏中注明"超限",重测的成果须注明"重测"。

(5)水准路线闭合差应满足表5-1的限差规定。

三、二等水准测量竞赛技术细则

二等水准测量竞赛通常采用数字水准仪、2 m标尺及其配套尺垫,测量及计算必须遵守以下要求:

(1)测站视线长度、前后视距差及其累计、视线高度和数字水准仪重复测量次数等按表8-

2 规定。

表 8-2 二等水准测量基本技术要求

视线长度/m	前后视距差/m	前后视距累积差/m	视线高度/m	两次读数所得高差之差/mm	重复测量次数	路线闭合差/mm
3~50	≤1.5	≤6.0	0.55~2.80	≤0.6	≥2	≤$4\sqrt{L}$

注：L 为水准路线总长度(km)。

(2)竞赛过程中不得携带仪器或标尺跑步。

(3)水准路线采用单程观测，每测站读两次高差，奇数站观测水准尺的顺序为后—前—前—后；偶数站观测水准尺的顺序为前—后—后—前。

(4)同一标尺两次读数不设限差，但两次读数所测高差之差应满足表 8-2 的规定。

(5)观测记录的错误数字与文字应用单横线正规划去，在其上方写上正确的数字与文字，并在备注栏注明原因："测错"或"记错"，计算错误不必注明原因。

(6)因测站观测误差超限，在本站检查发现后可立即重测，重测必须变换仪器高。若迁站后才发现，应退回到本测段的起点重测。

(7)无论何种原因使尺垫移动，应退回到本测段的起点重测。

(8)超限成果应当正规划去，超限重测的应在备注栏注明"超限"。

(9)水准路线各测段的测站数必须为偶数；每测站的记录和计算全部完成后方可迁站。

(10)测量、记录和扶尺都必须轮换，每人观测 1 测段、记录 1 测段。

(11)现场完成高程误差配赋计算，竞赛结束，参赛队上交成果时，应将仪器脚架收好，计时结束。

(12)高程误差配赋计算，距离取位到 0.1 m，高差及其改正数取位到 0.00001 m，高程取位到 0.001 m，写出闭合差和闭合差允许值。

四、水准测量竞赛成绩评定

水准测量竞赛成绩评定主要从参赛队的测量过程、成果质量和竞赛用时等方面考虑，采用百分制，见表 8-3。其中测量过程及成果质量成绩 70 分，竞赛用时成绩 30 分。

表 8-3 测量过程评分表

评测内容	评分标准
携带仪器设备(标尺)跑步	警告无效，跑 1 步扣 1 分
观测、记录轮换	违规 1 次扣 2 分
骑在脚架腿上观测	违规 1 次扣 1 分
高差测量	2 次中丝读数少读 1 次(后视或前视)扣 5 分
视距测量	不读或者故意读错 1 次扣 2 分
测站记录计算未完成就迁站	违规 1 次扣 2 分
记录转抄	违规 1 次扣 2 分
违规显示高差	违规 1 次扣 2 分

续表

评测内容	评分标准
使用电话、对讲机等通讯工具	出现 1 次扣 2 分
观测记录不同步	违规 1 次扣 2 分
观测手簿用橡皮擦	违规,不合格成果(二类成果)
整测站划改	超过 1/3 扣 5 分
故意干扰别人测量	造成重测后果的扣 10 分
仪器设备	水准仪及标尺摔倒落地,取消竞赛资格

注:测量过程扣分直接在总成绩中减。

(1)竞赛用时成绩。每组得分 S_i 按下式计算,其中 T_1 为所有参赛队中用时最少的时间,T_n 为所有参赛队中用时最多的时间,T_i 为第 i 组竞赛实际用时。

$$S_i = \left(1 - \frac{T_i - T_1}{T_n - T_1} \times 40\%\right) \times 30$$

(2)竞赛过程及成果质量成绩。成绩评定从测量过程和测量成果质量两方面考虑:测量过程评分如表 8-3 所示,成果质量评分如表 8-4 所示。

表 8-4 成果质量评分表

	评测内容	评分标准
观测与记录 40 分	每测段测站数为偶数	奇数测站为不合格成果
	测站限差	视线长度、视线高度、前后视距差、前后视距累计差、高差较差等超限为不合格成果
	观测记录	连环涂改为不合格成果
	记录手簿	手簿内部出现与测量数据无关的文字符号等为不合格成果
	手簿记录空栏或空页	空 1 栏扣 2 分,空 1 页扣 5 分
	手簿计算	每缺少 1 项或错误 1 处扣 1 分
	记录规范性	就字改字、字迹模糊影响识读 1 处扣 2 分
	手簿划改不用尺子或不是单横线	违规 1 处扣 1 分,最多扣 4 分
	同一数据划改超过 1 次	违规 1 处扣 1 分,最多扣 4 分
	划改后不注原因,或注明原因不规范	1 处扣 0.5 分,最多扣 2 分
	手簿划改太多	超过有效成果记录的 1/3 扣 5 分

续表

评测内容		评分标准
内业计算 30 分	水准路线闭合差	超限为不合格成果
	平差计算(20分)	一处计算错误扣 $1+0.5n$ 分,n 为影响后续计算的项目数,扣完为止
		全部未计算扣 20 分;只计算路线闭合差扣 15 分;未计算闭合差限差扣 3 分; 其他计算缺项或未完成酌情扣分
	待定点高程检查	与标准值比较不超过 ± 5 mm 不超限,超限 1 点扣 2 分
	成果表	不填写成果表扣 2 分;填写错误每点扣 1 分
	计算表整洁	每一处非正常污迹扣 0.5 分

8.3 导线测量竞赛

导线测量竞赛的等级多为一级导线,竞赛路线是附合导线或闭合路线,竞赛路线上设 2~3 个待定点,构成 4 站以上,导线边长 200 m 左右,最好各边大致相等。

一、导线测量竞赛总则

(1) 各队按照自己的竞赛出场顺序,在规定的时间由大赛工作人员指引下,到现场熟悉竞赛场地,同时做好竞赛的各项准备工作。

(2) 导线测量的竞赛时间规定为 60 分钟,凡超过规定的时间,立即终止竞赛。

(3) 竞赛设计为附合路线,导线路线经过 2 个指定未知点,竞赛委员会为每队提供两个互相通视的平面控制点,作为附合导线的起、闭点,并互相作为定向点。

(4) 竞赛委员会事先设计多条竞赛路线,各队现场抽签决定竞赛路线。

(5) 参考的技术标准:《城市测量规范》(CJJ/T 8—2011)、《工程测量标准》(GB 50026—2020) 和相应的竞赛细则。

(6) 要求参赛队在规定的时间内,完成竞赛路线测量,现场完成导线近似平差计算,并填写待定点成果表,上交"导线测量记录计算成果"。

(7) 成果一旦提交就不得以任何借口要求修改或者重测。

二、导线测量竞赛技术细则

导线测量竞赛开始,参赛选手先按要求施测抽签得到的导线测量路线,然后按照近似平差方法计算点的坐标,其测量及计算要求如下:

(1) 竞赛时每队只能使用三个脚架,所有点位都必须使用脚架,不得采用其他对中装置。

(2) 参赛队员轮流完成导线的全部观测,每人观测 1 测站、记录 1 测站,现场完成导线成果计算。

(3) 转站时仪器必须装箱,棱镜可以不装箱。测量过程中仪器必须始终有人看守,岗位轮换时选手可以短暂离开安放棱镜的脚架,但最多不得超过 2 分钟。

(4) 观测按测回法,配置度盘:第一测回 0°10′00″左右,第二测回 90°10′00″左右,盘左盘右均不得配置 00″,观测及计算限差见表 8-5。

表 8-5 一级导线测量基本技术要求

水平角测量(2″级仪器)			距离测量		
测回数	同一方向值各测回较差	一测回内 2C 较差	测回数	读数	读数差
2	9″	13″	1	4 次	5 mm
闭合差					
方位角闭合差			$\leqslant \pm 10″\sqrt{n}$		
导线相对闭合差			$\leqslant 1/14000$		

注:表中 n 为测站数。

(5) 距离测量时,温度及气压等气象改正由仪器自动改正。

(6) 测量成果使用铅笔记录计算,应记录完整,记录的数字与文字应清晰,整洁,不得潦草。

(7) 平差计算表可以用橡皮擦,但必须保持整洁、字迹清晰、不得划改。

(8) 错误成果与文字用单横线正规划去,在其上方写上正确的数字与文字,并在备注栏注明原因:"测错"或"记错",计算错误不必注明原因。

(9) 角度记录手簿中秒值读(记)错误应重新观测,度、分读(记)错误可在现场更正,同一方向盘左、盘右不得连环涂改。

(10) 距离测量时不得提前记录重复测量的距离。厘米和毫米读(记)错误应重新观测,分米以上(含)数值的读(记)错误可在现场更正。

(11) 测站超限可以重测,重测必须变换起始度盘 10′以上,可以重测第一测回,也可以重测第二测回。错误成果应当正规划去,并应在备注栏注明"超限"。

(12) 坐标计算:角度及角度改正数取位至整秒,边长、坐标增量及其改正数、坐标计算结果均取位至 0.001 m,相对闭合差必须化为分子为 1 的分数。

三、导线测量竞赛成绩评定

导线测量竞赛成绩评定主要从参赛小组的作业速度和导线测量成果质量(观测与记录规范与否和计算成果正确与否)等方面考虑,采用百分制,其中,作业速度占 30 分,计算式与 8.2 节中"水准测量竞赛"用时成绩计算式相同,而竞赛成果质量成绩由测量过程及测量成果质量成绩组成,占 70 分,其中测量过程评分如表 8-6 所示,成果质量评分如表 8-7 所示。

表 8-6 导线测量过程评分表

评测内容	评分标准
仪器箱盖及时关好	违规 1 次扣 1 分
迁站时仪器装箱扣好	违规 1 次扣 2 分
携带仪器设备(脚架棱镜)跑步	警告无效,每跑 1 步扣 1 分

续表

评测内容	评分标准
观测、记录按规定轮换	违规1次扣2分
仪器设备无人看守	超过3分钟扣2分
记录者引导观测者读数	违规1次扣1分
用橡皮擦手簿	违反视为不合格成果
测站记录计算未完成就迁站	每出现1次扣2分
观测记录不同步,提前记录数据	违规1次扣2分
骑在脚架腿上观测	违规1次扣1分
记录成果转抄	违规1次扣2分
观测不读数或记录数据不复述	违规1次扣1分
影响其他队测量	造成必须重测后果的扣10分,严重者取消资格
仪器设备	全站仪及棱镜摔倒落地,则取消资格

注:测量过程扣分直接在总成绩中减。

表8-7 导线测量成果质量评分表

	评测内容	评分标准
观测与记录 40分	测站限差	同一方向两测回较差或2C超限视为不合格成果
	角度观测记录	角度改动秒值,或连环涂改视为不合格成果
	距离观测记录改动厘米、毫米	违规视为不合格成果
	手簿内部写与测量数据无关内容	违规视为不合格成果
	记录规范性(4分)	就字改字或字迹模糊影响识读,1处扣2分
	手簿缺项或计算错误(10分)	每出现1次扣1分,扣完为止
	手簿划改(4分)	非单线或者不用尺子的划线,1处扣1分,扣完为止
	同一位置划改超过1次(4分)	违规1处扣1分,扣完为止
	划改后不注原因或不规范(2分)	违规1处扣1分,扣完为止
内业计算 30分	方位角闭合差或相对闭合差限差	超限视为不合格成果
	整测站划掉的成果	划改超过两站扣5分
	计算表填写不全	f_x、f_y、K、f_β等缺一项扣2分
	相对闭合差化成分子为1的分数	违规1处扣2分
	平差计算(20分)	一处计算错误扣$1+0.5n$分,n为影响后续计算的项目数。全部未计算扣20分;只计算方位角闭合差扣15分;其他计算缺项或未完成酌情扣分。
	坐标检查(6分)	与标准值比较超过5 cm为超限,每超限1点扣3分
	计算表整洁(2分)	每1处非正常污迹扣0.5分,扣完为止

8.4 数字测图竞赛

数字测图是地形测量的综合技术活动,对于提高参赛选手测量的综合能力具有很重要的作用,因而是测绘技能竞赛的重要内容之一。由于数字测图竞赛还涉及绘图计算机和绘图软件等,在竞赛中出现的问题与水准测量、导线测量等竞赛不同。本节主要围绕1∶500数字测图(实地)和引入虚拟仿真系统后的1∶500虚拟仿真数字测图(虚拟场景)竞赛要求、技术细则和成果质量成绩评定等展开阐述。

一、数字测图竞赛总则

1. 1∶500 数字测图(实地)

(1)数字测图竞赛要求选手在规定的时间内(内、外业共计160分钟),完成规定区域的测图任务,测图比例尺一般为1∶500,数字测图的4名选手共同完成数据采集和编辑成图。

(2)数字测图的技术标准分别为《1∶500 1∶1000 1∶2000外业数字测图技术规程》(GB/T 14912—2017)、《国家基本比例尺地图图式第一部分1∶500 1∶1000 1∶2000地形图图式》(GB/T 20257.1—2017)、《城市测量规范》(CJJ/T 8—2011)、《全球定位(GPS)测量规范》(GB/T 18314—2009)、数字测图竞赛技术规范。

(3)竞赛可以重测或者返工,但初测、计算或绘图、重测及返工的总时间不能超过竞赛总时间,重测或者返工时必须四名选手集体到场。

(4)测图通视条件良好,地物、地貌要素齐全,难度适中,能够满足多个队同时开始测图竞赛。

(5)竞赛为每个参赛队提供2个控制点和1个检查点,控制点之间可能互不通视,参赛队利用GNSS流动站在已知点上测量确定坐标系转换参数后测图。

(6)对于测区内GNSS卫星定位仪不能直接测定的地物,需要用全站仪测定。

(7)内业编辑成图在规定的机房内完成,竞赛委员会提供安装有中望CAD平台的数字测图软件CASS9.2的计算机。

2. 1∶500 虚拟仿真数字测图

(1)虚拟仿真数字测图竞赛要求在180分钟(含内、外业)完成规定的竞赛任务,达到规定的时间,立即终止竞赛。

(2)为了更贴近生产实际,要求采用一次性外业数据采集后再进行内业成图的比赛模式。不按此要求进行的,视为违规,取消比赛成绩。

(3)根据比赛形式设立线上、线下竞赛巡视/视频裁判,线上竞赛全程录屏录像,监督比赛过程,保证竞赛的公平公正;线上竞赛全程录屏录像,对参赛选手采用人脸识别技术,禁止人员更换串题,出现作弊现象,远程监考人员有权处罚扣分,甚至取消比赛。

(4)采用的技术标准分别为《1∶500 1∶1000 1∶2000外业数字测图技术规程》(GB/T 14912—2017)、《国家基本比例尺地图图式第一部分1∶500 1∶1000 1∶2000地形图图式》(GB/T 20257.1—2017)、《城市测量规范》(CJJ/T 8—2011)、《测绘成果质量检查与验收》(GB/T 24356—2009)、1∶500虚拟仿真数字测图竞赛细则。

(5)竞赛使用的硬件设备需参赛者自备,主要包括:电脑,为了保证比赛软件能够流畅运行,建议电脑的配置为操作系统(Windows 10)、CPU(NU i5-8600 AU 锐龙3600)、显卡(GTX950)、内存(8GB)。

(6)摄像设备每台电脑1个(适用于线上竞赛):主要用于比赛现场的实时监控。

(7)竞赛使用的软件(SouthMap For AutoCAD 2017 数字化成图软件)由组委会统一提供,主要包括:数字测图仿真软件(训练版),赛前培训和训练使用。数字测图仿真软件(比赛版),比赛当天使用,由组委会发布,同时发布比赛用账号和密码。参赛选手注意更新版本。

(8)桌面上除电脑、草图纸(3张A4大小白色且无任何字迹)、笔及通信用手机外,不允许放置任何与比赛无关的东西。

(9)比赛期间为防止意外情况发生,如断电、断网等,赛前笔记本电脑充满电,手机热点提前打开,监控视频中断3次以上(包括3次)或单次中断时长超过5分钟取消比赛资格;参赛选手全程不能离开摄像范围,比赛结束成果文件提交确认后方可离开。

二、1∶500 数字测图竞赛技术细则

(1)各参赛队小组成员共同完成规定区域内碎部点数据采集和编辑成图,队员的工作可以不轮换。

(2)竞赛过程中选手不得携带仪器设备跑步。

(3)碎部点数据采集模式只限"草图法",不得采用其他方式。

(4)用 GNSS 接收机确定全站仪的测站点时必须使用脚架。

(5)必须采用 GNSS 接收机配合全站仪的测图模式,全站仪测量的点位不少于15点。凡是全站仪测量点数不足15个点的,每少一点扣0.3分。

(6)GNSS 设备和全站仪不能同时使用。不使用的一种设备应放置在规定的位置。违规1次扣5分。

(7)草图必须绘在竞赛委员会配发的数字测图野外草图本上。

(8)按规范要求表示高程注记点,除指定区域外,其他地区不表示等高线。

(9)绘图:按图式要求进行点、线、面状地物绘制和文字、数字、符号注记。注记的文字字体采用绘图软件默认字体。

(10)图廓整饰内容:采用任意分幅(四角坐标注记坐标单位为 km,取整至 50 m)、图名、测图比例尺、内图廓线及其四角的坐标注记、外图廓线、坐标系统、高程系统、等高距、图式版本和测图时间(图上不注记测图单位、接图表、图号、密级、直线比例尺、附注及其作业员信息等内容)。

(11)上交的成果包括:原始测量数据文件(全站仪测点和 GNSS 测点的两个 dat 格式的数据文件)、野外草图、dwg 格式的地形图数据文件;上交的绘图成果上不得填写参赛队及观测者、绘图者姓名等信息。

三、1∶500 数字测图虚拟仿真竞赛技术细则

(1)比赛开始时间由仿真软件系统授权自动设置,统一开始,比赛中途由于软件技术问题导致比赛中断,裁判会相应给予延长,软件后台调取中断时间,并进行相应修正。

(2)比赛结束,成果文件在南方测绘线上竞赛系统上传,竞赛比赛结束时间以收到成果文

件时间为准，超时系统关闭将无法发送成果。

（3）比赛硬件设备出现故障，责任参赛者自负，时间不做延长。

（4）控制点成果命名规则：按 K1、K2、…、KN 进行命名，序号必须从 1 起始，不能中断。不符合命名规则的取消评比资格。

（5）碎部点成果命名规则：采用 GNSS RTK 测量的碎部点，点名为 G+数字序号形式，如 G3,G9,…；全站仪测量的碎部点点名则为 Q+数字序号，整个数字序号按 1、2、…、N 进行命名，序号必须从 1 起始，不能中断（GNSS RTK 和全站仪测量点数字序号连同点名，如 G1,G2,G3,Q4,Q5,G6,…）。不符合命名规则的取消比赛资格。

（6）须采用 GNSS 接收机配合全站仪的测图模式，对于不能使用 GNSS 接收机准确测定地物点平面位置的地物应采用全站仪施测（全站仪测点不得少于 10 个），否则视为漏测。

（7）为了适应南方测绘竞赛计算机自动评分系统，参赛选手内业成图需严格按照 SouthMap For AutoCAD 2017 数字化成图软件成图规则，具体使用方法请关注南方测绘技术培训指导。

（8）竞赛成果提交文件包括线划图文件（.dwg）、线划图文件（.pdf）、计算机自动评分系统辅助评判文件（.mks），所有的成果文件在南方测绘线上竞赛系统分类上传成功，竞赛比赛结束时间以收到成果文件时间为准。

四、数字测图竞赛成绩评定

1. 1∶500 数字测图（实地）

数字测图竞赛成绩评定主要从参赛小组的时间得分和成果质量得分两方面评定，采用百分制，其中，时间得分为 30 分，计算式与 5.2 节中"水准测量竞赛"用时成绩计算式相同，而竞赛成果质量成绩由测量过程及测量成果质量成绩组成，占 70 分，其中测量过程评分如表 8-8 所示，成果质量评分如表 8-9 所示。

表 8-8 数字测图测量过程评分表

评测内容	评分标准
故意遮挡其他参赛队观测	不听裁判劝阻，取消资格
使用非赛会提供的设备	违规，取消资格
全站仪、棱镜、GNSS 接收机	摔倒落地，取消资格
使用电话、对讲机等通讯工具	违规，取消资格
使用非赛会提供的草图纸	违规，取消资格
测定全站仪测站点和定向点不用脚架	违规 1 次扣 3 分
全站仪和 GNSS 接收机不得同时使用	违规 1 次扣 5 分
指导教师及其他非参赛人员入场	出现 1 次扣 2 分
携带仪器设备跑步	不听警告，跑 1 步扣 1 分
仪器设备不安全操作行为	每 1 次扣 2 分

注：测量过程扣分直接在总成绩中减。

表 8-9 数字测图成果质量评分表

项目与分值	评分标准
方法完整性(5分)	全站仪测点不少于 15 点,每少 1 点扣 0.5 分
点位精度(10分)	要求误差小于 0.15 米。检查 10 处,每超限 1 处扣 1 分
边长精度(5分)	要求误差小于 0.15 米。检查 5 处,每超限 1 处扣 1 分
高程精度(5分)	要求误差小于 1/3 等高距(0.15 米),检查 5 处,每超限 1 处扣 1 分
错误或违规(10分)	重大错误或违规扣 10 分;一般错误或违规扣 1~5 分
完整性(15分)	图上内容取舍合理,主要地物漏测一项扣 2 分,次要地物漏测一项扣 1 分
符号和注记(10分)	地形图符号和注记用错一项扣 1 分
整饰(5分)	地形图整饰应符合规范要求,缺、错少一项扣 1 分
等高线(5分)	未绘制等高线扣 5 分。等高线与高程发生矛盾,1 处扣 1 分

2. 1∶500 虚拟仿真数字测图

(1)1∶500 虚拟仿真数字测图竞赛满分 100 分,比赛用时成绩 30 分,成果质量成绩 70 分,人工阅卷、成绩的统计查询均在南方测绘线上比赛系统完成。计算机自动统计数字测图工作量,工作量完成度小于 70%,时间得分为 0 分。数字测图工作量大于等于 70%比赛用时成绩计算方法为

$$S_i = \left(1 - \frac{T_i - T_1}{T_n - T_1} \times 40\% \right) \times T_0$$

式中,T_1 为所有参赛队中用时最少的时间;T_n 为所有参赛队中用时最多的时间;T_i 为第 i 组竞赛实际用时;T_0 为对应赛项比赛用时成绩满分。

(2)成果质量评分,以标准图作为考核依据,按 70 分计,评分如表 8-10 所示。

表 8-10 虚拟仿真数字测图成果质量评分表

类别	项目与分值	评分标准
南方测绘竞赛计算机自动评分系统(50分)	数据采集规范性检测(5分)	全站仪测点不少于 10 点,每少 1 点按比例扣分,扣完为止
	独立地物点位正确性检测(5分)	在独立地物图层上所有独立地物为考核点,判断成果点位精度,点位精度要求误差小于 0.15 m,每超限 1 处按比例扣分,扣完为止
	道路边位置正确性检测(5分)	在道路设施图层上选取多个道路边为考核点,判断成果道路边精度,要求误差小于 0.15 m,每超限 1 处按比例扣分,扣完为止
	边长度检测(5分)	在居民地图层选取多个房屋边长为考核点,要求误差小于 0.15 m,每超限 1 处按比例扣分,扣完为止
	区域面积检测(5分)	在居民地图层选取多个居民地房屋面积为考核点,要求房屋面积误差小于 5%,每超限 1 处按比例扣分,扣完为止

续表

类别	项目与分值	评分标准
南方测绘竞赛计算机自动评分系统（50分）	标注符号正确性检测（5分）	在道路设施图层、居民地图层、独立地物，选取多个符号标注为考核点，判断符号标注是否正确，每错误1处按比例扣分，扣完为止
	高程点正确性检测（5分）	选取标准图考核区域内的高程点构建TIN，学生成果高程点平面位置在TIN网内的插值得到高程与学生成果点高程相比较，要求误差小于0.30 m，每超限1处按比例扣分，扣完为止
	等高线规范性检测（5分）	等高线在遇到房屋及其他建筑物、双线道路、路堤、坑穴、陡坎、斜坡、湖泊、双线河、双线渠、水库、池塘以及注记等均应中断，选取多处考核点检测是否中断，每有1处按比例扣分，扣完为止
	符号压盖地物检测（5分）	选取多个符号考核点，对符号压盖地物检查，每有1处扣1分，扣完为止
	上传成果文件正确性检测（5分）	自动评分系统检测上传成果文件是否为本场比赛按要求及比赛期间生成的成果文件，上传错误的线划图文件（.pdf）扣5分，上传错误的线划图文件（.dwg）或计算机自动评分系统辅助评判文件（.mks），本场比赛得分总分直接为0分
人工评判（20分）	人工评判（20分）	图整体效果、自动评分系统没能关注的其他方面（如图幅、图名、图外标注、比例尺、等高线拟合、填充符号密度、参赛队选手信息等）进行评判

8.5 测绘程序设计竞赛

测绘程序设计竞赛是提高学生编程能力和测绘专业素养，培养学生用编程手段解决实际专业问题的能力，激发学生创新思维和科研热情的重要赛项。本节主要围绕测绘程序设计的竞赛内容、技术准则及成绩评定等进行阐述。

一、测绘程序竞赛总则

（1）测绘程序设计竞赛要求2名参赛选手在规定的时间内（360分钟），每人配置1台电脑，完成由组委会给定的选题。

（2）比赛开始前15分钟入场，比赛开始30分钟后不得入场比赛，比赛开始后3小时内不得交卷和离开考场，比赛流程如图8-1所示。

（3）程序设计竞赛中使用的数据文件在竞赛题目确定后分发给参赛选手。

（4）考试过程中，在小组内部通过书面方式和U盘进行信息交流。不同小组之间不能进行信息交流，一旦发现取消所有参与交流小组的考试成绩。

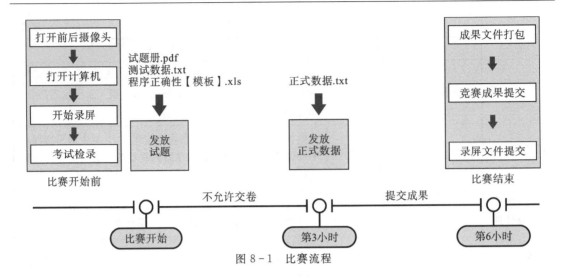

图 8-1　比赛流程

(5) 竞赛完成后,按照规定要求提交源程序、运算结果和开发文档,开发文档内容应包括功能简介、算法设计与流程图、主要函数和变量说明等。

(6) 在程序源代码、可执行文件、成果输出文件、开发文档等提交的成果中不得出现参赛编号、学校信息或参赛队员信息,出现相关信息者扣 20 分。

(7) 编程语言限制为 VB、VC、C♯,不允许使用二次开发平台(如 MATLAB、AutoCAD、ArcGIS 等)。

(8) 数据输入要求具有手工输入和文件导入两种功能。

(9) 在竞赛过程中不能浏览历史项目文件,或者平时训练成果文件。

(10) 比赛期间为防止意外情况发生,如断电、断网等,赛前笔记本电脑充满电,手机热点提前打开,监控视频中断 3 次以上(包括 3 次)或单次中断时长超过 5 分钟取消比赛资格。

二、测绘程序设计竞赛技术细则

(1) 为了更好地保证竞赛的公平性,竞赛开始前 5 分钟,现场随机抽取考题,每 15 支参赛队伍配置 1 名监考裁判。

(2) 竞赛结束后,加密裁判对竞赛成果进行加密后,交给评分裁判进行评分。

(3) 程序的正确性(由 4 个裁判独立评分)、程序完整性与规范性(由 2 个裁判独立评分)、程序优化性(由 2 个裁判独立评分)、开发文档(由 2 个裁判独立评分),每部分不同裁判评判的分差在 3 分以内取平均,分差超过 3 分由裁判长组织协调。

(4) 计时采用电脑计时和人工计时相结合,电脑计时由程序自动评判,人工计时由加密裁判评判,时间差异在 5 分钟以内取平均,作为参赛队最终的比赛时间,超过 5 分钟则由裁判长组织协调。

(5) 输入数据说明:数据文件为文本文件(.txt);图形文件为 JPG 格式(* .jpg)。

(6) 成果内容包括:源码文件(保存所编写的程序代码,及其工程等相关文件)、可执行文件[保存可执行文件(.exe)和动态链接库文件(.dll),删除编译和链接等中间过程文件]、计算成果[①result.txt:根据《试题册》要求,利用"正式数据.txt"进行计算,将计算过程或结果保存到该文件中;②程序正确性.xls:手工填写"程序正确性模板.xls"相应字段,用于程序正确性评分。程序正确性模板.xls将会在比赛开始时和试题册一起发放;③成果图形.jpg:根据《试题册》要求进行的图形绘制,将其保存为图形文件(.jpg);④开发文档:包括程序功能简介、算法设计与流程图、主要函数和变量说明、主要程序运行界面、使用说明等部分,保存为 pdf 格式]。

(7) 用户界面要求:界面风格采用标准 Window 应用程序,包括菜单、工具条、主窗体、状态栏等要素构成。其中菜单包含文件、算法、显示等内容,主窗体包含表格(显示输入数据)、图形(显示相关图形要素)、报告(显示计算成果)等组成部分。

(8) 开发文档:包括功能简介、算法设计与流程图、主要函数和变量说明等,使用 Office 软件(Word 和 Visio)编写。

三、历年测绘程序竞赛选题

竞赛主要在测绘基础知识方面选题,除完成计算外,还需进行图形绘制。选题范围如下:

(1) 附合导线近似平差计算。数据文件读取、坐标方位角计算、角度近似平差、坐标近似平差;按指定格式要求输出相关中间数据文件、成果文件和图形文件。

(2) 空间前方交会。读入立体像对的外方位元素和同名像点坐标;计算投影系数、像空间辅助坐标系坐标及地面摄影测量坐标系坐标;输出指定格式的成果文件。

(3) 高斯投影正(反)算及换带、邻带坐标换算。读入椭球参数和测站坐标;进行高斯投影正(反)算、3度带坐标和6度带坐标互换,以及邻带坐标换算;输出指定格式的成果文件。

(4) 附合水准路线平差计算。读入给定的测站记录数据文件;进行测站数据检查、水准路线的近似平差计算,绘制路线示意图;输出指定格式的成果文件。

(5) 坐标转换(大地坐标、空间直角坐标、平面坐标)。读入给定椭球参数、中央子午线和坐标数据的文件,在程序中以表格形式显示;程序能实现大地坐标和空间直角坐标的相互转换,高斯投影正反算;输出指定格式的成果文件。

(6) 不同空间直角坐标系的转换。读入给定椭球参数和坐标数据的文件;采用布尔莎等转换模型进行不同坐标系之间的坐标转换;输出指定格式的成果文件。

(7) 利用构建不规则三角网(TIN)进行体积计算。读入散点数据文件,在程序中以表格形式显示;程序能自动生成不规则三角网,能根据输入的起算高程计算体积,绘制散点和三角网图;输出指定格式的成果文件。

(8) 利用构建规则格网(GRID)进行体积计算。读入散点数据文件,在程序中以表格形式显示;程序能按照指定的格网边长生成格网,能根据输入的起算高程计算体积,绘制散点和格网图;输出指定格式的成果文件。

(9) 纵横断面计算:读道路关键点和散点数据,进行道路纵断面、横断面的相关点位计算,以及断面面积计算;输出指定格式的成果文件。

(10) 道路曲线要素计算与里程桩计算。读入给定线路起点坐标、终点坐标、交点坐标和相关线路参数的文件;程序能计算圆曲线要素、缓和曲线要素和给定里程点点坐标和相关线路参数的文件;程序能计算圆曲线要素、缓和曲线要素和给定里程点的坐标;输出指定格式的成果文件。

(11) 任意线路实测点偏差及其设计位置的确定。读取线路设计参数数据文件,进行测点位置判断计算、横线偏差计算;输出指定格式的成果文件。

(12) 大地主题正反算。读入椭球参数和测站坐标;白塞尔法大地主题反算、白塞尔法大地主题正算；按制定格式要求输出相关中间数据文件、成果文件和图形文件。

四、测绘程序设计竞赛成绩评定

测绘程序设计竞赛成绩评定主要从参赛小组的时间得分、成果质量得分和过程扣分三方面评定，采用百分制，即总成绩＝质量分(70分)＋时间分(30分)－过程扣分，具体的评分规则见表8-11，过程扣分规则见表8-12。

表8-11 测绘程序设计评分规则

评测内容	评分规则
程序正确性 (30分)	根据试题要求完成相应算法；按照指定格式输出算法计算结果；如果本项成绩低于15分，不能参评特等奖和一等奖(该参赛队如果是第一个提交成果，其时间不作为最短时间基准，其时间得分为最高和最低分的平均值)
程序完整与规范性 (15分)	数据读取正确(3分)； 计算成果保存功能齐全(3分)； 图形保存功能齐全(2分)； 程序结构完整、函数与类结构设计清晰(3分)； 注释规范(2分)； 类、函数和变量命名规范(2分)
程序优化性 (15分)	人机交互界面设计良好(5分)； 表格、报告显示功能丰富(4分)； 图形显示美观(3分)； 容错性、鲁棒性好(3分)
开发文档 (10分)	程序功能简介(2分)； 算法设计与流程图(2分)； 主要函数和变量说明(2分)； 主要程序运行界面(2分)； 使用说明(2分)
完成时间 (30分)	$S = \left(1 - \dfrac{T_i - T_1}{T_n - T_1} \times 40\%\right) \times 30$，其中 T_1、T_i、T_n 为第一组、第 i 组和最后一组所用的时间

表8-12 过程评分规则

评测内容	评分标准
使用电话等通信工具	电话铃声响未接扣5分，接打电话或收发信息扣10分
未经裁判许可私自出场	违规扣5分
指导教师及其他非参赛人员入场	违规扣5分
干扰别人操作	违规扣5分，情节严重者取消资格
与别的参赛队交流信息	违规扣5分

评测内容	评分标准
在竞赛过程中浏览了历史项目文件,或者平时训练成果文件	违规总成绩为 0 分
除了下载试题册、数据文件、提交成果等竞赛过程必要操作外,浏览了互联网、微信和 QQ 等网络操作	违规总成绩为 0 分
在竞赛成果的任何地方都不得出现参赛编号、学校信息或参赛队员信息	违规扣 20 分

8.6 无人机航测虚拟仿真竞赛

近年来,无人机测绘作为一种低成本、高精度、操作简便的技术手段,在传统测绘、数字城市建设、地理国情监测、灾害应急处理等领域有着重要的作用。进行无人机航测技能竞赛作为推进测绘新理论、新技术、新方法进院校、进课堂的重要渠道,是提升学生运用无人机进行测绘操作能力的重要平台,是促进无人机在测绘地理信息领域应用的一个有效途径,本节主要围绕无人机航测虚拟仿真竞赛的技术细则和成果质量评分等方面对该竞赛进行阐述。

一、无人机航测虚拟仿真竞赛技术细则

(1)以虚实结合的方式进行无人机航测内外业一体化处理,考核参赛选手项目理解、安全意识、操作规范等相关能力素质,本赛项两人一组,赛时 180 分钟。

(2)确定比赛用机已经提前安装最新版无人机航测虚拟仿真软件竞赛版、航测一体化数据处理软件竞赛版。

(3)比赛所使用的计算机硬件配置要求:Windows10(64 位)系统、CPU 为 Intel Core i5 10 代处理器(AMD 锐龙 5 3600 及以上)、32 GB 内存、NVIDIA 显卡(显存 8 GB 及以上,且型号不低于 GTX 1070)、固态硬盘,可用空间 300 GB 以上、1080P 摄像头。

(4)为了更贴近生产实际,要求采用一次性外业数据采集后再进行内业成图的比赛模式。不按此要求进行的,视为违规,取消比赛成绩。

(5)比赛期间为防止意外情况发生,如断电、断网等,赛前笔记本电脑充满电,手机热点提前打开,监控视频中断 3 次以上(包括 3 次)或单次中断时长超过 5 分钟取消比赛资格。

(6)需要提交的数据(外业汇总文件、内业操作汇总文件)由考试系统自动提交至评分后台,如遇到数据无法提交的突发状况,可将文件导出并发送至指定邮箱,发送时间将会认定为完赛时间。如提交数据不合格,将要重新提交,最终的完赛时间按照最后提交的时间为准。

(7)外业汇总文件、内业操作汇总文件均反馈提交成功后方可退出软件离开赛场,如遇到网络拥堵导致有任意一项未提示成功提交,则需进行重复提交操作直至成功。

(8)比赛技术规范包括:①《数字航空摄影规范第 1 部分:框幅式数字航空摄影》(GB/T 27920.1—2011),②《数字测绘成果质量检查与验收》(GB/T 18316—2008),③《数字测绘成果

质量要求》(GB/T 17941—2008),④《无人机航摄安全作业基本要求》(CH/Z 3001—2010),⑤《无人机航摄系统技术要求》(CH/Z 3002—2010),⑥《低空数字航空摄影测量外业规范》(CH/Z 3004—2010),⑦《低空数字航空摄影规范》(CH/Z 3005—2010),⑧《数字航空摄影测量控制测量规范》(CH/T 3006—2011),⑨《数字航空摄影测量测图规范第一部分：1∶500 1∶1000 1∶2000 数字高程模型数字正射影像图数字线划图》(CH/T 3007.1—2011)。

二、无人机航测虚拟仿真竞赛内容与流程

1.具体比赛内容

(1)利用无人机航测虚拟仿真软件比赛版进行虚拟场景下的无人机外业倾斜航测数据采集作业,在规定时间内对给定测区进行踏勘模拟、航拍、像控点布设等作业并完成考核。

(2)使用航测一体化数据处理软件比赛版对虚拟场景中采集到的航测数据进行内业数据整理、空三计算、控制网平差、成果生产等操作并完成考核。

2.比赛作业资料

在比赛作业前提供的无人机航测作业资料包括：测区情况、测区范围、起飞场地、地面分辨率、重叠率、像控点布设要求、数据整理标准、像控刺点要求、成果类型、成果坐标系、成果精度等要求。

3.比赛作业流程

比赛作业流程包括外业和内业,其中,外业流程包括：现场踏勘、像控点布设、设备组装、航线规划飞行；内业流程包括：数据整理、空三运算、成果生产。具体的流程见表 8-13 所示。

表 8-13 比赛作业流程及考核内容

比赛流程	流程说明	考核内容
现场踏勘	理解外业完全作业要求,对虚拟测区内高层建筑、起飞场地等进行踏勘	安全作业、像控布设合理性、精度控制及检查点、坐标系、航飞操作规范、数据整理及处理规范、精度评估等
像控布设	根据精度要求及现场情况设计像控布设方案,并在虚拟场景中实施。本次比赛采用特征点像控点布设方案	
设备组装	检查虚拟无人机设备并按规范组装	
航线规划飞行	根据给定的测区范围、分辨率等要求在虚拟地面站中进行航线规划,并对虚拟测区进行航飞数据采集。航飞完成后导出外业航测数据至本地计算机	
数据整理	对虚拟场景中采集的航测外业数据在真实生产软件环境中进行整理并创建内业工程	
空三运算	在真实生产软件环境中进行自由网空三、像控刺点、控制网平差并生成精度评估报告	
成果生产	在真实生产软件中进行实景三维模型生产(因比赛时间及单机生产实景三维模型时间过长等限制,本项仅在生产软件中考核模型生产流程及设置)	

三、无人机航测虚拟仿真竞赛成绩评定

成绩评定由软件自动评分及专家人工评分组成,专家评分部分占比不超过总分20%。采用百分制,其中时间得分20分,成果质量分为80分,具体评分标准见表8-14,重点考核的内外业具体评分标准见表8-15所示。

表8-14 无人机航测虚拟仿真评分总表

评分内容	分值	评分说明
时间得分	20	$S_i = \left(1 - \dfrac{T_i - T_1}{T_n - T_1} \times 40\%\right) \times 20$,式中,$T_i$为当前队伍比赛时间;$T_1$为所有参赛队中全部完成虚拟仿真操作且用时最少的比赛时间;T_n为所有参赛队中不超过规定最大时长的队伍中用时最多的比赛时间;S_i为相对速度得分。规定时间未完成比赛该项分值为0
外业作业规范	40	外业中的踏勘10分、像控点布设测量10分、无人机组装10分、航行规划合理性10分。对外业流程进行针对性人工或自动评分
内业作业规范及质量	30	内业中的数据整理10分、空三计算10分、成果生产10分。对内业流程进行针对性人工或自动评分。其中,空三计算精度评估报告中必须包含检查点
理论考核	10	对内、外业操作理论知识进行针对性考核,共10道题

表8-15 内外业评分标准

考核流程	评分内容	分值	评分说明
现场踏勘	安全飞行-天气环境	5	根据天气环境选择评定
	安全飞行-风速	5	根据抗风参数指标选择评定
像控点布设	像控点布设位置	3	像控点、检查点布设位置必须在指定测区范围内,根据布设合理性评定
	像控点布设数量	3	根据像控布设数量区间要求评定
	像控点测量	4	根据像控点坐标数据精度评定
无人机组装/检查	无人机组装步骤	2	按照标准安装步骤评定
	SD卡检查	3	根据检查结果评定
	相机拍照检查	2	
	无人机飞行检查	3	根据飞行检查操作结果评定
航线规划	测区范围	2	根据设置结果评定
	分辨率、重叠率设置	4	
	相机挂载设置	4	
意外情况	炸机、禁飞区		出现撞击炸毁、闯入禁飞区等情况,直接判为考试不及格

续表

考核流程	评分内容	分值	评分说明
数据整理	照片处理	2	根据设置结果评定
	数据对齐	2	
	坐标系设置	2	
	相机参数设置	2	
	创建工程	2	
空三运算	自由网空三	1	根据操作、精度结果评定
	像控刺点	3	
	坐标系设置	2	
	控制网平差	1	
	精度报告	3	
成果生产	数据分块	3	根据操作结果评定
	建模范围约束	2	
	数据格式	2	
	坐标系设置	3	

第9章 大比例尺数字地形图测绘技术设计案例

9.1 测区概况

龙海市位于福建省厦门市与漳州市之间,地处福建省东南部九龙江下游冲积平原,东与厦门经济特区隔海相望,西与漳州文化古城及南靖、平和两县接壤,南与漳浦县交界,北与长泰县毗邻。地理坐标北纬24°09′~24°30′,东经117°29′~118°15′。龙海市1985年被国家确定为沿海首批开放县,1993年6月撤县建市。共辖14个乡镇,6个国有农林场,243个村委会,26个居委会,乡村人口67万人。有山地面积100万亩,耕地面积32万亩,园地面积33万亩,渔业养殖面积12.7万亩,其中淡水养殖面积8.5万亩,林地面积50.2万亩,森林积蓄量70万 m³,海岸线长103 km。

龙海市自然实体大约是"六山一水三分田",其地势南北较高,中间低缓,北部多低山,南部多丘陵。全市海拔200~800 m,最高点海拔954 m,山地丘陵由花岗岩和中生界火山岩组成。丘陵之间有小盆地和河谷平地,中部平原为漳州平原的一部分,山川绮丽,绿野平畴。九龙江西、北、南三溪流贯全境,干流长285 km,年平均流量每秒187 m³,汇流入海处是流光溢彩的河口三角洲。江海岸蜿蜒曲折,全长290 km,形成许多港湾和岛屿。最大的浯屿岛与大小金门岛、大担岛仅一水之隔,是沿海一颗闪亮的明珠。

龙海市属季风亚热带气候。全年平均气温21.4℃,一月份平均13.5℃,七月份平均28.7℃。全年无霜期330天左右。年降雨量1450毫米。可谓气候温和、雨量充沛、土地肥沃、四季常青。市境内田山河海俱备,蕴藏着丰富的农业资源、矿产资源、水利资源。

1. 测区范围

地理位置:北纬24°11′~24°36′,东经117°29′~118°14′。其中:大涂洲0.9 km²;玉枕岛6.1 km²;乌礁岛13.9 km²;浒茂岛31.0 km²。海门岛4.3 km² 去年已测,按本次坐标系和高程系进行坐标、高程统一转换,并进行1:2000、1:5000缩编,其1:1000、1:2000、1:5000地形图及相关资料与上述五岛同步移交。紫泥城内1.0 km²、安山2.4 km²,分别于2009年及2008年测绘,本次统一布点,按修补测绘。

2. 区基本状况及特点

测区内浒茂岛与龙海市区有"锦江大桥"相通,乌礁岛与浒茂岛有桥相通,两岛村庄内道路畅通,房子较为密集,通视条件一般;外围鱼塘、虾塘较多,交通不太方便,通视条件一般。玉枕岛及大涂洲与外无桥相通,须靠轮渡,交通不太方便;玉枕岛内部村庄道路通畅,通视条件一般,外围鱼塘、虾塘较多,交通不太方便,通视条件较好;大涂洲无村庄,基本为鱼塘、虾塘,交通不太方便,通视条件较好。

测区属亚热带海洋性气候,湿度较大,常年可以作业。但测区内虾塘较多,依据当地养殖业特殊情况,在10月下旬左右虾塘要大面积覆膜以保证塘内温度,因此外围虾塘作业时间必须在10月份结束。

3. 技术要求

(1)1980西安坐标系,3度带高斯正形投影,中央子午线117午,带号39;地图分幅50 cm×50 cm,0.5 km的整数倍为图幅左下角坐标;1985国家高程基准。海门岛图幅在左下角注明"原1∶1000地形图为＊＊测绘单位于2010年10月施测,本工程仅进行高程、坐标转换"。

(2)一期工程在紫泥两岛及沿岸布设三等水准点5个,三、四等水准联测的D级GPS 37个点,其高程(除房顶及大涂洲外)均为三等水准,已经福建省测绘产品质量监督站验收,可作为控制测量起始资料。

(3)E级GPS控制点应在D级点严格控制下加密,每1 km²不少于8个点;每幅1∶1000地形图中埋石点应不少于3个点(含D级、E级及埋石图根点)。

(4)E级GPS控制点及四等水准点均应按规范要求埋设标石,标石中心埋入"龙海城市控制点"不锈钢铁饼标志。

(5)浒茂岛、乌礁岛、玉枕岛、大涂洲均为平坦地带,各项技术要求按平坦地区精度执行。各级控制点的高程应水准联测,E级控制点的高程应四等水准联测,位于高楼上的E级控制点,当不便于水准联测时,可按规范要求以电磁波测距高程的等精度措施代替。

(6)GPS平差软件应为能较好反映规范对各项精度的要求,成图软件应为我国较通用的较好软件,以保证成图在其他软件应用时坐标、高程及各元素符号不失真。

(7)浒茂岛城内村1 km²、安山村2.4 km²分别于2009年及2008年测绘,统一布设控制点后分别进行坐标、高程转换并进行修测。海门岛4.3 km²的1∶1000地形图于2010年底测绘,搜取测绘成果资料后,以一期工程在海门岛布设两个D级点联测该测区控制点后,进行坐标、高程转换,并列入总测区编绘1∶1000、1∶2000、1∶5000地形图。

4. 工期

总测绘周期为9个月,分两个阶段完成。第一阶段在6个月内完成51.9 km²的E级平面、四等水准控制及1∶1000数字化全野外采集数据、电脑编绘地图(包括成果验收及资料移交);第二阶段为第一阶段完成后3个月内完成1∶2000、1∶5000地形图编制(包括专家论证及资料移交)。海门岛4.3 km²的1∶1000、1∶2000、1∶5000地形图及相关资料与上述五岛同步移交。

9.2 项目实施技术依据

(1)《国家三、四等水准测量规范》(GB12898—2009)。

(2)《城市测量规范》(CJJ8—1999)以下简称《规范》。

(3)《国家基本比例尺地图图式第1部分:1∶500 1∶1000 1∶2000地形图图式》(GB/T 20257.1—2007)。

(4)《国家基本比例尺地图图式第2部分:1∶5000、1∶10000地形图图式》(GB/T 20257.2—2006)。

(5)《数字化测绘成果质量检查与验收》(GB/T 18316—2008)。

(6)《卫星定位城市测量技术规范》(CJJ/T 73—2010)。
(7)《测绘技术总结编写规定》(CH/T 1001—2005)。
(8)《全球定位系统实时动态测量(RTK)技术规范》(CH/T 2009—2010)。
(9)福建省测绘行业标准 FCB001-2005《福建省1:500、1:1000、1:2000 基本比例尺数字地形图测绘技术规定》。
(10)龙海市城市及周边地区1:1000 数字化地形图测绘项目(二期)技术设计书。

9.3 技术路线及实施方案

9.3.1 技术路线

首先组织人员到实地踏勘,收集开展此次工作所需的成果资料,如基础控制的起算点成果、选点图、修测区域的现有地形图数据等,制定与编写技术方案,并召集项目人员学习项目技术方案;其次在该测绘区域内进行 E 级 GPS 控制测量、四等水准测量、图根控制测量;控制布测完毕后,进行全野外细部点数据采集,并同时进行内业编绘处理,最后分幅整理为1:1000 数字化地形图;然后进行1:2000、1:5000 地形图编制并提交最终成果。具体作业流程见图9-1。

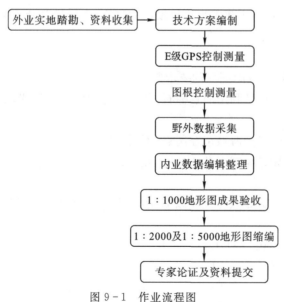

图 9-1 作业流程图

9.3.2 E 级 GPS 控制测量

1.基本要求

为便于进行图根控制测量,E 级 GPS 点的平均边长应不大于 1.0 km,其密度不小于8 个/km^2,并保证每两个点相互通视。E 级 GPS 控制网应布设成若干个独立的观测环,每个闭合环的边数不得大于10 条。在网的边缘部分,避免一个点上只有两条基线边的情况。

2. 主要技术指标

主要技术指标见表 9-1 和表 9-2。

表 9-1 E 级 GPS 控制网主要技术指标

固定误差 a/mm	比例误差系数	最弱边边长相对中误差	备注
≤10	≤5	≤1/20000	

表 9-2 接收机技术指标

双频/单频	标称精度	同步观测接收机数	备注
双频	优于 10 mm+3 ppm	≥3	

3. 选点

①点位的选择要符合规范要求,并保证每两个点相互通视,有利于下一级控制的联测。

②点位应基础坚实牢固,易于长期保存和安全作业,有利于其他测量手段进行扩展与联测。

③点位应便于安置接收设备,便于仪器操作,视野开阔,视场内障碍物的高度应不大于 15°。

④点位应远离大功率无线电发射源(如电视台、微波站等),其距离不得小于 200 m,远离高压输电线,其距离不得小于 50 m。

⑤点位附近不应有强烈干扰卫星信号接收的物体,应尽量避开大面积水域。

⑥交通便利,便于作业。

4. 埋石

①E 级 GPS 点的标石按附图一的要求制作埋设。

②当与旧点重合时,尽量利用旧点标石,并在点之记中加以说明;当选在坚固房顶上时,不能埋设在隔热层上。

③所有标石中心镶入"龙海城市控制点"不锈钢铁饼标志。

④点位埋设后,按规定编制 E 级 GPS 点点之记。

5. 编号

本次新布设的 E 级 GPS 点号统一以 E 为标识,前缀岛屿简写英文字母,后缀以流水号进行编号,例如:

浒茂岛 HE001、HE002、…HEn;

乌礁岛 WE001、WE002、…WEn;

玉枕岛 YE001、YE002、…YEn;

大涂洲 DE001、DE002、…DEn。

GPS 点标石面均应刻有点号和埋石日期。

6. 观测方案

①定位模式及构网方案:E 级 GPS 网采用静态定位模式和边连接的构网方案。

②外业观测是 GPS 网测量的重要环节,所采集的数据是内业处理、平差计算和推求 GPS 点成果的依据。外业观测时统一采用世界协调时(UTC),其与北京时(BJC)关系为 UTC=BJC−8h;外业观测时段可在施工中根据需要灵活安排。

③作业技术要求:采用静态同步观测,技术要求见表9-3。

表9-3　E级GPS测量作业基本技术规定

卫星高度(°)	有效观测卫星数	时段长度/min	数据采样间隔/s	平均设站次数
≥15	≥1	≥15	10~60	≥0~6

④施测前,进行同步观测环图形设计和时段设计,编制出作业计划进度表(见表9-4)。

表9-4　作业计划进度表

日期	环号	1号机	2号机	3号机	4号机	……
*月*日	1号环	观测点号	观测点号	观测点号	观测点号	观测点号
*月*日	2号环	观测点号	观测点号	观测点号	观测点号	观测点号
*月*日	…号环	观测点号	观测点号	观测点号	观测点号	观测点号
*月*日	n号环	观测点号	观测点号	观测点号	观测点号	观测点号

7. E级GPS的观测

①采用经计量单位检定合格且精度高于5 mm+1 ppm单位的五台套以上徕卡ATX1230+GG双频接收机,观测方法采用静态测量方法。

②外业观测必须严格遵守规定时间,同步接收同一组卫星。

③天线要安置在点位标志中心的垂直方向上,直接对中,若在寻常钢标下观测时,天线支架要尽量架低,但不得低于0.5 m。

④天线的圆水准气泡必须居中。

⑤电源电缆和天线等各项连接无误,接收机预置状态正确时方可启动。到约定时间接收机开始记录后,作业员可使用专用功能键和选择菜单查看测站信息、接收卫星数量、各通道信噪比、相位测量残差、测站定位结果及其变化和存储介质记录情况等。

⑥作业员在测站上要详细填写测站记录,包括测站名、编号、作业员姓名、开始和结束时间、测站近似位置和天线高。天线高度应在观测前后各量测取一次,读至0.001 m,两次量高之差不应大于3 mm,取中数后作为天线高。

⑦观测员在作业期间不得擅自离开测站,防止仪器受震动和被移动,防止人和其他物体靠近天线,遮挡卫星信号。

⑧在观测过程中,不应在接收机旁使用对讲机,雷雨过境时,应关机停测,并卸下天线以防雷击。

⑨外业观测记录按照《全球定位系统(GPS)测量规范》执行,必须在现场按作业顺序完成,不得事后补记。

⑩外业观测原始数据、文件应及时拷贝(一式两份),保存在防水、防电、防磁的地方。存储介质应贴上标签,注明文件名、测区网名、时段序号和采集日期。

8. E级GPS网的数据处理

(1)E级GPS观测结束后,统一进行外业观测数据检核和质量分析,进行数据处理。

(2)外业观测成果校核。

①观测任务结束后,必须及时对外业观测数据进行质量检核与评价,发现不合格成果,应根据情况采取重测或补测措施。

②同步环观测数据的检核：
同步环闭合差的规定
$$Wx \leqslant \sqrt{3}\sigma/5; Wy \leqslant \sqrt{3}\sigma/5; Wz \leqslant \sqrt{3}\sigma/5$$
③复测基线边的检核：
任意两个不同观测时段复测基线边长度的互差
$$ds \leqslant 2\sqrt{2}\sigma$$
式中，$ds = di - dj, i \neq j; \sigma = \sqrt{a^2 + (bd)^2}$

式中，di、dj 为两个不同时段同一基线边的长度；a、b 为 GPS 接收机误差系数。

④在 GPS 网中，各独立环坐标分量闭合差和全长闭合差应符合
独立环坐标分量闭合差
$$Wx \leqslant 2\sqrt{n}\sigma; Wy \leqslant 2\sqrt{n}\sigma; Wz \leqslant 2\sqrt{n}\sigma$$
全长闭合差
$$Ws \leqslant \sqrt{W^2x + W^2y + W^2z} \leqslant 2\sqrt{3n}\sigma$$
式中，n 为独立环中基线边数。

(3) E 级 GPS 网的平差处理。

①在各项质量检查符合要求后，以所有独立基线组成 GPS 空间向量网，并在 WGS84 坐标下进行三维无约束平差。无约束平差中，要进行必要的粗差检验与剔除，基线向量改正数的绝对值应符合：
$$V\Delta x \leqslant 3\sigma$$
$$V\Delta y \leqslant 3\sigma$$
$$V\Delta z \leqslant 3\sigma$$

E 级 GPS 网无约束平差后应进行精度、可靠性和置信度评价，其中包括单位权中误差，基线向量误差及其相对中误差，多余观测分量内可靠性指标和外可靠性指标。

②在无约束平差确定的有效观测的基础上，在 1980 西安坐标系、2000 国家大地坐标系及 1954 年北京坐标系下分别进行二维约束平差，基线向量改正数与无约束平差结果的同名基线相应改正数较差应符合：
$$\Delta V\Delta x \leqslant 2\sigma$$
$$\Delta V\Delta y \leqslant 2\sigma$$
$$\Delta V\Delta z \leqslant 2\sigma$$
$$\sigma \leqslant \pm\sqrt{a^2 + (bd)^2} \leqslant \pm 11.1180 \text{ mm}。$$

平差后进行精度评价，其中包括点位中误差和边长相对中误差，最终分别形成 1980 西安坐标系、2000 国家大地坐标系及 1954 年北京坐标系三套坐标成果。

9.3.3 四等水准测量

四等水准网布设，在福建地质测绘院一期施测的五个三等水准点及经三等水准点联测的 D 级 GPS 点三等水准高程的基础上采用附合路线和结点网形式，沿 E 级 GPS 点布设。附合路线长度和结点路线长度均应满足《国家三、四等水准测量规范》(GB 12898—2009) 第 3.1.5 条要求。

1. 四等水准网中最弱点高程中误差(相对于起算点)不得大于±2 cm

2. 水准观测前必须对水准仪和水准标尺按下列项目进行检验

(1) 水准仪检验项目：
- 检视水准仪及脚架的完好性；
- 圆水准器(概略整平用的水准器)安置正确性的检验。
- 视准轴与水平轴相互关系(交叉误差与 i 角)的检验。

(2) 水准标尺检验项目：
- 检验水准标尺是否牢固无损；
- 水准标尺水准器的检查及改正；
- 水准标尺分划面弯曲差(矢距)的测定；
- 水准标尺分划线每米分划间隔真长的测定。

3. 水准观测实施

(1) 水准观测的主要技术要求及技术指标见附表二。

(2) 水准观测使用不低于 DS3 级的水准仪及三米区格式双面木质标尺，以中丝测高法进行单程观测。视距可直接读取，观测顺序为后→后→前→前。

(3) 水准测量记簿采用 PDA 电子手簿按符合计算平差要求格式记录，输出原始观测成果及测段汇总。

(4) 水准测量每测段的测站数必须是偶数。

(5) 作业开始后的一周内每天应对水准仪进行一次 i 角检测，其值不大于±20″，i 角稳定后可每隔 15 天测定一次。

(6) 水准测量成果的重测和取舍按《国家三、四等水准测量规范》(GB12898—2009)第 3.3.8 条规定执行。

(7) 水准高差应进行尺长改正及正常水准面不平行改正(此项改正若不影响至 0.001 m，免于计算，可按最大纬差估算)。

4. 红外测距高程导线

测区有部分 E 级 GPS 点位于房顶，可采用红外测距高程导线代替四等水准进行联测。大涂洲只有一个四等水准点 DTZ，同样须采用红外测距高程导线代替四等水准与岛外三等水准点联测。与联测四等水准的 E 级 GPS 点的水准网点并网平差计算，组成四等水准高程网。

凡组成高程路线各边垂直角均应对向观测。红外测距高程导线边长、垂直角往返观测技术要求见表 9-5，高程最后取位至 0.001 m。

表 9-5 高程导线观测技术要求

等级	仪器型号	观测方法	测回数	施测方法	垂直角较差/(″)	指标差/(″)	附合或环线长度/km	结点间长度/km	对向观测较差/mm	附合或环线闭合差/mm
四等	DJ2	中丝法	4	对向	7	7	8	6	$40\sqrt{D}$	$20\sqrt{\sum D}$

注：当 D 小于 300 m 时按 300 算，当 $\sum D$ 小于 1 km 时，按 1 km 算。视线长度一般不超过 700 m，视线垂直角不得超过 15°，视线高度和离开障碍物的距离不得小于 1.4 m。仪器高、觇标高应用钢尺丈量二次，读至 0.001 m，二次读数差应小于 2 mm。

5. 平差计算

（1）平差计算前，应对观测成果进行100%检查，计算前应对输入的数据进行100%的核对；高差计算应进行两差改正，四等水准高程采用微机按 NASWE95 平差软件进行平差计算，高差和最后高程及成果取位均取至 1 mm。

（2）四等水准高程计算资料单独装订成册，资料整理要求参照我院范例执行。

9.3.4　图根控制测量

1. 图根网布设

①图根导线一般以附合路线或结点网形式布设；在特殊情况下，允许个别布成闭合形式，但应联测2个起算方位。

②个别困难地带，导线确实无法贯通的，可采用不超过3条边的支导线形式补充，但应联测2个起算方位，导线折角按左、右折角各观测一测回，圆周角闭合差≤$40''$；边长应对向观测，平距较差≤$2(a+b \cdot D)$，取平均值使用。

2. 图根光电测距导线的主要技术规定见附表一

3. 图根点编号

①测区图根点号，采取以岛屿简写英文字母加流水号表示，如浒茂岛 H001、H002、…H_n、乌礁岛 W001、W002、…、W_n、玉枕岛 Y001、Y002、…、Y_n、大涂洲 D001、D002、…、D_n。图根埋石点在图根点号前冠以字母"T"表示，如 TH001、TW001、TY001、TD001、…。

②位于沙、土质地上的普通图根点，必须打入木桩，木桩顶面规格不小于 3 cm×3 cm，其中间钉入铁钉作为中心标志；木桩长度视实际情况而定，以保持稳固为原则。位于水泥地、沥青地的不埋石图根点，在其中心标志位打入水泥钉，并以红漆绘出方框及点号。

③图根埋石点标石规格见附图。

④埋石点必须选择在一级图根点上，以 50 cm×50 cm 图幅为单位，1∶1000 数字测图每幅应不少于3个（包含高等级点），应注意均匀分布，并保持相邻方向通视，没有整幅的也必须有两个埋石点，且保证与相邻控制点通视。

⑤选择在路面上作为图根埋石点的，严禁直接用水泥钉或帽钉打入伸缩缝中，必须凿坑或用钻洞先倒入水泥用帽钉面有十字的帽钉镶入，凿以 20 cm×20 cm 方框、点名并用红漆绘出。

4. 水平角观测

①观测前对所使用的仪器应按《规范》进行检校。

②水平角采用全站仪按测回法或方向观测法观测，当方向数少于3个（含3个）时不归零。

③技术要求及限差见附表一。

④外业观测数据原始成果（包括边长、垂直角）应转换成清华山维 Nasew95 平差系统软件能接受的"*.TXT"或"*.MSM"格式，并建立电子文档和输出装订成册。原始数据不得编辑修改。

5. 边长测量

①图根边长使用全站仪（与测角同型号，同步观测）单程观测1个测回。

②加常数、乘常数、气象改正参数可直接预置入全站仪对边长进行改正，无法输入时应记录在外业观测手簿中。

③仪器高和反光镜高量至 0.001 m。

6. GPS 实时动态（RTK）图根控制点测量

GPS 实时动态（RTK）图根控制点测量，测区内空旷地较多，此区域内图根点测量可采用 GPS 实时动态（RTK）技术。观测时除应认真架设基准站，正确计算"参数"，特别是选择使用计算"参数"的高等级点应均匀分布于测区控制范围的周边和中心，以确保"参数"的计算准确。基准站应架设在测区中心附近方便看护和架设的地方，有条件的情况下尽可能地架设在高处，保证基准站与流动站的正常通信。

实地作业时，首先要在高等级点上进行检核，点位选择应均匀分布于测区内及附近，确认基准站架设和"参数"的计算均正确无误后方可正式作业。作业的其他技术指标按照《全球定位系统实时动态测量（RTK）技术规范》相应条款要求执行。

①作业时基准点应尽可能架高，以提高数据链接的传输速度和距离，但应避开强磁场的干扰。

②第一次设置基准站或者重新设置基准点时，必须联测附近的高等级点作为检核。

③测量时应设置强制对中杆，确保定位瞬间 GPS 接收机处于稳定状态，在固定解状态且 HRMS≤0.02，VRMS≤0.02 时方可进行数据采集。每个点位应观测两次，较差小于 5 cm 的取中数使用，大于 5 cm 的应返工重测。

7. 图根高程测量

图根高程测量可采用图根水准测量或图根光电测距三角高程测量或 RTK 拟合高程。

图根水准测量应起闭于四等及四等以上高等级高程控制点，可沿图根导线点布成附合路线、闭合环或结点网，高级点间附合路线长度不得超过 8 km，结点间路线长度不得超过 6 km，支线长度不得超过 4 km。采用 DS3 型水准仪（i 角应小于 30″），按中丝读数法单程观测（支线应往返测），估读至毫米。仪器至标尺的距离不宜超过 100 m，前后视距宜相等。路线闭合差不得超过 $\pm 40\sqrt{L}$ mm（L 为路线长度，以 km 为单位）。

图根高程采用光电测距三角高程测量时，可和图根导线测量同步进行，布成附合路线或结点网，其边数不应超过 12 条，垂直角和边长采用对向观测各一测回。

具体技术要求见表 9-6。

表 9-6 光电测距三角高程测量技术要求

仪器类型	光电测距三角高程测量 中丝法测回数		垂直角较差 /(″)	指标差较差 /(″)	对向观测高差、单向两次高差较差/m	各方向推算的高程较差/m	符合路线或环线闭合差/mm
	对向	单向					
J6	1	2	≤25	≤25	≤0.4S	≤0.2H_c	≤$\pm 40\sqrt{D}$

注：S 为边长（km），H_c 为基本等高距（m），D 为边长（km）。

仪器高和棱镜高应准确量取至毫米，高差较差或高程较差在限差内时，取其中数；当边长大于 400 m 时，应考虑地球曲率和折光差的影响。计算三角高程时，角度应取至秒，高差应取至厘米。

RTK 方法测量图根点高程时，应尽量保证选择使用计算"参数"的高等级点具有四等水准高程及以上等级,已知点个数不宜小于5个。比例不小于计算"参数"使用的高等级点的60%,并对部分RTK施测的高程进行等外水准等方法检核,其中误差不得超过±5 cm。

9.3.5 1∶1000全野外数字化测图

1. 主要精度要求

(1)地形图平面精度要求。图上地物点相对于邻近图根点的点位中误差与邻近地物点中误差,应符合表9-7之规定。

表9-7 图上地物点点位中误差与间距中误差(图上 mm)

地区分类	点位中误差	邻近地物点间距中误差
城市建筑区和平地、丘陵地	≤±0.20	≤±0.20
设站施测困难的旧街坊内部	≤±0.40	≤±0.40

本项目地势平坦,按城市建筑区和平地、丘陵地标准执行。

(2)地形图高程精度要求。高程注记点相对于邻近图根点的高程中误差不得大于±0.15 m。

(3)图上高程点取位:0.01 m。

2. 外业数据采集

外业数据采集包括地形、地物要素的全野外数字采集,所有的地物点、地形点均需实测坐标。外业测图软件采用南方CASS 2008电子平板测图系统(2007年版新图式)。分层及颜色规定、注记分类及字体尺寸设置严格遵循表9-8和表9-9进行。

表9-8 图形注记分类与字体尺寸设置

类型说明	字大/mm	类型说明	字大/mm	类型说明	字大/mm
县级以上政府驻地	6	房屋幢号、楼房名称、建筑物等	3	普通道路名称	3.5
乡镇政府驻地	5.5	河流、湖泊	4	房屋结构和层数注记	3
单位名称	4	房屋幢号、楼房名称、建筑物等	3	门牌号	1.6
公路技术等级和编码	3	河流、湖泊、水库名称	4(斜体)	地貌和土质	2.5
巷道名称	2.8	山名(大范围)	4.5	水系及附属设施	2.5
交通及附属设施	2.5	行政村名称	4.5	大河流、湖泊、水库名称	4.5(斜体)
管线及附属设施	2.5	自然村名称	3.8	山名(小范围)	4
植被	2.5	主干道路名称	4		

注:未列出的注记类待讨论后定。

表 9-9　最终成图数据分层及颜色规定

代码	层名	所属内容	颜色及色号
1	控制层	控制点（首级及图根）	白
2	居民地	各类居民地及垣栅	白
3	道路层	各类交通要素及附属设施	56
4	电讯层	各类电力线、通讯线、电缆线、管线及附属设施	紫
5	计曲线层	计曲线	红
6	首曲线层	首曲线	绿
7	高程注记层	高程注记	白
8	其他地貌层	地貌符号	红
9	陡坎层	各类土质、石质的陡坎、斜坡、梯田坎	棕(34)
10	水系层	各类水系要素及附属设施	篮、白
11	注记层	各类文字、数字注记	白
12	图廓层		白
13	植被层	各类植被符号及土质符号	绿(116)
14	其他层	独立地物、工矿设施及以上未包括的内容	紫(216)

3. 地形图测绘

地形图测绘方法及要求、测绘内容及取舍，除按照《规范》第 4.5 条、第 4.6 条执行，符号按《图式》相应符号表示外，还应遵守下列规定。

（1）房屋的轮廓应以墙基外角为准，逐个表示，并按建筑材料和性质分类，注记层数。

（2）门廊以柱或围护物外围为准，独立门廊以顶盖投影为准，柱石的位置应实测。雨罩一般不表示，雨罩下有台阶的只表示台阶符号。

（3）室外楼梯、台阶按投影测绘，但台阶在图上不足 3 级的一般不表示。室外楼梯、台阶及阶梯路应注意休息平台的表示。

（4）临时性房屋、活动房屋及正在拆迁的房屋不表示。

（5）房前屋后的埕地应注意测绘表示，埕地外围有地基作界的应准确测定，按点线标示其范围（编码借用地类界），其间加注"埕"字。

（6）底层已成形的建筑中房屋，要求准确测绘表示。按建筑中房屋表示，加注"建"字。若外形已确定，并能调注材料、层数者，则按建成房屋表示。

（7）地形图上高程点注记，图根点高程注记至 0.01 m，经水准联测的控制点高程注记至 0.001 m，碎部点高程注记至 0.01 m。

（8）桥梁应测绘至对岸，道路两侧行树或散树、果树应测绘，农村的古树名木、风水林要表示；花圃及绿地若外围砌成高度小于 0.5 m 的围坎时，用实线表示范围；围坎大于 0.5 m 时用坎表示；否则以地界表示；电力线及通信线（或有线电视线路）应正确区分并连线表示，连接清楚，电力线应区分高低压线路，高压线路应加注电压，地下光缆要表示。

（9）测区道路等级应正确区分，道路一般不舍去。路堑、路堤按实地宽度绘出边界，并在坡顶、坡脚适当注记高程。双线道路图上每隔 5 cm 左右选注一个高程点。

(10)平地上的田埂应逐条表示;梯田坎原则上应表示,但当田面宽度小于 3 m 时可适当取舍。大丘田面也应测注高程。

(11)高程点是地形图的重要内容之一,一般每方格(10 cm×10 cm)内应注记 10～15 个高程点,并选注合理、分布均匀。居民地内部应有足够的高程注记点。地形特征点,如山顶、鞍部、山脊、谷底、沟口、池塘、水涯线、道路交叉口、公路中心、桥梁、涵洞、地类界之转折点……,以及其他地面倾斜变换点应测注高程。

(12)单位名称的调注。原则以权属单位的标准名称调注,不可采用租借单位的名称。学校、医院、桥梁、凉亭、庙宇、祠堂(祖厝)、土地庙等有名称的应注记,村委会位置要准确注记。

(13)图内各线划各符号应准确、统一,各符号间最小间隔为 0.2 mm,图面清晰、线条光滑;房角线垂直方正;线与线尽量封闭,无出头、断头或不到边的情况。保证图面、层码、高程值一致。

4. 内业数据编辑

(1)图形编辑要求。地形图数据编辑采用南方 CASS 编图软件进行,按外业采集的内容,用人工干预的方式,逐个对由外业采集的要素编辑修改成符合要求的数字地形图。

在编辑时,应突出表现地形要素构成的形状特征,各要素应按其规定的点、线、面分类数字化,以点、线、面的形式反映出来。要求点状地物按中心位置准确地用相应的符号表示,不得移位或用错符号;线状地物按其性质及起止位置完整连续地表示出来,不得随便中断、变形、移位和出现悬挂节点,由复合线型组成的实体,要注意将主结构线表示准确(如龙门吊的轨道线)后,再配置辅助线;面状地物由多边形或闭合的线划构成,要注意正确表示地物边线位置。

内业编辑时,对经外业采集的原始测量数据(非量测的数据除外)不得擅自进行非法操作,对明显缺陷问题必须通过检查员核定后再修改或删除。

(2)图形编辑原则。

①居民地。

a.街区与道路的衔接处,应留 0.2 mm 间隔。

b.建筑在陡坎和斜坡上的建筑物,按实际位置绘出,陡坎无法准确绘出时可移位表示,并留 0.2 mm 间隔。

c.悬空于水上的建筑物(如房屋)与水涯线重合时,建筑物照常绘出,间断水涯线表示。

②点状地物。

a.两个点状地物相距很近,同时绘出有压盖时,可将高大突出的准确表示,另一个移位表示,但应保持相互的位置关系。

b.点状地物与房屋、道路、水系等其他地物重合时,可中断其他地物符号,间隔 0.2 mm,以保持独立符号的完整性。

③交通。

a.双线道路与房屋、围墙等高出地面的建筑物边线重合时,可用建筑物边线代替道路边线,道路边线与建筑物的接头处间隔 0.2 mm。

b.铁路与公路(其他道路)水平相交时,铁路符号不中断,另一道路符号中断。不在同一水平相交时,道路的交叉处要绘制相应的桥梁符号。

c.公路路堤(堑)应分别绘出路边线与堤(堑)边线,两者重合时,可将其中之一移动 0.2 mm 绘出。

④管线。

a.城市建筑区的电力线、通信线连线表示。

b.同一杆架上有多种线路时,表示其中主要的线路,但各种线路走向应连贯,线类要分明。

⑤水系

a.河流遇到桥梁、水坝、水闸等要断开表示。

b.水涯线与陡坎重合时,可用陡坎边线代替水涯线。水涯线与斜坡坡脚重合时,应在斜坡坡脚将水涯线绘出。

⑥等高线。

a.等高线遇到房屋及其他建筑物、双线道路、路堤、路堑、坑穴、陡坎、斜坡、湖泊、双线河、双线渠等要断开表示。

b.建成区、村庄等建筑物密集地区不表示等高线。

c.等高线坡向不能判别时要加绘示坡线。

⑦植被。

a.同一地类界范围内植被要均匀表示。

b.地类界与地面上有实物的线状符号重合时,省略地类界符号。

⑧注记。

a.文字注记要使所表达的地物能明确判读,字头朝北,道路名称可随线状弯曲方向排列,具体参照《国家基本比例尺地图图式第1部分:1∶500 1∶1000 1∶2000地形图图式》(GB/T 20257.1—2007)4.9章节对应条款表示。

b.注记文字之间最小间隔为 0.5 mm,最大间隔不能超过字大的 8 倍。注记时要避免压盖主要地物和地形要素。

c.高程注记一般注在点位的右方,离点间隔 0.5 mm。

5. 地形图修测

根据项目工作内容测区内浒茂岛城内村、安山村 3.4 km² 需进行修补测。

(1)修测前准备工作。修测前要收集测区已有资料并进行实地踏勘,确定修测区域。

(2)修测方法及要求。

a.地物变更范围较大或周围地物关系控制不足,补测新建的建筑区或独立的高大建筑,已变化的复杂的地形地貌,要先期布设图跟导线,然后再进行修测。

b.修测地物点的精度与全野外施测地物点精度一样。

c.修测时如发现原有数据中地物、地貌、注记、数据分层有明显错误或粗差时要进行纠正。

d.其他数据编辑要求与全野外实测一致。

6. 数据接边

(1)数据接边是指把被相邻图幅数据文件分割开的同一图形对象不同部分拼接成一个逻辑上完整的对象。在图幅拼接时,除点状地物外,要注意保持线状和面状地物的图形与属性数据的一致性,直线状地物不得出现明显转折。

(2)每幅图应测出图廓外 5 mm,自由图边在测绘过程中应加强检查,确保无误。

(3)各类地物的拼接,不得改变其真实形状和相关位置。同一地物接边平面位置误差不得超过图上 0.2 mm。接边误差在允许范围内的同一种比例尺、相同作业方法采集地物,原则上,相邻图幅各改一半。超过限差时则应到实地检查验证。

(4)当相邻图为不同期成果时,应分别调用各自的数字化图,按无缝隙的接边要求,确保线条连续,构面完整,注记正确。若与先期成图接边处的地物发生变化,要求在新测绘区的图边破幅将新增地物表示完整,并转绘到先期成图上。

(5)不同作业组或同一作业组不同作业员之间原则上负责接东、南图边,接边时双方参加,一人负责接,一人负责检查。与已成图接边原则上以已成图为准,但确系原图错误或新增地物可作为不接处理。

(6)自由图边须经100%的外业检查,保证图边准确。不同成图方法之间地形图接边,原则上以成图精度高的为准,其他方法地形图按精度高的位置接边。

7. 地形图检查

地形图检查要涵盖数据的基本要求、几何精度、图形质量、属性精度、逻辑一致性、完整性等质量要求。质量检验方法应按《数字测绘成果质量检查与验收》(GB/T 18316—2008)执行,此项目实行三级检查两级验收制。

作业人员和作业小组应对完成的成果成图资料进行严格的自检和互检,确认无误后方可上交。检查应包括下列内容:

(1)图根控制点的密度应符合要求,位置恰当;各项较差、闭合差府在规定范围内;原始记录和计算成果应正确,项目填写齐全。

(2)地形图图廓、方格网、控制点展绘精度应符合要求;测站点的密度和精度应符合规定;地物、地貌各要素测绘应正确、齐全,取舍恰当,图式符号运用正确;接边精度应符合要求;图历表填写应完整清楚,各项资料齐全。

(3)内业检查包括程序检查和人工检查。程序检查是运用加载于编图软件中的小程序,检查数据的分层、编码、线形等;人工检查主要是对图面、属性、接边等进行检查。

(4)属性检查的内容如下。

①所有相邻图幅均要进行接边精度和属性检查,以保证各要素的连续性和属性代码的一致性。

②属性内容的填写是否正确。

③图形检查的内容如下。

a.各层是否有多余或遗漏的数字化要素。

b.点、线、面状要素表示是否与数据标准相对应。

c.应该连接的线划是否连通。

d.符号配置是否合理,线型是否符合图式要求。

e.注记是否合理,规格大小是否正确。

f.接边处的关系处理,各要素是否正确地与对应要素接边。

8. 图幅整饰

1∶1000比例尺数字地形图分幅按50 cm×50 cm标准分幅,南北方向为50 cm,东西方向为50 cm。

图号:采用图廓西南角坐标,以公里为单位,X坐标在前,Y坐标在后,中加短线连接。

图名:应选用所在图幅内主要地名或企、事业单位名称,全测区不得重名或同名。若图内无名可取时,应以相邻图幅的东、南、西、北四个方位命名,方位加括号,如张家村(东)。若加方位命名仍无法取图名时可不取图名,只注图号。图廓整饰按《国家基本比例尺地图图式第1部分:1∶500　1∶1000　1∶2000 地形图图式》(GB/T 20257.1—2007)执行。

9.坐标数据转换

海门岛 4.3 km² 的 1∶1000 地形图于 2010 年底测绘,搜取测绘成果资料后,以一期工程在海门岛布设两个 D 级点联测该测区控制点后,进行坐标、高程转换,并列入总测区编绘 1∶1000、1∶2000、1∶5000 地形图。

(1)控制点联测。以一期工程在海门岛布设两个 D 级点联测该测区原有控制点,形成同一控制点新老两套坐标及高程数据的数据文件。

(2)坐标转换。利用 MapGIS 软件中的坐标转换程序及测区内新老控制点坐标数据文件计算出坐标转换参数,然后进行地形图坐标转换。

(3)图形整理。将坐标转换后的地形图依照本项目最新技术要求进行数据整理,达到项目最终的数据要求。

9.3.6　1∶2000 及 1∶5000 地形图缩编

1.1∶2000 地形图缩编

(1)主要技术要求。

①坐标系和高程系:保持 1980 西安坐标系,1985 国家高程基准。

②分幅原则:1∶2000 数字地形图按 1000 m×1000 m 的实地范围分幅,取整公里坐标线为分幅线。

③图名命名原则:采用图幅内一个具有区域代表意义的地理名称命名图幅,并编制图幅结合表作为图幅命名依据。

④图幅编号:取 1∶2000 地形图图幅的西南角坐标元素,以纵横坐标的十位和个位公里数的组合进行命名。

(2)缩编方法及作业过程。1∶1000 数字地形图到 1∶2000 数字地形图缩编过程,实际上就是图元的比例扩大及综合的过程,综合的基本方法为:选取和概括。经过图元参数编辑过的 1∶2000 地形图图面负荷很大,为了让 1∶2000 地形图既满足精度要求,又能清晰可读,须将原有的 1∶1000 地形图的图形元素进行综合。图元综合以去粗取精、舍次求本为原则,对图中地物进行删除、合并、夸大、移位、选取、简化等操作,使其编辑后的图形保持与比例尺相应的地图内容的详细程度。综合的过程中有很多细节没有硬性的规范要求,此时只能凭借作业经验和根据用图单位的要求进行。因此本项目缩编作业分两个环节进行:自动化批处理操作环节和交互式的手工操作环节。

①利用程序批处理。

a.删除次要地物:对于 1∶2000 地形图,部分地物不需表示,如阳台、桥墩、房屋结构注记等要实施删除处理。查找出这些地物的符号编码,通过删除编码的方式进行批处理。

b.1∶1000 地形图上的等高线特征点很多,导致的图形的字节量很大,通过程序对等高线统一进行抽稀,可以很大程度地减少图形容量。

c.1∶2000 地形图中部分地物符号的表示方法与 1∶1000 地形图不一致,如线型符号有铁路、围墙等,点状地物有亭、雕像、水塔等。要根据《国家基本比例尺地图图式第 1 部分:1∶500　1∶1000　1∶2000 地形图图式》(GB/T 20257.1—2007)中对应的线型和符号,用 1∶2000 符号替换旧 1∶1000 符号。

②手工处理环节。

a.符号抽稀。符号抽稀主要针对高程注记和植被填充。高程标注优先保留特征点高程值,其他区域本着丘陵地区高程标注点的间距为 50 m,居民地可适当放宽间距的规范要求进行抽稀;植被填充符号,对于大面积地区所种的植被为同一种品种时,先删除其中所有植被符号,利用植被填充程序按合适间隔比例重新种植,对于小面积植被按照规范要求进行手工抽稀。

b.地物取舍过程。1∶1000 地形图符号扩大压缩至 1∶2000 地形图后,图形要素信息量很大,需要做大量的取舍。如删除小于 0.6 mm 的骑楼、廊房;删除不成规模、零散的棚房;删除零散的篱笆、围墙;删除非工业区的小水池;删除建筑区内零散的陡坎线、等高线和高差小于 1 m 的陡坎线;水涯线与陡坎线在图上投影距离小于 1 mm 时,以陡坎线符号表示;删除居民区的小块绿化地、小树符号、荒草地、临时种植地。

c.地物合并过程。合并是指合并同类地物的碎部,以反映地物的主要结构特征。如相连接的或相互之间间隔小于 0.3 mm 的同层同类建筑物合并,并删除多余的楼层注记;当房屋拐角小于 0.4 mm 时,可遵循外扩的原则进行综合;露天看台不作中间等分线描绘;有一定规模且分布密集生产性棚房或牲口房进行合并,绘出其外轮廓线并加以标注;坟墓密集时,应绘出范围线,保留 2～3 个符号,并注明个数;不同品种种植的相邻旱地合并,并种植面积较大的植被符号等。操作过程要求保持各要素特征点的位置不变、反映各形状对比、图形关系协调一致。

d.移位编辑。由于比例尺的改变,符号和注记的尺寸相应放大,图形元素会出现相互压盖、重叠、相交、关系混乱等情况。如文字注记压盖其他地物,独立物符号伸进房屋,坎齿线与等高线或房屋线相交等,此时可依据各符号间的距离不应小于 0.6 个图形单位的间隔关系,将次要地物进行移位处理。

e.文字编辑。1∶2000 地形图的文字注记按《国家基本比例尺地图图式第 1 部分:1∶500 1∶1000 1∶2000 地形图图式》(GB/T 20257.1—2007)中对应要求进行编辑整理。

f.图幅整饰。图廓整饰按《国家基本比例尺地图图式第 1 部分:1∶500 1∶1000 1∶2000 地形图图式》(GB/T 20257.1—2007)执行。

2.1∶5000 地形图缩编

以缩编后的 1∶2000 地形图为底图进行 1∶5000 地形图缩编。1∶5000 地形图中的地物、地貌符号的表示方法与 1∶2000 地形图不一致,因此要根据《国家基本比例尺地图图式第 2 部分:1∶5000、1∶10000 地形图图式》(GB/T 20257.2—2006)中对应的线型和符号,用 1∶5000 符号替换旧 1∶2000 符号。

具体方法与 1∶2000 地形图缩编基本相同,但要将 1∶2000 地形图中的图元要素继续以去粗取精、舍次求本为原则,对图中地物进一步进行删除、合并、夸大、移位、选取、简化等操作,使其编辑后的图形保持与比例尺相应的地图内容的详细程度。

(1)1∶5000 地形图中需删除的图元要素。

①水系。

a.干河床:删除实地宽度在 2.5～15 m 的河床内的等高线,和实地宽度在 1.5～15 m 的河床内的土质符号。

b.干沟:深度小于 0.5 m 的或实际长度小于 50 m 的不表示。

c.湖泊、池塘:实地面积小于50～100 m² 的池塘不表示。
d.水库:实地距离在0.25～2.5 m 的水压线应删除。
e.干出滩:实地长度小于15 m 时可不表示。
f.沙洲:实地面积小于100 m² 的不表示。
g.水中滩:实地面积小于250 m² 的不表示。
h.加固岸:实地小于25 m 的加固岸和单线表示的河流上的加固岸不表示,实地宽度小于5 m 的河流上的无滩加固岸不表示。
i.防波堤、制水坝:实地长度小于25 m 的不表示。
②居民地及工矿设施。
a.破坏房屋:实地面积小于40 m² 的不表示。
b.露天采石场、乱掘场:实地面积小于250 m² 的不表示。
c.探槽:实地距离小于25 m 的不表示。
d.温室大棚:长度小于10 m 的不表示。
e.土城墙、围墙:围墙的实地长度小于25 m 时,不表示。
f.栅栏、铁丝网、篱笆、电网:实地长度小于25 m 或高度低于1 m 的不表示。
g.地类界:实地距离小于10 m 的可综合取舍
h.柱廊:实地距离小于25 m 的不表示。
i.台阶:实地小于10 m 的可不表示。
③交通。
a.停车场:实地面积小于125 m² 的不表示。
b.栈桥:实地长度小于15 m 时不表示。宽度大于4 m 时依比例尺表示。
c.隧道、明洞:航渡距离小于10 m 时不表示。
d.路堑:删除比高在1 m 以下且长度小于25 m 的。
e.路堤:删除比高在1 m 以下且长度小于25 m 的。
④管线。
a.高压输电线:在地物密集地区以及电力线较多的经济比较发达地区可不表示输电线。电杆(塔)应按实地位置逐个表示。高压输电线一般不中断,但在据道路25 m 以内时可不表示。
b.管道长度不足50 m 的和街区内的管道不表示。
⑤地貌、植被与土质。
a.坎高1 m 以下的梯田坎不表示。
b.幼林、苗圃:幼林、苗圃在实地大于625 m² 时才表示,大于1250 m² 时要加注"幼""苗"字。
c.迹地:实地面积小于625 m² 时不表示。
d.花圃、花坛:实地面积小于625 m² 的不表示。
(2)1∶5000地形图中需整体删除的图元要素。
在1∶5000地形图中个别图元要素不用表示,因此可以用程序进行统一删除。
①控制点。删除不埋石图根点。
②居民地及设施。删除建筑中房屋、架空房、廊房、烟道、滑槽、地磅、露天货栈、电话亭、垃

圾台、旗杆、活树篱笆、地下建筑物通风口、门顶、雨罩、阳台、檐廊、挑廊、悬空通廊、室外楼梯、院门、门墩、支柱、墩、钢架、路灯、照射灯、宣传橱窗、广告牌、喷水池、避雷针等图元要素。

③交通。删除阶梯路、汽车停车站、街道信号灯、铁路平交道口、坡度标、过江管线标、过河缆等图元要素。

④管线。删除配电线、电杆、电线架、电线塔、电缆标、电缆交接箱、电力检修井孔、变压器、陆地通讯线的电信交接箱、电信检修井孔、有管堤的管道、管道检修孔、管道及附属设施等图元要素。

⑤地貌。删除人工陡砍、平沙地、斜坡等图元要素。

⑥注记。删除交通、铁路、高速、国道、快速路名称,省、县、乡公路、主干道、轻轨线路名称、次干道、步行街、支道、内部路、桥梁名称。

(3)居民地综合。

街区内部可进行较大综合,房屋间距小于 7.5 m 时可综合表示。主干道用 0.15 mm 的线粗,按实地路宽依比例尺或用 0.8 mm 路宽表示。次干道边线用 0.12 mm 的线粗,按实地路宽依比例尺或用 0.8 mm 路宽表示。支线用 0.12 mm 的线粗、0.5 mm 路宽表示。街区内的街道宽度实地小于 2.5 m 时,要区分出次干道或支线,当街道线与房屋垣栅轮廓线的间距小于 1.5 m 时,街道线可省略。

(4)图幅整饰。

图廓整饰按《国家基本比例尺地图图式第 1 部分:1∶500　1∶1000　1∶2000 地形图图式》(GB/T 20257.1—2007)执行。

3.质量检查

为确保缩编图的质量,项目管理实行严格的检查程序,每一次检查,检查者都会将不合格项在图上标出并反馈给缩编作业员进行修改,修改合格后再进行下一步检查程序。通过三级检查两级验收后,将最终成果交付甲方使用。

9.3.7　提交成果资料

(1)1∶1000、1∶2000、1∶5000 地形图薄膜黑图、光盘各 3 套。

(2)1∶1000、1∶2000、1∶5000 地形蓝图各 3 套。

(3)E 级控制点观测数据、平差资料光盘及打印资料各 3 套(控制成果含 80、54、2000 三种坐标系及互相转换软件)。

(4)四等水准测量观测、平差资料各 3 套。

(5)技术设计书及技术总结报告各 3 套。

9.4　项目的组织与管理

9.4.1　人员安排及项目组织机构图

为了保证工程项目各工序的正常运转和良好衔接,在项目施工前成立项目组织管理机构,并对人员安排进行细分,对项目各工序进行组织协调和质量、技术监理,确保项目的顺利完成。

具体人员安排及组织机构如图9-2所示。

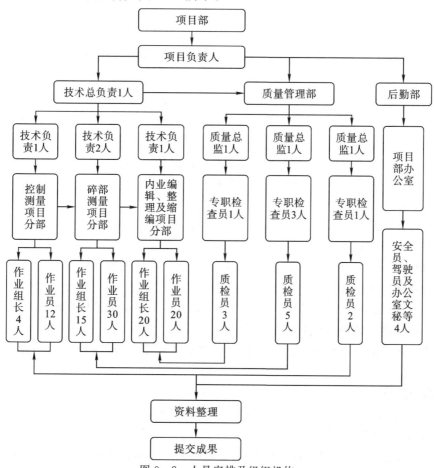

图9-2 人员安排及组织机构

项目实施过程中为了提高作业效率，保证项目如期完成，实际作业采用工序穿插施工。同时为了项目的成果质量，工序间的成果利用必须是经过检查正确可用，严禁下一工序使用未经质检的成果。

9.4.2 主要人员的岗位职责

1.项目负责人

项目负责人：统筹安排，制定整个工程的施工计划，保证满足工程要求的仪器设备和合理的生产人员技术结构，均具备丰富的测绘经验。

严格要求工作人员，保证工程顺利进行，职责分明，及时召集项目管理人员反馈施工信息，针对工程可能出现的情况和结果进行分析和规划，从而能及时采取相应的措施。

开工前安排人员参加安全、健康、环保和质量保证系列培训，并对技术人员进行项目测量方面全面的或专项的专业知识培训，在开工时组织场地机构人员认真学习业主要求的各项培训工作。

定时向业主和单位汇报工作进展和所有测量过程。

项目负责人不能解决的问题、困难及事故，上报业主，和单位及时进行开会讨论，拟出计划，并及时落实解决。

2. 技术负责人

技术负责人：设计、安排项目各个工序，了解现场测量及内业整理服务各方面的流程以配合业主提出的要求。

了解工程范围、要求，进行生产计划方案、质量保证方案工作的设计及拟定后，交项目负责检查和预审，并上报总工程师审核，再呈送业主审批，获批准后，督促各级人员按照以上方案进行学习及作业。

保持与业主的联系，反馈业主的测量要求和其他信息。

对各个程序的操作进行规范控制，保证测量工序的有序进行。

3. 质量总监

质量总监：以保证质量为中心，满足需求为目标，防检结合为手段，项目全体员工参与为基础，促进项目保质保量，按期完工。

严格执行 ISO9001 质量管理体系，加强对项目运行过程的质量体系的监督力度，规范项目产品质量管理工作。

严格执行"三级检查、两级验收"制度，明晰各级人员的质量责任与权利。

制定本项目质量管理的相关规定，奖优罚劣。

确保提交的产品质量合格率达 100%，杜绝产品质量事故，最终使项目产品质量优、良品率在 85% 以上。

4. 专职检查员

专职检查员：对项目质量进行检查监督，协助质量管理师做好质量管理工作，配合单位质监人员对项目进行定期的抽检。

在项目施工过程中，严格督促项目人员按步骤操作，力求达到项目施工标准化、规范化、制度化，对违反质量规定和有关质量法规的行为，有权暂停施工，并报告项目负责人。

全面负责项目内部各道工序的检查工作，并对作业员的工作质量情况提出整改意见。

检查督促质量整改的落实情况，参加工程质量调查分析，并提出处理意见和防范措施的建议。

协助项目负责、技术负责及质量管理师统计调查表格，提出各种数据和改进质量的建议。

5. 作业组长

作业组长：按照项目部下达的任务要求对本组人员合理分工，保证按质、按量、按期完成任务。

负责本组所承担的全部成果质量，总结汇报本组工作，填写本组工作报表和工作日志。

负责本组设备的维护、运送和保管。

负责本组出工前所需仪器、资料和物资的准备。

项目结束或小组工作暂告一段落时，负责组织本组人员自检、整理资料，以及按照项目质量管理要求进行互检。

负责本组的安全生产工作。

6. 作业员

作业员：熟悉掌握作业流程、工作规范及方法。

严禁擅自改变设计、流程进行作业。遇到作业问题应及时向专职质检人员或作业技术人员提出。

认真进行自检、互检工作,确保作业质量,汇总检查结果填写检查情况表。

对作业技术人员安排的作业、修改任务应积极配合。

每天向作业技术人员提供认真填写的工作日志。

完成领导交办的其他工作。

7. 安全员

安全员:坚持"安全第一,预防为主"的原则,经常对作业人员进行安全生产、文明作业的思想教育。

督促本项目人员严格遵守各项作业规定和各项安全生产规章制度。

负责督促和检查在生产过程中个人防护用品的发放和使用。

协助项目负责人制订和落实安全措施,检查本项目的设备安全、用电安全、伙食安全等情况并做好记录。

负责按时向单位上报安全检查情况。

完成领导交办的其他工作。

8. 驾驶员

驾驶员:认真完成项目上的派车任务,服从项目经理安排。

坚持行车安全检查,每次行车前检查车辆,发现问题及时排除,确保车辆运行。

安全驾驶,正确执行驾驶操作规程,听从交通管理人员的指挥,行车时集中精力驾驶,严禁酒后开车,不开"英雄车""赌气车"。

每次出车回来后,如实填写行车记录,向项目经理汇报出车情况。

车辆用毕后,车辆停泊在指定位置,锁好方向盘、门窗等。

做好车辆的维护、保养工作,保持车辆常年整洁和车况良好。

认真填写车辆档案,对车辆事故、违章、损坏等异常情况及时汇报,写好情况汇报。

驾驶员确保良好的休息、足够的睡眠,以充沛的精力和体力保证安全行车。

驾驶员应有敬业精神,熟悉交通法规、路况和车辆性能,不断提高自己的技术水平和积累行车经验。

驾驶员要衣着整洁、礼貌待人、热情服务,不藐视项目其他普通员工。

出车送达时,未经乘车人允许不得离开车辆,应听从用车人安排。

9.4.3 项目安全文明生产管理

安全文明生产是项目稳步进行的重要环节之一,是提升内部管理、提高经济效益的前提和先决条件。因此要秉承"安全第一、预防为主"的安全方针,加强安全管理,确保安全文明生产,千方百计做好各项安全文明管理工作,保证项目顺利进行。

1. 安全文明生产管理职责

1)项目负责人安全文明生产职责

(1)认真执行单位各项安全文明生产规章制度,负责完善本项目安全生产责任制和规章制度,并贯彻落实到基层作业班组,责任到人。将各项安全文明规章制度上墙,教育本项目员工认真遵守。

(2)精心组织本项目安全文明生产,不冒险作业,不违章指挥。对整个项目(交通工具、仪器设备、资料保密、住房环境、饮食卫生、劳动防护、施工现场、应急救援)安全负责。

(3)负责接受业主和上级单位安全文明生产管理部门的安全检查或专项安全检查,每月安全自查不少于4次,做好安全检查、自查记录。负责整改事故隐患,做好本项目安全生产工作总结。每月27日向上级领导汇报本月安全生产情况和人员情况。发生安全事故,立即向上级安全管理室报告。

(4)认真遵守道路交通安全法,教育本项目汽车驾驶员人员,不违章驾驶,不酒后开车,本项目汽车限制晚上10点以后行车,在外租用汽车时,要租用车况好,手续全的汽车,并签订租用车辆安全运输协议书,确保运输安全。

(5)规范生产、办公工作环境,讲话文明礼貌,提高单位文明形象。工作场所干净卫生,计算机、打印机、各种设备等用具规范整齐、资料存放安全;食堂干净卫生,用具摆放整齐;宿舍整齐清洁,做到不乱拉电线、不乱扔烟头、不随地吐痰。

(6)做好劳动防护用品发放工作及防暑降温、保暖工作。保证住房条件安全可靠,关心员工生活和身体健康。教育员工正确穿戴使用劳动防护用品。

(7)加强本项目职工上岗前的安全生产技能培训,组织本项目员工参加安全教育培训。组织员工认真学习各项安全文明手册,实现本项目安全文明生产操作规范化、标准化,杜绝违章作业、违章指挥和违反劳动纪律行为。

(8)做好本项目各类事故预防和应急救援工作。在外地施工期间,应主动做好与当地各级政府部门或有救援能力组织、部队、厂矿等单位签订应急救援协议,牢记救援报警电话。

(9)组织本项目员工学习法律、法规,严防员工刑事犯罪,教育员工维护单位利益,团结同志,减少治安案件的发生,自觉维护单位利益。加强本项目内部治安保卫安全防范工作,严防被盗被抢事件发生。

2)作业组长安全文明生产职责

(1)遵守劳动纪律,认真遵守各项安全文明生产规章制度,不冒险作业,不违章指挥,服从项目负责人的指挥。

(2)负责做好本组每天出工前、施工中、收工后(交通工具、仪器设备、通讯设备、防护用品)等安全检查和作业组施工安全生产检查。

(3)工作中应遵守交通法规,防止交通事故。骑自行车路途中仪器要背在身上,不准绑在自行车后座上,以防止震坏摔坏,不准骑快车。

(4)城镇测量作业时,要互相提醒。防止交通事故、触电事故、空中坠物、扎脚等事故发生。对有毒、高温、高压等有不安全因素的场所进行测量时,现场要设有专人指挥和监护人员。

(5)需到单位和私宅院内进行测量工作时,应带有效证件,讲话文明礼貌,主动说明来意,征得主人同意后方可进入,不得擅自硬闯或翻墙进入,做到安全文明生产。

(6)维护单位利益,团结同志,做好防火、防盗安全防范,发现安全隐患及时排除并报告项目负责人。协助项目负责人管理好仪器设备,爱护公共财物。

(7)讲究个人卫生,用具摆放整齐。宿舍整齐清洁,做到不乱拉电线、不乱扔烟头、不随地吐痰。禁止到水库和河塘游泳、洗澡。

(8)负责作业组资料安全保密,资料要妥善保管及时备份,以防丢失。

3)作业员安全文明生产职责

(1)遵守劳动纪律,认真遵守各项安全文明生产规章制度,不违章、不冒险作业,服从项目负责人和作业组长的指挥。

(2)工作中遵守交通法规,防止交通事故。骑自行车路途中仪器要背在身上,不准绑在自行车后座上,以防止震坏摔坏,不准骑快车。

(3)工作中做到正确熟练掌握仪器操作方法。架仪器时,脚架要架牢,要将脚架的中心螺丝与仪器螺丝拧紧,并松开仪器制动旋钮。

(4)工作期间操作人员不得离开仪器,仪器箱放在脚架下,防止碰坏和丢失。仪器装箱时,检查仪器配件是否齐全。到驻地后及时充电保养。

(5)需到单位和私宅院内进行测量工作时,应带有效证件,讲话文明礼貌,主动说明来意,征得主人同意后方可进入,不得擅自硬闯或翻墙进入,做到安全文明生产。

(6)协助作业组长管理好仪器设备,爱护公共财物。

(7)讲究个人卫生,用具摆放整齐。宿舍整齐清洁,做到不乱拉电线、不乱扔烟头、不随地吐痰。

(8)禁止到水库和河塘游泳、洗澡。

(9)维护单位利益,团结同志,做好防火、防盗安全防范,发现安全隐患及时排除并报告作业组长和项目负责人。

4)炊事员安全文明生产职责

(1)遵守劳动纪律,认真遵守各项安全文明生产规章制度,不违章、不冒险作业,服从项目负责人的指挥,做好员工饮食服务。

(2)注意讲究个人卫生和公共卫生,做到食堂干净卫生,伙房用具摆放整齐,正确穿戴防护用品,工作时不吸烟,戴口罩。

(3)工作中思想要集中,避免切、挤、烫、烧伤。

(4)往开水里放东西必须缓慢,不准冲击;用油炸食物时,油温不准过高,防止着火;用器皿盛汤、稀饭时,不得过满,防止溅出烫伤。

(5)购物时,不准买腐烂变质的食品和不卫生的食品。

(6)伙房使用电器(电饭锅、电风扇)电线不乱拉,并远离热源火源,做好电器、电线安全检查和维修,防止触电伤害。

(7)使用煤气灶要远离煤气灶,做完饭后一定要关紧煤气罐气阀,防止煤气泄漏。

(8)使用煤火炉做饭,倾倒煤渣时,要将煤渣灭火降温,防止煤气中毒和火灾发生。

(9)做饭炒菜时要科学搭配,确保饭菜营养卫生,防止食物中毒。

(10)维护项目利益,团结同志,做好防火、防盗安全防范,发现安全隐患及时排除并报告项目负责人。

2.安全文明生产管理措施

1)安全文明生产管理制度及办法

要保证安全文明生产,项目实施中必须严格贯彻国家、省市和上级主管部门颁发的有关安全法令、法规和劳动保护条例。为保证安全生产,杜绝事故发生,需加强以下几项管理:

(1)建立安全保证体系,建立健全安全管理机构,成立以项目负责人为第一责任人、项目技术负责人及项目质量总监为主要负责人的安全管理机构。项目部设安全管理委员会,设兼职安全员,对项目生产进行安全监督与检查,把好安全关,消除事故隐患。

(2)项目开工前,制定切实可行的安全管理措施,编制详细的安全操作规程、细则,分发至各测量小组,进行学习、落实。

(3)在城区主干道路上进行测量时,测站周围要设置安全标志,避免出现交通事故。

(4)定期和不定期地开展安全大检查,召开安全会议,把事隐患灭在萌芽状态。

2)安全文明生产保证措施

(1)接受业主对安全生产工作的管理和指导。建立健全各级安全生产责任制,实施目标管理。

(2)项目负责人是项目安全的第一责任人,建立、完善以项目负责人为首的安全生产领导组织,有组织地开展安全管理活动,抓好制度落实、责任落实,严格奖惩制度。各作业小组、人员,在各自业务范围内,对实施安全生产的要求负责。安全生产责任是全员行为,因此安全生产责任制要一环不漏,各职能部门、人员的安全生产责任做到横向到位,人人有责任。

(3)项目所有人员依照其从事的生产内容分别通过项目部的安全检查,持证上岗。

(4)开展安全教育与培训,增强全员的安全生产意识,增加安全知识,有效防止人为的违章行为,减少人为失误。

(5)每周组织各种安全检查,适时开展安全大检查。检查工作以自检为主,上级监督检查为辅的原则。重点检查劳动条件、生活设施、生产设备、现场管理、安全卫生设施及生产人员的行为,发现危险因素,果断消除。

9.4.4 工作进度安排计划

根据项目人员安排计划及主要仪器设备计划,本项目工作会在要求工期内完成,即在合同签订后 9 个月内完成并分阶段完成验收及移交资料。

具体安排如下。

(1)项目准备:包括人员组织,设备进场,后勤准备,住宿等 5 天时间。

(2)资料搜集、技术培训、设计编写及测区踏勘在 5 天内完成。

(3)控制测量 30 天内完成,包括选点埋石,E 级 GPS 控制测量及四等水测量等。

(4)图根控制测量及全野外数据采集 100 天内完成。

(5)1:1000 地形图数据编辑及整理 95 天内完成。

(6)1:1000 地形图验收及资料移交 15 天内完成。

(7)1:2000/1:5000 地形图缩编 70 天内完成。

(8)1:2000/1:5000 地形图缩编专家论证及资料移交 20 天内完成。

(9)各级质量检查贯穿项目生产始终。

9.4.5 工作进度计划表

工作进度计划表见表 9-10。

表 9-10 工作进度计划

内容	天数								
	1~30	31~60	61~90	91~120	121~150	151~180	181~210	211~240	241~270
项目准备实地踏勘、设计编写	■								
控制测量		■							
图根测量及全野外数据采集			■	■	■				
1:1000地形图数据编辑及整理				■	■	■			
1:1000地形图验收及资料移交						■	■		
1:2000/1:5000地形图缩编								■	■
1:2000/1:5000地形图缩编专家论证及资料移交									■
各级质量检查	■	■	■	■	■	■	■	■	■

9.5 质量保证措施

1. 质量目标

项目测绘成果经福建省测绘产品质量监督检测中心检查验收达到优秀标准。

2. 总体措施

项目实行"三级检查,二级验收",方法如下。

一检:作业组自己检查;

二检:项目部组织作业组之间的互检;

三检:项目部质量管理师组织专职作业员检查;

一验:由检查验收;

二验:由福建省测绘产品质量监督检测中心检查验收。

具体的质量保证流程图如图 9-3 所示。

3. 生产过程中的质量管理

(1)项目各级管理人员深入生产第一线,抓好事前指导、中间检查、事后验收三个基本环节是质量保证的有效方法。项目负责指导作业队伍抓好三个基本环节。

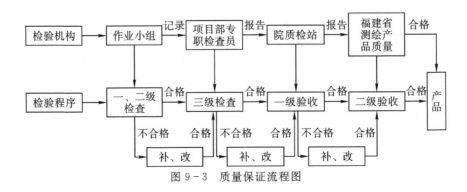

图 9-3 质量保证流程图

（2）参加作业及担任各级检查工作的人员全部为经过部门考核合格的优秀人员，可上岗作业。

（3）作业前，对重要的技术问题，我方将由技术负责和质量总监一同组织项目技术干部进行研究讨论，根据现场的任务，组织作业人员学习有关技术、操作规程。

（4）投入使用的所有仪器设备已由法定计量检定单位进行检定和校准，并在检定和校准期内。

（5）作业人员严格按照作业依据进行作业。小组坚持自查、互检制度。对上道工序产品进行必要的质量检验，在确认其质量合格的情况下进行下道工序作业，否则退回上道工序。作业人员对所完成的作业质量负责到底。

（6）各级检查人员严格执行技术标准和产品质量评定标准，对自己检查的产品质量负责，签署姓名、日期。

（7）作业组提供给上一级检查的成果资料做到齐全、装订完美，各类要素填写完整。如资料不齐全，成果混乱，质量检验员应责令作业组返补至符合要求，才作检查。

（8）各级技术干部对技术问题的处理以文字为依据，口头答复无效，并逐级上报。凡属改变设计书和技术要求，对成果精度可能有影响的重大问题，报请项目负责人后，并经业主批准后方可执行。作业人员为了片面追求速度和经济效益，不按操作规程和技术标准进行生产，擅自降低质量标准的，应责令返补，不得作特殊情况处理。

（9）专职检查员发现测绘产品中的质量问题，提出的处理意见与作业人员意见有分歧时，交由质量总监和技术负责处理。

（10）计划生产是保证质量的重要措施之一，贯彻并按计划安排生产，作业人员要严格按计划进行生产。

（11）下道工序退回来需要返补的成果，作业组应及时安排处理。

（12）测绘产品资料都拷贝留底交资料室，以备用户使用过程中发现问题时作解释和补救。

（13）作业组要严格按合同规定的技术要求进行作业。

（14）要保证测绘仪器、设备、工具和材料的质量，其品种、规格和性能应满足生产要求，作业中尽量使用已有的先进设备，采用已掌握的先进技术手段。

4.测绘产品检查内容

（1）保证使用性能优良先进的仪器设备，所有使用的各类测绘仪器均需在法定计量单位检验使用期内，逾期的需重新检验。作业人员选用本单位合格的上岗人员参与作业。

（2）检查、验收参照国家测绘局制定的《数字测绘产品检查验收规定和质量评定》执行，项目实行三级检查两级验收制。过程检查必须对测绘产品进行三项精度的检测,并提交检测成果。外业测图的首批作业成果必须经项目部检查合格后,方可大面积展开作业。三项精度检测包括:

①平面位置中误差检测。采用全站仪解析法采集地物点坐标,检测图幅数量不少于总图幅数的8%,每幅图的检测点数一般不少于20个。

②地物点间距中误差检测。采用皮尺或手持测距仪量距,检测图上地物间距中误差,检测图幅数量不少于总图幅数的8%,每幅图的检测边数一般不少于20条。

③图上高程注记点高程精度检测。采用水准仪散点法套合地形图上高程注记点进行检测,检测图幅数量不少于总图幅数的8%,每幅图的检测点数一般不少于20个。

(3)各工序检查要点和检查方法。

①技术设计。需要采用最先进的技术手段、科学的生产组织流程。技术设计要通过专家论证和上级主管部门批准。

②基础控制测量。检查实地埋石质量和点之记,检查控制网的布设,基线解算,观测平差计算和点位精度情况。检查观测使用仪器的检测鉴定情况。

③加密控制测量。检查E级GPS点的埋石质量,观测记录和平差计算资料,最弱点点位精度。检查观测使用仪器的检测鉴定情况。

④全野外数据采集。检查图根控制点密度,数据采集使用的仪器是否满足精度要求。检测地物点平面精度和高程精度,巡视检查地形图地理精度,丈量地物间距精度。

⑤数据编辑质量。检查数据拓扑关系,数据完整性,属性数据是否齐全,数据代码和数据分层是否符合设计要求。

(4)检查要求:在作业组自查、互查的基础上,项目部要进行100%的过程检查,对每幅图作出质量评定,写出测区技术总结,保存过程检查记录(以幅为单位)。可以分批或一次性上交上级主管质量部门检查,最终检查不少于产品总数的10%。对测区的成果,成图质量进行综合评价,写出最终检查报告。

(5)项目提供资料的规格、形式、内容、表示方法等应一致,并对提供的资料进行全面的检查、复核,确保资料的统一、美观和完整。

5.测绘产品的检验

(1)测绘产品的检查验收及质量评定执行《数字化测绘成果质量检查与验收》(GB/T18316—2008)。

(2)项目部专职检查员应在作业小组自查、互检的基础上进行专职检查,合格后项目部申请上级主管质量部门检查验收,在测绘产品经上级主管质量部门检查验收合格后,方可进行最终验收。

(3)上交的所有成果要作100%的室内检查。

(4)各级检查要认真作好检查记录,无检查记录的测绘成果,下一级检查或验收者,可将成果退回上一级。

6.确保记录等的真实性和准确性措施

(1)对在质量管理和提高产品质量做出显著成绩的先进作业组和个人授予荣誉奖和物质奖。对防止重大质量事故有贡献的作业组和个人应予以重奖。

(2)提供检查的测绘成果要按计划分期分批检查。有特殊情况暂不能按计划检查的产品应有文字报告。

(3)在评"优"评"先"活动中,产品质量具有否决权。

(4)实行产品质量与经济效益挂钩的措施。

(5)对一般产品质量问题可以对责任者处以一定的经济罚款;重大质量问题及时报上级领导研究处理;对伪造成果者严肃查处。

(6)作业人员所作的测绘成果未经检查,作业者不准离开测区。撤离测区要提前报告项目负责人,未经项目负责人同意,擅自撤离测区的作业人员,按该测区项目管理制度进行处罚,并追究责任。

9.6 成果管理保密及保证措施

1. 安全保证措施

(1)开工前向全体人员进行环境、职业健康安全交底及培训,提高作业人员的环境保护、职业健康安全保护及文明施工的意识,使其在作业过程中自觉遵守相关的管理制度和要求。

(2)项目准备阶段时给参与项目的所有作业人员配齐所需的安全防护设备,安全防护设备不齐,不得开工。项目负责人经常去现场巡视,对安全防护用品的使用情况进行监督检查。

(3)作业人员外出作业时统一着装并佩戴测绘作业证,便于施工现场相关人员的识别,使测绘工作能够得到相关人员更多的支持与帮助,共同配合做好安全工作。

(4)开工前对所有仪器设备进行检查,及时消除安全隐患,施工过程中对所使用的仪器设备状况和保养情况进行检查监督,确保仪器设备的安全。

(5)生产过程中的生活垃圾如烟头、塑料袋、饮料瓶、废纸、快餐盒等废弃物不能随地乱丢,应按要求分类放到垃圾箱内。不随意破坏实地的花、草、树木等绿化设施及其他公共设施。

(6)施工过程中,应坚持文明施工,不做有损业主名义的事情,遇到问题协商解决。

2. 数据保密措施

(1)保密数据的内容和范围。

①甲方提供的用于开展项目所需的数据,包括各期影像数据、相关业务数据及属性。

②项目过程中产生的衍生数据。

(2)以上数据资料,仅在本项目部内部使用。

(3)数据的保管和使用,按照《涉及国家秘密的通信、办公自动化和计算机信息系统审批暂行办法》《计算机信息系统保密管理暂行规定》执行,建立相关的登记制度。

(4)对保密数据载体实行专人集中管理,选择安全保密场所,配置保密设备,保密数据载体的传递、使用、销毁按照《中共中央保密委员会办公室、国家保密局关于国家秘密载体管理规定》执行。

(5)项目完成或项目合同终止,我单位将保密数据归还甲方或现场销毁,不再保留任何备份。

9.7 附表、附图

附表一

光电测距导线主要技术指标

项目	级别						
	一级导线		二级导线		图根一级		图根二级
	DJ2	DJ6	DJ2	DJ6	DJ2	DJ6	DJ6
水平角测回数	2	4	1	3	1	2	1
半测回归零差/(″)	8	18	8	18	8	18	36
一测回内2C互差/(″)	13		13		13		
同一方向值测回互差/(″)	9	24		24		24	
附合路线长度/km	3.6		2.4		1.2		0.7
最长边长/m	450		300		180		100
平均边长/m	300		200		120		70
测边中误差/mm	±15		±15		±15		±15
测角中误差/(″)	±5		±8		±12		±20
方位角闭合差/(″)	$\pm 10\sqrt{n}$		$\pm 16\sqrt{n}$		$\pm 24\sqrt{n}$		$\pm 40\sqrt{n}$
导线全长相对闭合差	1/14000		1/10000		1/6000		1/4000
导线全长绝对闭合差/m	0.26				0.22		0.22
垂直角测回数(中丝法)	2		2	2	1		1
垂直角指标差互差/(″)	15		15	25	15		25
垂直角互差/(″)	15						
三角高程路线同一边往返测高差之差/m	≤0.1S				≤0.4S		
高程路线闭合差	$\leqslant \pm 0.05\sqrt{[SS]}$ (m)						
导线网中最弱点点位中误差(相对于起算点)/cm	≤±5						
备注	1.N 为导线折角数,S 为边长(以 km 为单位);2.附合导线长度和结点间长度短于规定长度 1/3 时,导线全长的绝对闭合差不应大于 13 cm						

附表二

四等水准观测的主要技术指标

项目	级别	备注
	四等水准	
附合路线长度/km	≤15	
结点间路线长度/km	≤10	
最大视距长度/m	≤80	
前后视距差/m	≤3.0	
前后视距累积差/m	≤10.0	
黑红面读数差/mm	≤3.0	
黑红面所测高差之差/mm	≤5.0	
检测间歇点高差之差/mm	≤5.0	
路线或环线闭合差/mm	$\leqslant \pm 20\sqrt{L}$	
支线往返高差不符值/mm	$\leqslant \pm 20\sqrt{R}$	
测站高差取位/mm	0.1	
高差取位/mm	1	
检测已测测段高差之差/mm	$\leqslant \pm 30\sqrt{L}$	
备注	①L、R 以 km 为单位,不足 1 km 按 1 km 计算;②路线长度可根据高程中误差要求作调整	

附图

控制点埋石规格图(单位:cm)

一般D级、E级埋石点　　D级、E级水泥路面埋石点　　D级、E级沥青路面埋石点　　D级、E级房顶埋石点

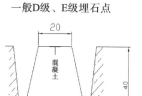

（采用取孔方式）

一、二级一般埋石点　　　　一、二级水泥路面埋石点　　　　　　一、二级房顶埋石点

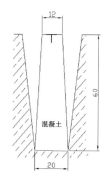

（采用取孔方式）

图根一般埋石点　　　　　图根道路面埋石点　　　　　一、二级点沥青路面埋石

第 10 章 PIE-Model 实景三维模型单体化软件使用

10.1 实景三维建模及单体化技术流程

1.Mesh 模型制作流程

Mesh 模型制作流程如图 10-1 所示。

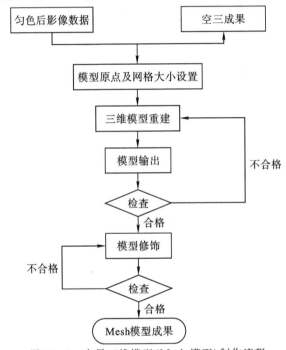

图 10-1 实景三维模型(Mesh 模型)制作流程

2.实景三维模型单体化流程

实景三维模型单体化流程如图 10-2 所示。

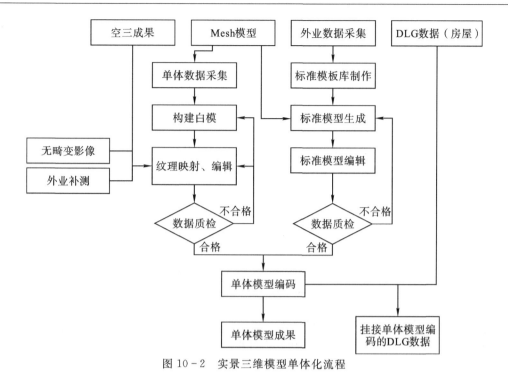

图 10-2 实景三维模型单体化流程

10.2 实景三维模型单体化操作步骤

10.2.1 建立工程

建立工程需要四项必需数据:空三成果、无畸变影像、OSGB 模型、OBJ 模型。建立工程的具体操作如下。

(1)打开 PIE-Manager 程序,设置解决方案路径,新建工程文件。

(2)依次单击"影像"→"航空影像"→"导入影像"项,如图 10-3 所示。

图 10-3 导入影像数据界面

(3) 打开空三文件,如图 10-4 所示。

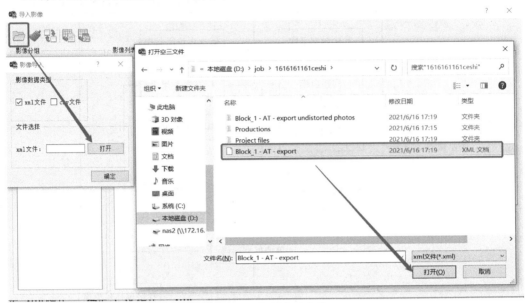

图 10-4 打开空三文件

注意:影像数据类型有两种,一种是"*.xml"格式,一种是"*.CSV"格式。"*.xml"格式是 ContextCapture 软件或 PhotoMesh 软件输出空三报告格式,"*.CSV"是特指 PhotoMesh 软件输出空三报告格式。

(4) 输入空三输出的无畸变影像,作为纹理映射的数据源,如图 10-5 所示。

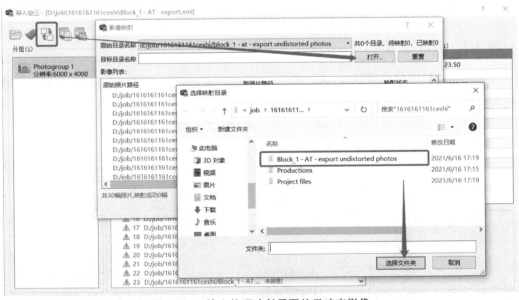

图 10-5 输入纹理映射需要的无畸变影像

(5) 导出工程文件。计算站点和站点间隔都不需要输入,直接默认即可。如果使用的是无畸变影像数据,可不做任何勾选,直接默认,单击"确定"按钮,快速完成影像数据配置,直到成功导出工程文件,如图 10-6 所示。

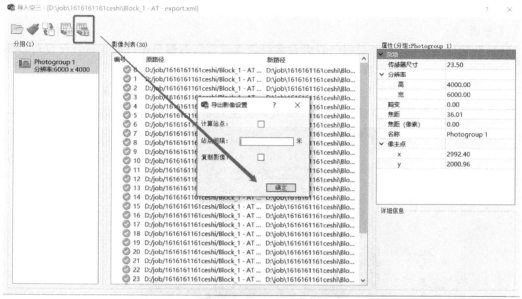

图 10-6 影像数据配置完成之后导出工程信息界面

(6)激活 Mesh 标签→导入 OSGB 格式实景模型。

(7)激活 Mesh 标签→导入 OBJ 格式模型,并通过 metadata.xml 文件自动识别偏移值(也可手动输入),如图 10-7 所示。

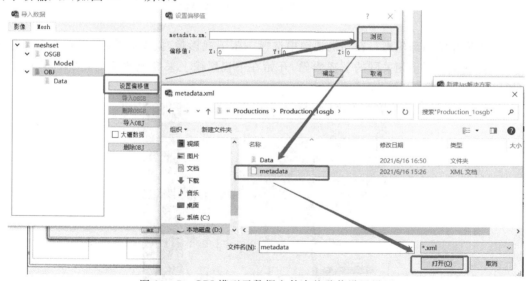

图 10-7 OBJ 模型元数据文件中偏移值设置界面

(8)完成工程配置,关闭程序
(9)重新打开已建立的".jas"工程文件,开始新建模型的操作。

10.2.2 新建模型

1.平房

(1)新建平房单体模型。打开"解决方案资源管理器",右键单击"DP Modeler 文件"项,在弹出的快捷菜单中选择"新建模型"选项。

(2)建筑顶部设置基准点。操作方法:点击"建模"工具箱→"默认工具"→左键激活"基准面"→命令属性栏激活"单点模式"→在 Mesh 模型上点击建筑顶部角点,如图 10-8 所示。

图 10-8 建筑物基准面设置界面

(3)采集建筑顶部轮廓。在相机视图中选择一张下视影像,操作方法:左键点击灰色影像球,从投影视图中调出相关联的下视影像,开始在下视影像上采集建筑顶部轮廓,如图 10-9 所示。

图 10-9 采集建筑顶部轮廓

具体操作方法：点击"工具箱"→"建模"→"创建"→"多边形"→"一般多边形"，依次点击建筑顶部角点→右键闭合。

（4）切换倾斜影像，点击相机视图，选择合适的倾斜影像。点击左侧相机视图，选择合适的倾斜影像。单击"创建工具"→"挤出柱体"→勾选封底→根据倾斜影像挤出柱体，如图 10-10 所示。

图 10-10　创建屋檐结构

（5）纠正屋檐。选择底部面，单击"编辑工具"→激活"内偏移外扩"→完成，如图 10-11 所示。

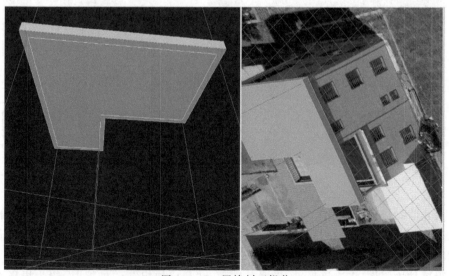

图 10-11　屋檐纠正操作

（6）挤出主体结构。单击"创建工具"→"挤出柱体"→取消封底→根据倾斜影像挤出，如图 10-12 所示。

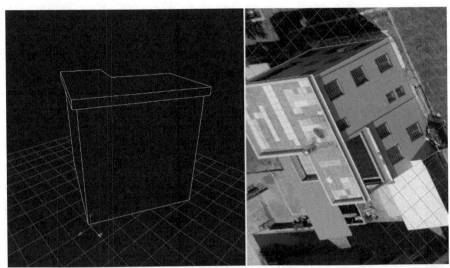

图 10-12 构建房屋主体结构操作

(7)有顶阳台制作。单击"编辑工具"→"切割面"→将多余面形状切割出来→删除多余面→"创建工具"→"补面",如图 10-13 所示。

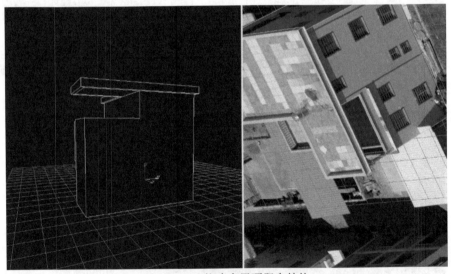

图 10-13 构建房屋顶阳台结构

(8)女儿墙制作、栏杆制作。在"相机视图"切换下视影像→单击"编辑工具/内偏移外扩"→根据影像向内偏移,制作女儿墙厚度→"创建工具/挤出柱体"→切换倾斜影像→制作女儿墙高度,如图 10-14、图 10-15 所示。

(9)附属结构制作(搭连篷房)。设置基准面→"开启捕捉"→"捕捉"设置为投影至基准面→单击"创建工具/多边形"绘制多边形→"挤出柱体"→"默认工具/选择要素"→"面"子功能→视图中选中要复制的要素→"编辑工具/平移"→按住 Ctrl 键,使用鼠标沿平移轴向移动复制→"编辑工具/翻转法线"→"平移"顶点,如图 10-16、图 10-17 所示。

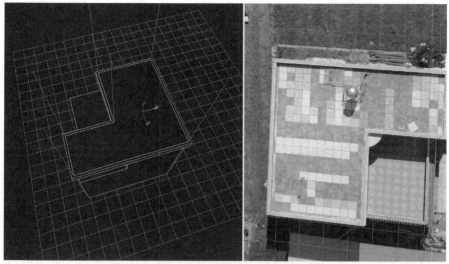

图 10-14　构建女儿墙操作

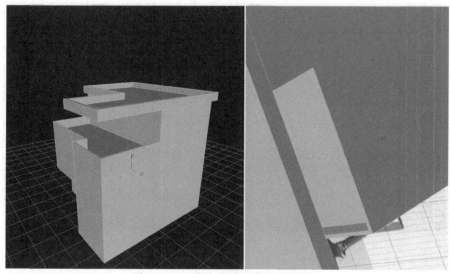

图 10-15　有女儿墙的房屋单体模型

图 10-16　篷房附属结构制作功能设置

(10)一键纹理贴图。视图中选择未贴图面→单击"建模/贴图工具"→"自动纹理映射",如图 10-18 所示。

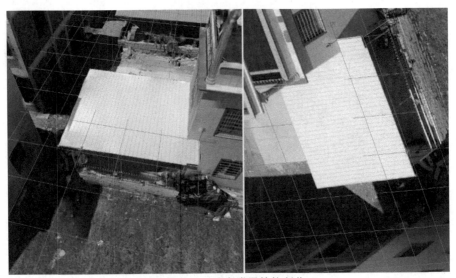

图 10-17　篷房附属结构制作

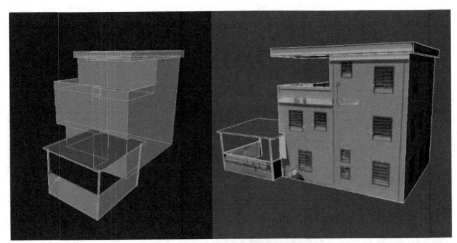

图 10-18　自动纹理映射结果

(11)纹理修改。

①如果选择 Photoshop 软件进行纹理图片的编辑,可以设置编辑器路径。单击"设置"→"全局设置"→设置图片编辑器路径,并自定义相关参数,如图 10-19 所示。

②点击"默认工具/选择要素"→"面"→视图中选择需要的面→"贴图工具/手动贴图"→挑选影像→截取并贴图。也可以将拍摄的影像数据用 PhotoShop 软件编辑后再贴图,如图 10-20 所示。

2.屋脊房

屋脊房的单体化过程与平房相似,但也有略微差别,以下主要重点描述差异部分。

(1)新建屋脊房单体模型。单击"解决方案资源管理器"→右键单击"DP Modeler 文件"→选择"新建模型"。

(2)在建筑顶部设置基准点。单击"建模"工具箱→"默认工具"→左键激活"基准面"→命

第 10 章　PIE-Model 实景三维模型单体化软件使用

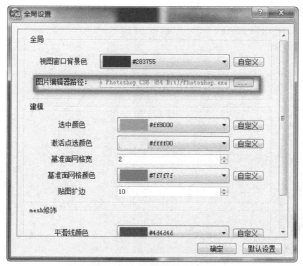

图 10-19　全局设置界面

图 10-20　真实影像纹理贴图界面

令属性栏激活"单点模式"→在 mesh 上点击建筑顶部角点。

（3）采集建筑顶部轮廓。在相机视图中选择一张下视影像，左键点击灰色影像球，从投影视图中调出相关联的下视影像，开始在下视影像上采集建筑顶部轮廓。单击"创建工具"→"多边形"→依次点击建筑顶部角点→右键闭合。

（4）切换倾斜影像，创建屋檐结构。单击左侧相机视图，选择合适的倾斜影像，"调节透明度"设置为 0%。单击"创建工具/挤出柱体"→勾选封底→根据倾斜影像挤出柱体。

（5）纠正屋檐。单击"编辑工具/内偏移和外扩"→完成。

（6）挤出主体结构。单击"创建工具/挤出柱体"→取消封底→根据倾斜影像挤出柱体。

（7）屋脊制作。

屋脊制作有两种方法：

①在相机视图切换下视影像→单击"编辑工具/内偏移外扩"制作出水槽宽度→"编辑工具/面切割"将顶部骨架线采集出来→"默认工具/选择要素"选择顶部角点→在相机视图切换

倾斜影像→"编辑工具/平移"顶点,如图 10-21 所示。

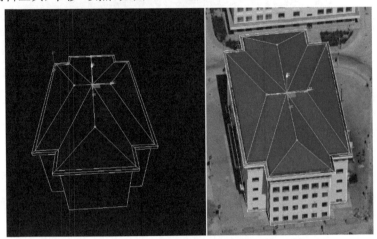

图 10-21 建筑屋脊的制作界面

②单击"创建工具/快速屋脊",在自由视图中只勾勒红色屋脊线,单击右键结束建筑屋脊制作过程,如图 10-22 所示。

图 10-22 建筑屋脊的快速制作界面(彩图请扫二维码)

(8)一键式纹理自动映射。视图中选择未贴图面→单击"建模/贴图工具"→"自动纹理映射"。若需要修改纹理,则采用与平房模型相同的制作方法。

10.2.3 OBJ 模型修饰

10.2.3.1 建筑修饰

1.单体化精编

建筑物区域选取及踏平。具体方法如下:

(1)单击"OBJ 修饰"工具箱→"Tile 选择"拉框选择需修改的瓦片加载到 mesh 视图。

(2)建筑四周无植被粘连情况下,使用道路置平功能,将建筑对应的粗模踏平。单击激活"编辑工具/道路置平",左键捕捉 mesh 绘制范围线,将建筑包裹在内,右键结束,即置平,如图

10-23所示。

图 10-23　四周无植被粘连情况下建筑区域边界设置

(3)有植被情况,使用水面修饰方式处理。单击"OSGB 修饰"工具箱→"创建工具/线",按屋顶边界绘制建筑物范围线,绘制的线要将总建筑包裹在内,如图 10-24 所示。

图 10-24　四周有植被粘连情况下建筑物屋顶边界选取

(4)单击"OSGB 修饰"工具箱→"编辑工具/水面修饰",设置 box 高度,纹理方式等参数,单击确定,如图 10-25 所示。

图 10-25　水面修饰界面

2. 建筑局部修饰

(1)墙线拉直。单击"OBJ 修饰"工具箱→"编辑工具"→"墙线拉直"→从模型上选取两点→产生样条线→确定,墙线拉直前后的建筑物形状如图 10-26 所示。

(2)墙面平整。单击"OBJ 修饰"工具箱→"选择工具/多边形选择"→按 Ctrl 键选中待平整的建筑物墙面→"编辑工具/拟合到平面"→平面类型设置为"两点模式"→左键在墙面选择两个点,单击确定,如图 10-27 所示。

(3)去除建筑粘连及自动纹理映射。单击"OBJ 修饰"工具箱→"编辑工具/几何修正"→设置"单点模式"绘制长方体→点击"挖去"去除建筑粘连→自动纹理映射,如图 10-28 所示。

图 10-26 建筑物形状墙线拉直

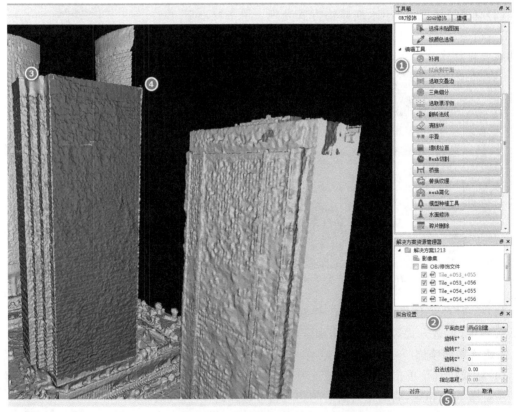

图 10-27 建筑物墙面平整界面

图10-28 绘制长方体去除建筑粘连

10.2.3.2 桥隧修饰

采用传统方式去除桥隧粘连部分。

(1)单击"OBJ修饰"工具箱→"选择工具/瓦片选择"→选择需要修饰瓦片→切换自由视图→单击"建模"工具箱→"创建工具/线"→勾勒并选择范围线→单击"OBJ修饰"工具箱→"编辑工具/mesh切割"→调整切割参数→删除不需要的部分,如图10-29所示。

(2)单击"编辑工具/桥接"→将"侧立面"与底部"路面"分开→"编辑工具/补洞"→将路面补齐→"纹理工具/Mesh自动贴图"→赋予路面纹理,效果如图10-30所示。桥底、两侧立面依照此方法进行修改。

若采用几何修正方法将桥隧粘连部分挖除,具体参照建筑去除粘连方式。

10.2.3.3 水域修饰

采用传统方式进行水域修饰。

(1)单击"OSGB修饰"工具箱→"创建工具/线"→沿水域范围勾勒范围线→单击"OBJ修饰"工具箱→"选择工具/Tile选择"→选择范围内瓦片。

(2)打开mesh视图→选择范围线→单击"编辑工具/水面修饰"→调整参数开始处理(四周有树情况下,向上指数尽量调整到合适值),如图10-31所示。

图 10-29 mesh 切割界面

图 10-30 修饰后的立交桥

图 10-31　选择合适参数修饰水域区域

(3)水域纹理修饰。有三种方式,离屏渲染、自定义填充色或影像。无影像时默认将离屏渲染、自定义填充色两个都勾选,填充色为当前水面颜色。确定纹理修饰方式后,单击 mesh 纹理修改开始修改。

(4)批量水面修饰时,可在自由视图将水域范围线都勾勒出来,单击"水面修饰",设置好参数,取消勾选"只处理已加载 mesh",开始处理,如图 10-32 所示。

若采用道路置平方式进行水域修饰,详见建筑置平操作。

10.2.3.4　部件种植

内置模型库包括植被、路灯、交通指示牌、交通指示灯等,支持快速摆放树木等城市部件。种植模式分三种:单点种植、路线种植和面种植。部件模型种植模式选择如图 10-33 所示。

(1)单点种植,选择高精度样本模型,在自由视图进行模型种植。
(2)路线种植,在三维场景中,两点确定直线长,第三点在直线上移动确定插入模型个数。
(3)面种植,在视图中绘制范围线,设置随机旋转、随机缩放因子和距离。

10.2.3.5　碎片删除

选择需进行碎片删除的瓦片→单击"OBJ 修饰"工具箱→"编辑工具/碎片删除"→设置面模式→选择"向下删除"等参数→开始处理,如图 10-34 所示。

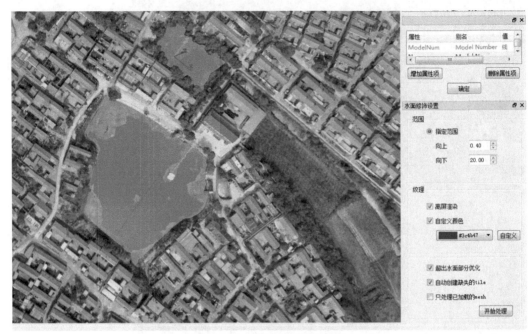

图 10-32 批量水面修饰界面

图 10-33 部件模型种植模式选择

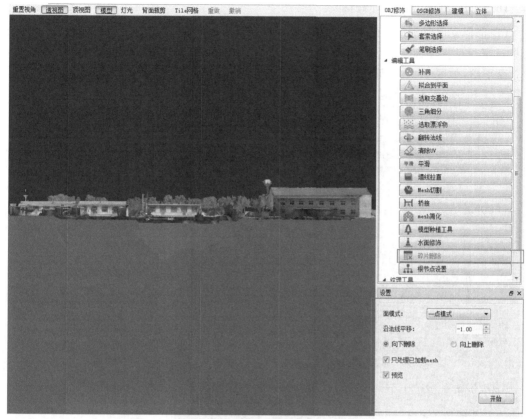

图 10-34　碎片删除操作界面

10.2.3.6　悬浮物删除

选择需进行碎片删除的瓦片→单击"OBJ 修饰"工具箱→"编辑工具/选取悬浮物"→按 Delete 键删除,如图 10-35 所示。

图 10-35　碎片删除前、后的模型

10.2.3.7 建筑立面纹理修饰

(1)选择立面纹理扭曲的瓦片→单击"OBJ 修饰"工具箱→"选择工具/多边形选择"→按住 Ctrl 键只选择墙面→"编辑工具/拟合到平面"→选择"两点创建"平面类型确定铅垂面,进行立面平整,如图 10-36 所示。

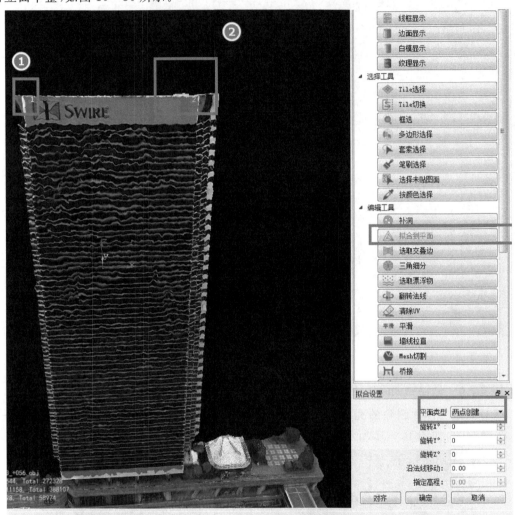

图 10-36 定义建筑物立面纹理扭曲区域

(2)单击"编辑工具/替换纹理"→勾勒需要替换的范围→进入影像增强模式,可手动在相机视图选择最优影像→勾选"匀色处理"→单击确定,完成纹理扭曲区域的修饰,如图 10-37 所示。

10.2.3.8 树底盲区纹理修改

(1)选择瓦片→单击"OBJ 修饰"工具箱→"选择工具/按颜色选择"→拾取树底灰色纹理→"编辑工具/清除 UV",如图 10-38 所示。

(2)树底盲区自动纹理映射。单击"设置"→"全局设置"→离屏渲染选择"顶视图投影"效果更佳→取消考虑高程优化→确定,进行自动纹理映射,如图 10-39 所示。

第 10 章　PIE-Model 实景三维模型单体化软件使用

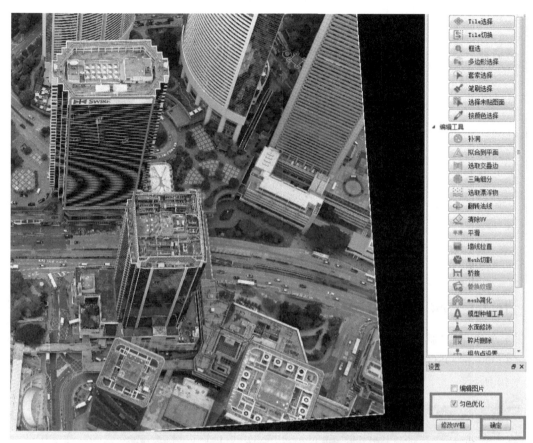

图 10-37　纹理修饰后的建筑物立面

图 10-38　选择树底盲区纹理区域

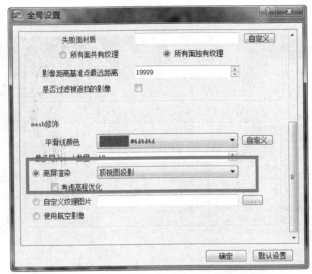

图 10-39 树底盲区自动纹理映射参数设置

10.2.4 OSGB 模型修饰

1. 单体化修饰

(1) 单击"OSGB 修饰"工具箱→"编辑工具/立体选择"→根据建筑外形勾勒范围线,如图 10-40 所示。

图 10-40 勾勒建筑范围线

(2) 单击 mesh 地面,形成包围盒。左键单击面,选中则成黄色高亮显示,编辑包围盒大小，使建筑在包围盒内，如图 10-41 所示。

图 10-41　定义建筑物包围盒（彩图请扫二维码）

(3) 单击"编辑工具/平整"→平面设置选择"三点模式"→勾选"去除重叠"→选择 3 个点→单击确定，如图 10-42 所示。

图 10-42　建筑物平整化界面

2. 悬浮物删除

单击"OSGB 修饰"工具箱→"创建工具/线"→采集要删除的悬浮物范围线→"默认工具/选择"→"编辑工具/删除"点击→勾选"删除 BOX"，设置参数→删除悬浮物，如图 10-43 所示。

3. 道路修饰

(1) 单击"OSGB 修饰"工具箱→"编辑工具/立体选择"→采集道路的包围盒→"编辑工具/平整"→平面类型选择"三点模式"→勾选"去除重叠"→选择 3 个点→单击确定。平整后的道路如图 10-44 所示。

(2) 单击"编辑工具/OSGB 纹理替换"→设置替换影像如"航空影像"→勾选"匀光优化"→勾勒道路修改范围，右键结束→进入影像增强模式，选择最优影像，如图 10-45，图 10-46 所示。

图 10-43 删除悬浮物后的效果

图 10-44 平整后的道路

第 10 章　PIE-Model 实景三维模型单体化软件使用

图 10-45　纹理替换区域选择

图 10-46　修饰后的道路

4. 水域修饰

（1）单击"OSGB 修饰"工具箱→"创建工具/线"→沿水域范围勾勒范围线→单击"默认工具/选择要素"→选择范围线，如图 10-47 所示。

（2）单击"编辑工具/水面修饰"→调整参数→单击"开始"处理，如图 10-48、图 10-49 所示。

①四周有树情况下，向上指数尽量调整到合适值。

②水域纹理有四种方式：离屏渲染、自定义填充色、影像和 DOM。无影像 DOM 情况，默认将离屏渲染、纯色两个都勾选，填充色自定义为当前水面颜色。

③勾选"自动创建缺失 Tile"。

图 10-47 勾勒水域范围线

图 10-48 OSGB 水面修饰功能设置界面

图 10-49　修饰后水域 OSGB 模型

10.2.5　导出成果

10.2.5.1　单体化成果导出

1. 导出 OBJ 格式

(1) 单击"建模"工具箱→"默认工具"→"批量重命名"→设置命名规则,如图 10-50 所示。

图 10-50　批量重命名

(2) 单击"解决方案资源管理器"→右键单击"DP Modeler 文件"→单击"批量导出"→设置参数,如偏移值、文件类型、贴图路径、贴图设置、尺寸限制等等→单击"确定"按钮,如图 10-51 所示。

图 10-51　OBJ 导出参数设置

2. 导出 OSGB 格式

(1)单击"解决方案资源管理器"→右键单击"DP Modeler 文件"→单击"批量导出"→设置参数→单击"确定"按钮,如图 10-52 所示。

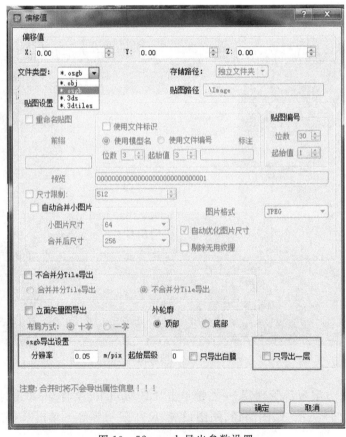

图 10-52　osgb 导出参数设置

文件类型设置为"*.osgb",根据不同单体化类型,设置不同分辨率,带透贴小品一般只导出单层。

10.2.5.2 修饰成果导出

单击"解决方案资源管理器"→右键单击"OBJ修饰文件"→"批量导出"→"Tile设置"→"合并设置"→"导出数据"→单击"确定"按钮,如图 10-53 所示。

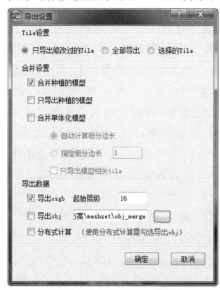

图 10-53　修饰文件导出参数设置

Tile 设置时可以选择"只导出修改过的 Tile""全部导出"或"选择的 Tile"。当只需要导出选择的瓦片时,导出之前,需要先在自由视图打开修饰状态→单击"OBJ 修饰"工具箱→"选择工具/Tile 选择"→在视图中选择需导出瓦片再进行导出。

合并设置时可以选择合并单体化模型,自动计算细分边长。在合并单体化模型导出时,透贴效果会丢失。

以上是利用 PIE－Model 软件对实景三维模型进行各个要素进行单体化的主要步骤,最后可输出修饰后的单体化模型。

参考文献

[1] 潘正风,程效军,成枢,等.数字地形测量学习题和实验[M].武汉:武汉大学出版社,2017.
[2] 潘正风,程效军,成枢,等.数字地形测量学(第二版)[M].武汉:武汉大学出版社,2019.
[3] 赵夫来,杨玉海,龚有量.现代测量学实习指导[M].北京:测绘出版社,2016.
[4] 陈一舞,刘茜.CASS9.1参考手册[M].广州:广东南方测绘数码科技有限公司,2011.
[5] 刘福臻.数字化测图教程[M].成都:西南交通大学出版社,2008.
[6] 李英冰,邹进贵,车德福,等.测绘程序设计(上册)[M].武汉:武汉大学出版社,2019.
[7] 城市测量规范(CJJ/T8—2011)[M].北京:中国建筑工业出版社,2012.
[8] 1∶500 1∶1000 1∶2000外业数字测图技术规范(GB/T 14912—2005)[M].北京:中国标准出版社,2005.
[9] 国家基本比例尺地图图式 第一部分:1∶500 1∶1000 1∶2000地形图图式(GB/T 20257.1—2017)[M].北京:中国标准出版社,2017.
[10] 翟翊.测绘技能竞赛指南[M].北京:测绘出版社,2019.
[11] 基础地理信息数字成果 1∶500 1∶1000 1∶2000数字正射影像(CH/T 9008.3—2010)[M].北京:测绘出版社,2010.
[12] 基础地理信息数字成果 1∶500 1∶1000 1∶2000数字线划图(CH/T 9008.1—2010)[M].北京:测绘出版社,2010.
[13] 基础地理信息数字成果 1∶500 1∶1000 1∶2000数字高程模型(CH/T 9008.2—2010)[M].北京:测绘出版社,2010.

附录　实验、实训记录表单

附表 1 水准测量读数练习

日期：_____   天气：_____   成像：_____   仪器型号及编号：_____

测站号	点号		黑面读数	红面读数	黑面高差 红面高差	高差中数	观测者 观测者
		后视					
		前视					
		后视					
		前视					
		后视					
		前视					
		后视					
		前视					
		后视					
		前视					
		后视					
		前视					
		后视					
		前视					
		后视					
		前视					
		后视					
		前视					
		后视					
		前视					
		后视					
		前视					
		后视					
		前视					
		后视					
		前视					
		后视					
		前视					
		后视					
		前视					
备注							

附表 2　普通水准测量记录表

日期：　　　天气：　　　成像：　　　仪器编号：　　　观测者：　　　记录者：

测站	测点	后视读数/m	前视读数/m	高差/m		高程/m	备注
				+	−		
计算检核							

附表3 三(四)等水准测量观测手簿

往测:自　　至　　　　　　　年　月　日

时刻:始　时　分　　天气:　　　观测者:

　　　末　时　分　　成像:　　　记录者:

测站编号	后尺 下丝 上丝 后距 视距差 d	前尺 下丝 上丝 前距 $\sum d$	方向及尺号	标尺读数 黑面	标尺读数 红面	K+黑减红	高差中数	备考
	(1)	(5)	后	(3)	(8)	(10)		
	(2)	(6)	前	(4)	(7)	(9)		
	(12)	(13)	后一前	(16)	(17)	(11)		
	(14)	(15)						

附表 4　水准路线平差计算表

日期：　　　　计算者：　　　　检核者：

点名	观测高差/m	距离/km	权 $\left(P=\dfrac{1}{\sum L}\right)$	高差改正数/mm	改正后高差/m	高程/m	Pvv

$f_h = [h] + (H_A - H_B) =$

单位权中误差：$\mu = \sqrt{\dfrac{[Pvv]}{N-t}} =$

水准点高程中误差：$m_i = \dfrac{\mu}{\sqrt{P_i}} =$

附表 5　水准仪 i 角检验

日期：　　仪器编号：　　方法：　　标尺：　/　观测者：　　记录者：

仪器站	距离 $S_A=$ 距离 $S_B=$			
	I_1		I_2	
观测次序	A 标尺读数	B 标尺读数	A 标尺读数	B 标尺读数
中数				
高差				

$i = \dfrac{h'_{AB} - h_{AB}}{S_A - S_B} \cdot \rho =$

$x_A = \dfrac{i}{\rho} \cdot S_A =$

$a_2 = a'_2 - x_2 =$

班级：　　　　学号：　　　　姓名：

附表6 全站仪认识读数记录

日期：　　　天气：　　　成像：　　　仪器：　　　观测者：　　　记录者：

测站点	目标点	竖盘位置	水平角观测			竖直角观测			
			度盘读数 /°′″	半测回角值 /°′″	一测回角值 /°′″	度盘读数 /°′″	指标差 /°′″	半测回竖直角 /°′″	一测回竖直角 /°′″
		盘左							
		盘右							
		盘左							
		盘右							
		盘左							
		盘右							
		盘左							
		盘右							
		盘左							
		盘右							
		盘左							
		盘右							
		盘左							
		盘右							
		盘左							
		盘右							
		盘左							
		盘右							
		盘左							
		盘右							

班级：　　　小组号：　　　小组成员：

附表 7 全站仪观测记录表

日期：　　　天气：　　　成像：　　　仪器：　　　开始时间：　　　结束时间：　　　班级：　　　小组成员：

测站点	仪器高 /m	目标镜高 /m	盘位	水平度盘读数 /(°′″)	2C /(″)	水平角值 /(°′″)	竖直度盘读数 /(°′″)	指标差 /(″)	竖直角 /(°′″)	斜距 /m	平距 /m	高差 /m	观测者 记录者
			L										
			R										
			L										
			R										
			L										
			R										
			L										
			R										
			L										
			R										
			L										
			R										
			L										
			R										
			L										
			R										
			L										
			R										

边长观测不符值(mm)＝　　　　　边长观测不符值限差(mm)＝　　　　　高差观测不符值(m)＝　　　　　高差观测不符值限差(m)＝

附表 8 全站仪检验记录表

日期：　　　　仪器：　　　　观测者：　　　　记录者：

检验项目	检验过程		
照准部水准管轴垂直于竖轴	气泡位置图		
	仪器整平后	旋转180°后	用脚螺旋调整后
十字丝竖丝垂直于横轴	检验初始位置望远镜视场图（用×标示目标在视场中的位置）		检验终了位置望远镜视场图（用×标示目标在视场中的位置，用虚线表示目标移动的轨迹）
视准轴垂直于横轴	盘左读数 $L'=$ 盘右读数 $R'=$ 视准轴误差 $c=\frac{1}{2}(L'-R'\pm 180°)=$ 盘右目标点应有的正确读数： $R=R'+c=\frac{1}{2}(L'+R'\pm 180°)=$		
横轴垂直于竖轴		$d=$ $D=$ $\alpha=$ $i=\frac{d}{2D\tan\alpha}\rho=$	
竖盘指标差	盘左读数 $L'=$ 盘右读数 $R'=$ 竖盘指标差 $x=\frac{1}{2}(L'+R'-360°)$ 盘右目标点应有的正确读数： $R=R'-x=$		
加常数测定	A 点设站	照准 B 点所测距离均值	$\bar{D}_{AB}=$
		照准 C 点所测距离均值	$\bar{D}_{AC}=$
	B 点设站	照准 C 点所测距离均值	$\bar{D}_{BC}=$
		照准 A 点所测距离均值	$\bar{D}_{BA}=$
	C 点设站	照准 A 点所测距离均值	$\bar{D}_{CA}=$
		照准 B 点所测距离均值	$\bar{D}_{CB}=$

附表 9 RTK 测量记录表

日期：　　　　天气：　　成像：　　仪器：　　　　观测者：　　　　记录者：

基准站	仪器型号				数据链模式				
流动站	仪器型号				数据链模式				
点校核	点名	已知点	实测点	已知点	实测点	已知点	实测点	备注	

目标点测量	点名	坐标			点名	坐标		
		X	Y	H		X	Y	H

附表 10 全站仪导线观测记录表

日期： 天气： 成像： 仪器： 开始时间： 结束时间： 班级： 小组成员： 观测者 记录者

测站名 仪器高/m	目标名 镜高/m	盘位	水平度盘读数 /(° ′ ″)	2C /(″)	水平角值/(° ′ ″)	竖直度盘读数 /(° ′ ″)	指标差 /(″)	竖直角/(° ′ ″)	斜距 /m	平距 /m	高差/m
		L									
		R									
		L									
		R									
		L									
		R									
		L									
		R									
		L									
		R									
		L									
		R									
		L									
		R									
		L									
		R									

边长观测不符值（mm）= 边长观测不符值限差（mm）= 高差观测不符值（m）= 高差观测不符值限差（m）=

附表 11 导线测量平差表

点名	观测左角/(° ′ ″)	观测角改正数/(″)	改正后角值/(° ′ ″)	坐标方位角/(° ′ ″)	边长 S /(m)	坐标增量		改正后坐标值		坐标	
						Δx/m	Δy/m	$\Delta x'$/m	$\Delta y'$/m	x/m	y/m

导线略图：

精度评定：

班级：　　　　　　　小组：　　　　　　　计算者：　　　　　　　检核者：

附表 12 高程导线平差表

点名	高差往返测		距离/m	观测高差/m	改正数/mm	改正后的高差/m	相对高差之差/mm	对向观测高差允许值/mm	最终高程/m	备注
	往测/m	返测/m								

精度评定：

班级：　　　　　　　　　　小组：　　　　　　　　　　计算者：　　　　　　　　　　检核者：

附表 13 碎部测量记录表

日期：　　　天气：　　　成像：　　　仪器：　　　观测者：　　　记录者：

点号	要素类型	平面坐标(·)		高程/m	备注
		X	Y		

附表 14　碎部点测量工作草图

注：草图应绘制地形的相关位置、点号、地理名称和说明注记，草图上点号应与全站仪、RTK 内的点号一一对应，标注正确。

附表 15　四等水准测量记录表(考试专用)

测自：_____　　　天气_____　　　班级_____
至：_____　　　　成像_____　　　小组成员_____
日期：_____年_____月_____日
开始时间：　　　　结束时间：　　　考试用时：

测站编号	后尺	下丝	前尺	下丝	方向及尺号	标尺读数		$K+$黑减红	高差中数	备考
		上丝		上丝		黑面	红面			
	后距		前距							
	视距差 d		$\sum d$							
	(1)		(5)		后	(3)	(8)	(10)		
	(2)		(6)		前	(4)	(7)	(9)		
	(12)		(13)		后－前	(16)	(17)	(11)		
	(14)		(15)							

高差闭合差			高差闭合差限差			